高 等 学 校 适 用 教 材

# 互换性与测量技术基础

## （第五版）

廖念钊　　主　编
许金钊　　主　审

中国质检出版社
中国标准出版社
·北京·

**图书在版编目(CIP)数据**

互换性与测量技术基础/廖念钊主编. —5 版. —北京:中国质检出版社,2013.5(2017.1 重印)
ISBN 978 - 7 - 5026 - 3783 - 5

Ⅰ.①互… Ⅱ.①廖… Ⅲ.①零部件—互换性②零部件—测量技术 Ⅳ.①TG801

中国版本图书馆 CIP 数据核字(2013)第 036981 号

## 内 容 提 要

本书共 10 章,主要内容包括:绪论;圆柱结合的极限与配合;测量技术基础;几何公差及检测;表面粗糙度及其检测;滚动轴承的互换性;光滑工件尺寸的检测;螺纹、键、花键、圆锥结合的公差配合及检测;圆柱齿轮精度及检测;尺寸链。书后附有练习题。

本书由原"高等工业学校互换性与技术测量教材编审小组"根据教学大纲组织编写,并按照"高等工业学校互换性与测量技术基础课程教学指导小组"的教材建设规划要求进行了修订,经课程教学指导小组同意作为高等工业学校机械类及仪器仪表类各专业教材。同时,该教材也可供从事机械和仪器仪表制造的工程技术人员及计量、检验人员参考。

中国质检出版社
中国标准出版社 出版发行

北京市朝阳区和平里西街甲 2 号(100013)
北京市西城区三里河北街 16 号(100045)
网址 www.spc.net.cn
总编室:(010)64275323 发行中心:(010)51780235
读者服务部:(010)68523946
中国标准出版社秦皇岛印刷厂印刷
各地新华书店经销

*

开本 787×1092 1/16 印张 14.25 字数 346 千字
2013 年 5 月第五版 2017 年 1 月第 30 次印刷
印数:242501 - 245500

*

定价:28.00 元

如有印装差错 由本社发行中心调换
版权专有 侵权必究
举报电话:(010)68510107

# 编 委 会

主　　编　廖念钊

副主编　秦　岚

编　　委　花国梁　莫雨松　何　贡　吴昭同　李纯甫

主　　审　许金钊

# 第一版 前言

20 世纪 80 年代以来,由于机械工业和仪器仪表工业的发展,在精度设计方面力求优化,表现在互换性生产原则的贯彻执行和测量技术的现代化,从而提高了产品质量,增强了竞争能力,为外向型经济发展开拓了广阔的前景。《互换性与测量技术基础》课程的教材建设也出现了前所未有的蓬勃气象。在近 10 年左右的时间里,先后出版的教材和参考书达 30 余种之多。这些教材和参考书都是各校有关教师根据多年的教学实践和经验编写的,各有所长,各具特色。

本书由原"高等工业学校互换性与技术测量教材编审小组"根据大纲组织编写,经"高等工业学校互换性与测量技术基础课程教学指导小组"同意,作为高等工业学校试用教材出版。

本书特点在于机械类及精密仪器仪表类各专业可兼顾使用,大中小尺寸并举;在加强基础理论的同时,着眼于生产实践,务求理论结合实际,做到学以致用,并注意到为后继课程的应用需要;章节层次分明,阐述深入浅出,内容新颖齐全,文笔生动流畅,有利教学和自习。

本书包括十二章:绪论;圆柱形工件的公差与配合;测量技术基础;形位公差;表面粗糙度;轴承公差与配合;量规和检验;锥度公差与配合;花键结合;螺纹结合;圆柱齿轮传动和尺寸链。

参加本书编写的有:清华大学花国梁教授(第二章、第六章)、重庆大学廖念钊教授(第一章、第三章、第五章)、重庆大学莫雨松副教授(第四章)、河北工学院何贡教授(第七章、第九章、第十章)、浙江大学吴昭同教授(第八章、第十一章)和东北工学院李纯甫教授(第十二章)。

本书由重庆大学廖念钊教授主编,由吉林工业大学许金钊教授主审。

本书在编写和审稿过程中,一直得到互换性与技术测量教材编审小组和本课程教学指导小组的指导和帮助。1988 年 3 月在武汉召开的教材审稿会议上,与会同志对全书再次进行了评审。参加本书审稿的有:梁晋文教授、李柱教授、赵卓贤教授、徐享钧副教授、王文义副教授、李继桢副教授、胡林副教授、丁志华副教授、谢景华副教授,以及谢文藻、申玉洁老师等。何镜民教授在编写过程中也提出了中肯的意见,在此一并表示诚挚谢忱!

限于编写者的水平,书中不足之处、缺点和错误恐难避免,请读者批评指正。

编　者
1988 年 6 月

## 修 订 附言

本教材第 1 版自 1988 年 11 月出版以来,至今已使用 5 年。按照"高等工业学校互换性与测量技术基础课程教学指导小组"的教材建设规划要求及授课实践的需要,对本教材进行了修订。

这次修订的重点是减少篇幅,内容上少而精,可以解决内容多、学时少的矛盾。修订后的教材,由原十二章合并为十章,更便于教师讲授、学生理解和掌握。本次修订对原书各章均进行了不同程度的修改,如将原第八章圆锥和角度公差及检测、第九章螺纹结合的互换性及检测、第十章键和花键结合的互换性及检测合并为一章编写,形状和位置公差及检测、圆柱齿轮的互换性及检测根据相关的新标准修改了有关内容,同时相应地修改了书中所附的习题等。参加这次修订工作的有廖念钊教授、花国梁教授、何贡教授、李纯甫教授、吴昭同教授和莫雨松副教授等,全书主审工作仍由许金钊教授担任。

在这次修订工作中,得到各有关院校老师的支持和帮助,特此致谢。

编 者
1993 年 11 月

## 第三版修订 附言

本教材在广大教师和同学的支持下,自 1993 年 11 月修订以来,已使用了近 8 年。在这 8 年中,随着科学技术的发展,我国公差标准的修订,以及根据教材使用中教师们的新体会等情况,曾多次对本教材的再修订提出了要求,为此特进行本次修订。

这次教材修订的重点是更新了公差标准,改写了教材中不便教学的章节,简介了相关科技发展的新内容。其修改的内容涉及第一章、第二章、第三章、第四章、第五章、第七章、第八章和十等八章。相信在教材修订后将更便于教学,对工程技术人员参考也更方便。

这次教材修订,得到了全国有关院校老师的大力帮助和支持,在此表示衷心的感谢。

编 者
2002 年 1 月

## 第四版修订 附言

本教材自 2002 年修订以来,已使用了 5 年。在这期间,我国产品几何量技术规范与认证(GPS)工作不断发展,新修订的国家标准在不断发布,以及广大教师和同学在使用本教材中反馈回来的信息,均为本教材的修订提出了要求。因而促使我们对教材进行再次修订。

本次修订的重点是:第二、四、五、六、八、九等章节。用新发布的国家标准的内容去代换旧有的内容,或在编写的方法上进行适当的变化,恢复了表面粗糙度检测一节内容,以便于实验课的进行。

这次修订中,虽经努力,但限于水平,不足之处在所难免,敬请广大读者批评、指正。谨在此致谢!

编 者
2007 年 10 月

# 第五版修订 附言

　　本教材自第四版出版印刷以来，已使用4年，在这几年中，全国产品尺寸和几何技术规范标准化技术委员会(SAC/TC240)，对有的标准又进行了修订，为使这些新的信息尽快反映在教材中，所以我们进行了这次修订。

　　这次修订的章节有第二章、第三章、第四章、第五章、第十章等。对其他的章节也进行了适当的修正。

　　参加本版修订的编著者有廖念钊、吴昭同、莫雨松、秦岚等。

　　这次修订中，也吸收了不少使用本教材的老师和同学的意见，并在此对这些老师和同学表示感谢！

　　由于我们的精力、水平有限，因此，这次修订中的不足之处难免。敬请读者批评指正。

编　者

2012 年 12 月

# 绪 论

## §1—1  互换性与公差

互换性是机械、仪器仪表和其他许多工业生产中产品设计和制造的重要原则。使用这个原则能使上述工业部门有最佳的经济效益和社会效益。互换性是指在同一规格的一批零件或部件中，任取其一，不需经过任何挑选或附加修配（如钳工修理），就能装在机器上，达到规定的功能要求。这样的一批零件或部件就称为具有互换性的零、部件。例如，人们经常使用的摩托车和汽车的零件，就是按互换性原则生产的。当摩托车和汽车零件损坏时，修理人员很快就能用同样规格的零件换上，恢复摩托车和汽车的功能。

机械、仪器仪表中的互换性，通常包括几何参数（如尺寸）、机械性能（如硬度、强度）以及理化性能（如化学成分）等。本课程仅讨论几何参数的互换性。

所谓几何参数，主要包括尺寸大小、几何形状（宏观、微观）以及形面间相互位置关系等。为了满足互换性的要求，最理想的是同规格的零、部件，其几何参数都要做得完全一致。但是，这在实践中是不可能的，也是不必要的。实际上只要求同规格零、部件的几何参数保持在一定的变动范围内就能达到互换的目的。

允许零件几何参数的变动量就称为"公差"。

现代化的机械工业，首先要求机械零件具有互换性，从而才有可能将一台机器中的成千上万个零、部件，分散进行高效率的专业化生产，然后又集中起来进行装配。因此，零、部件的互换性为生产的专业化创造了条件，促进了自动化生产的发展，有利于降低产品成本，提高产品质量。

零、部件在几何参数方面的互换，体现为公差标准的完善，而公差标准又是机械工业的基础标准，它为机器的标准化、系列化、通用化奠定了基础，从而缩短了机器设计的周期，促进新产品的高速发展。

互换性生产可以减少修理机器的时间和费用。因此，互换性生产对机械制造业和仪器制造业具有非常重要的意义。

互换性按其互换程度，可分为完全互换和不完全互换。前者要求零、部件在装配时，不需要挑选和辅助加工；后者则允许零、部件在装配前进行预先分组或预先设定一件在装配时采取调整或加工等措施。

对标准部件，互换性还可分为内互换和外互换。组成标准部件的零件的互换称内互换；标准部件与其他零、部件的互换称外互换。例如滚动轴承的外圈内滚道，内圈外滚道与滚动体的互换称内互换；外圈外径、内圈内径以及轴承宽度与其相配的外壳孔、轴颈和轴承端盖的互换称外互换。

# §1—2  公差与配合标准发展简述

随着机械工业生产的发展，要求企业内部有统一的公差与配合标准，以扩大互换性生产的规模和控制机器备件的供应。1902 年，英国伦敦以生产剪羊毛机为主的纽瓦（Newall）公司编制了尺寸公差的"极限表"，这是最早的公差制。

1906 年，英国颁布了国家标准 B. S. 27；1924 年英国又制定了国家标准 B. S. 164；1925 年，美国出版了包括公差在内的美国标准 A. S. A. B$_{4a}$。上述标准就是初期的公差标准。

在公差标准的发展史上，德国标准 DIN 占有重要位置，它在英、美初期公差标准的基础上有了较大的发展。其特点是采用了基孔制和基轴制，并提出公差单位的概念；将公差等级和配合分开；规定了标准温度为 20℃。1929 年，前苏联也颁布了"公差与配合"标准。

由于生产的发展，国际间的交流也越来越广，1926 年成立了国际标准化协会（ISA），它的第三技术委员会（ISA/TC3）负责制定公差与配合标准，秘书国为德国。国际标准化协会在分析了 DIN（德国标准）、AFNOR（法国标准）、BSS（英国标准）和 SNV（瑞士标准）等国公差标准的基础上，于 1932 年提出了国际标准化协会 ISA 的议案。1935 年公布了 ISA 的草案。直到 1940 年才正式颁布了国际公差与配合标准。

第二次世界大战以后，于 1947 年 2 月国际标准化协会重新组建，改名为国际标准化组织 ISO，公差与配合标准仍由第三技术委员会（ISO/CT3）负责，秘书国为法国。ISO 在 ISA 工作的基础上，制定了公差与配合标准，此标准于 1962 年公布，其编号为 ISO/R 286—1962（极限配合制）。以后又陆续制定、公布了包括 ISO/R 773—1969（长方形及正方形平行键及键槽）；ISO/R 1938—1971（光滑工件的检验）；ISO/R 1101—I—1969（形状和位置公差通则、符号和图样标注法）；ISO 68—1973（紧固联结的圆柱螺纹标准）；ISO 1328—1975（平行轴圆柱齿轮精度制）；ISO 468—1982（表面粗糙度标准）等在内的一系列标准，形成了系列国际公差标准。

20 世纪 90 年代以后，国际标准化组织 ISO 经过多年的酝酿，于 1996 年成立了产品尺寸和几何技术规范与认证技术委员会，即 ISO/TC213。该委员会由原来的 ISO/TC3（有关极限与配合方面的）、TC10/SC5（有关几何形状和位置方面的）和 TC57（有关表面粗糙度方面的）等三个技术委员会合并后成立的新的技术委员会。这个技术委员会将全面负责修订 ISO 公差标准体系；研究和建立一个适应计算机辅助设计（CAD）和计算机辅助制造（CAM）的技术要求，保证预定几何精度为目标的标准体系，即产品几何技术规范与认证（简称 GPS）标准体系，以适应新时代的发展。

在半封建半殖民地的旧中国，由于工业落后，加之帝国主义的侵略、军阀割据，根本谈不上统一的公差标准。那时全国采用的公差标准很混乱，有德国标准 DIN、日本标准 JIS、美国标准 ASA。1944 年，旧经济部中央标准局曾颁布过中国标准 CIS，但实际上未曾贯彻执行。

解放以后，随着社会主义建设的发展，我国在吸收了一些国家在公差标准方面的经验以后，于1955年由当时的第一机械工业部颁布了第一个公差与配合标准。1959年，由国家科委正式颁布了"公差与配合"（GB 159～174—1959）国家标准，接着又陆续制定了各种结合件、传动件以及表面粗糙度等标准。

20世纪70年代中期，我国又参照国际标准ISO并结合我国生产实际开始对各种公差配合标准进行全面修订，并于1979年颁布了第一个修订后的"公差与配合"（GB 1800～1804—1979）国家标准。以后又陆续颁布了形状和位置公差、光滑极限量规、光滑工件尺寸检验、渐开线圆柱齿轮精度、表面粗糙度、键、花键、螺纹、圆锥、角度以及滚动轴承等标准。为了进一步和国际标准接轨，有利于国际间技术交流、合作和贸易。我国每隔几年都将对各种标准进行一次修改，或者审定。

1996年，国际标准化组织（ISO），将原来独立的ISO/T3（有关尺寸公差的）、TC10/SC5（有关几何公差的）和TC57（有关表面轮廓的）等三个技术委员会合并，成立了国际《产品尺寸和几何技术规范与认证技术委员会》（ISO/TC213），来统一"产品尺寸和几何规范及认证"（简称GPS）方面的工作。此后不久我国也成立了《全国产品尺寸和几何技术规范标准化技术委员会》（SAC/240），以适应GPS发展的需要。紧接着，该技术委员会按新的GPS体系对我国的有关标准进行了一系列的修订。如：有关极限与配合的（GB/T1800.1—2009）……；有关几何公差的（GB/T 1182—2008）……；有关表面结构与轮廓的（GB/T131—2006）……。等等。进一步提升了我国标准化工作。

# §1—3　计算机辅助公差设计的发展概述

自20世纪70年代以来，随着计算机技术的迅速发展和广泛应用，使机械制造业也发生了根本性的变化，已出现了将系统工程、管理科学、计算机技术和机械制造技术等领域的科学成果相结合而形成的计算机集成制造系统（CIMS）。该系统是包括市场分析、生产决策、设计开发、工艺规划、产品制造、产品装配和销售经营等在内的计算机化控制网络，具有统一的信息管理和控制系统。

作为机械产品设计和制造过程设计中的一项重要内容，机械零件的公差设计和工序公差设计也在不断发展，在各种CAD（计算机辅助设计）软件中已能实现公差的标注。国外已有许多学者开展了计算机辅助公差设计（CAT）的研究，但还未达到完全实用的程度。从已有的文献报道中可知，1978年，英国剑桥大学的C. Hillard提出利用计算机辅助确定零件的几何形状、尺寸和形位公差的概念。同年，丹麦的O. Bjorke提出利用计算机进行尺寸链公差设计和制造公差的控制。这以后发表的有关CAT的论文和软件则不断增加，1983年A. A. G. Requicha提出了漂移公差带理论，它成为计算机公差建模的理论基础。1988年R. Weil发表了"Tolerancing for Function"一文，更掀起了计算机辅助公差设计的研究热潮，此后出现了大量的有关公差设计的研究论文，它们中最具有影响的工作有两方面：一是由A. Wirtzl 1988—1993年发表的系列论文，提出矢量公差设计的概念，他用具有大小和方向的量来描素零、部件的几何形状和公差，使零、部件的大小、形状和方位的分别处理和表征成为可能，也更有利于误差的补偿与控制，其实质是把Hillgrad的参数方法矢量化，从而改变了计算机辅助公差设计研究的面貌。从事这方面研究的还有Kritian（1993）、M. J. Gardew-

Hall（1993）、M. Gierdano（1992）、D. Gaunet（1993）等。二是由张根保和Porcher联合发表的论文（1993），首次提出并行公差设计的概念和数学模型。它把产品的设计、制造和质检三个阶段统一起来，设计出满足要求的加工公差和检验标准，从而改变了设计、制造和检验脱节的现象，强调三者之间的集成和并行性，从而把计算机辅助公差设计的研究纳入系统研究的范畴。

此外，用分维几何法、逼近和摄动法研究零、部件表面细微误差及粗糙度问题也有报道，自1995年以来吴昭同等在计算机辅助公差优化设计方面也发表了系列论文，进行了有益的探索。可以预计，在不久的将来，公差设计的自动化将成为现实。

# §1—4   测量技术发展简述

长度计量在我国具有悠久的历史。早在我国商朝时期（至今约3100～3600年）已有象牙制成的尺，到秦朝已统一了我国度量衡制度。公元9年，即西汉末王莽建国元年，已制成铜质卡尺。但由于我国长期的封建统制，科学技术未能得到发展，计量技术也停滞不前。

18世纪末期，由于欧洲工业的发展，要求统一长度单位。1791年法国政府决定以通过巴黎地球子午线的四千万分之一作为长度单位——米。以后制定一米的基准尺，称为档案米尺，该尺的两端面之间的长度为一米。

1875年，国际米尺会议决定制造具有刻线的基准尺，用铂铱合金材料制成。1888年国际计量局接收了由瑞士制造的30根基准尺，经与档案尺进行比较，其中No6最接近档案米尺，于是1889年召开第一届国际计量大会，通过以该尺作为国际米原器。

由于米原器的金属结构也不够稳定。1960年10月召开的第十一届国际计量大会重新定义了米。即米是氪的同位素86（$^{86}$Kr）原子在$2p_{10}$～$5d_5$能级之间跃迁时所辐射的谱线在真空中波长的1 650 763. 73倍。

随着激光技术的发展，光速测量的准确度已经达到很高的程度。因此，1983年10月第十七届国际计量大会通过了以光速来定义米，即米是光在真空中于1/299 792 458s时间间隔内的行程长度。

伴随长度基准的发展，计量器具也在不断改进，自1850年美国制成游标卡尺以后，1927年德国Zeiss厂制成了小型工具显微镜，次年该厂又生产了万能工具显微镜。从此，几何参数测量随着生产的发展而飞速发展。其分辨率由0.01mm级提高到微米级、亚微米级。自1982年隧道显微镜研制成功（1986年获诺贝尔物理奖），测量的分辨率更提高到纳米（nm）级，达到可测原子、分子的尺寸；测量范围由两维空间发展到三维空间；测量的尺寸范围从原子、分子尺寸到飞机的机架尺寸；测量的自动化程度，从人工对准刻度尺读数到自动对准、计算机处理数据、自动打印或自动显示测量结果。

解放前，我国没有计量仪器生产工厂。解放后，随着生产的迅速发展，新建和扩建了一批量仪厂。如哈尔滨量具刃具厂、成都量具刃具厂、上海光学仪器厂、新添光学仪器厂、北京量具刃具厂以及中原量仪厂等。这些工厂成批生产了诸如万能工具显微镜、万能渐开线检查仪、电动轮廓仪、接触干涉仪、齿轮全误差测量仪、激光丝杆动态检查仪、自动周节检查仪、圆度仪和三坐标测量机等精密仪器，满足了我国工业发展的需要。

此外，我国在计量科学研究工作中也取得了很大的成绩。自 1962 ~ 1964 年建立了[86]Kr 长度基准以来，又先后研制成功了激光光电光波比长仪、激光二坐标测量仪、激光量块干涉仪以及波长为 3.39μm 甲烷稳定的激光测量系统和波长为 0.633μm 碘稳定的激光测量系统。从而使我国的长度基准、线纹尺测量和量块的检定达到世界先进水平。20 世纪 90 年代初，我国又先后研制成功了隧道显微镜、原子力显微镜，使我国在纳米测量技术方面进入了世界先进行列。

# §1—5　优先数和优先数系简述

在商品生产中，为了满足用户各种各样的要求，同一品种同一个参数还要从大到小取不同的值，从而形成不同规格的产品系列。这个系列确定得是否合理，与所取的数值如何分档、分级直接有关。优先数和优先数系是一种科学的数值制度，它适合于各种数值的分级，是国际上统一的数值分级制度。目前我国数值分级的国家标准 GB 321—1980，也是采用这种制度。

采用优先数系，能使工业生产部门以较少的产品品种和规格，经济合理地满足用户的各种各样的需要。它不仅适用于标准的制定，也适用于标准制定前的规划、设计，从而把产品品种的发展从一开始就引入科学的标准化轨道。

优先数系由一些十进制等比数列构成，其代号为 Rr（R 是优先数系创始人 Renard 的第一个字母），相应的公比代号为 $q_r$。r 代表 5，10，20，40 或 80 等数值。例如当 r 等于 5 时，则该数系属 R5，其相应的公比 $q_5 = 1.6$。以此类推，当 r 等于 10，20，40 或 80 时，它们分别属于 R10，R20，R40 或 R80 的数列，其相应的公比分别为 $q_{10} = 1.25$，$q_{20} = 1.12$，$q_{40} = 1.06$，$q_{80} = 1.03$。r 的含义是在一个等比数列中，相隔 r 项的末项与首项项值之比等于 10。例如当 r = 5 时，设首项为 a，则依序为 $aq_5$，$aq_5^2$，$aq_5^3$，$aq_5^4$，$aq_5^5$。末项与首项之比 $aq_5^5/a = 10$，则 $q_5^5 = 10$，$q_5 = \sqrt[5]{10} = 1.6$。

各系列项值从 1 开始，可向大于 1 和小于 1 两边无限延伸，每个十进区间（1 ~ 10，10 ~ 100，…，1 ~ 0.1，0.1 ~ 0.01，…）各有 r 个优先数。优先数的理论值多数是无理数，应用时应加以圆整，如表 1—1 所示。表中列出了基本系列 R5，R10，R20，R40 的数值。

此外，由于生产的需要，还有 Rr 的变形系列，即派生系列和复合系列。Rr 的派生系列指从 Rr 系列中按一定项差 P 取值所构成的系列，即 Rr/P 系列。若在 R10 中按项差 P = 3 取值，则构成 R10/3 系列，其公比 $q_{10/3} = (\sqrt[10]{10})^3 = 2$。如 1，2，4，8…；1.25，2.5，5，10…等均属于该系列。复合系列是指由若干等公比系列混合构成的多公比系列，如 10，16，25，35.5，50，71，100，125，160 这一数列，它们分别由 R5，R20/3 和 R10 三种系列构成混合系列。

优先数系在各种标准中应用很广，例如在 > 250 到 3150mm 尺寸段的公差标准尺寸分段中就采用了 R10 数系，它们是 250，315，400…。又如表面粗糙度的取样长度就采用了 R10/5 派生数系，它们的项值分别为 0.08，0.25，0.8，2.5，8.0 和 25。

表1—1

| R5 | R10 | R20 | R40 | R5 | R10 | R20 | R40 | R5 | R10 | R20 | R40 |
|---|---|---|---|---|---|---|---|---|---|---|---|
| 1.00 | 1.00 | 1.00 | 1.00 |  |  | 2.24 | 2.24 |  | 5.00 | 5.00 | 5.00 |
|  |  |  | 1.06 |  |  |  | 2.36 |  |  |  | 5.30 |
|  |  | 1.12 | 1.12 | 2.50 | 2.50 | 2.50 | 2.50 |  |  | 5.60 | 5.60 |
|  |  |  | 1.18 |  |  |  | 2.65 |  |  |  | 6.00 |
|  | 1.25 | 1.25 | 1.25 |  |  | 2.80 | 2.80 | 6.30 | 6.30 | 6.30 | 6.30 |
|  |  |  | 1.32 |  |  |  | 3.00 |  |  |  | 6.70 |
|  |  | 1.40 | 1.40 |  | 3.15 | 3.15 | 3.15 |  |  | 7.10 | 7.10 |
|  |  |  | 1.50 |  |  |  | 3.35 |  |  |  | 7.50 |
| 1.60 | 1.60 | 1.60 | 1.60 |  |  | 3.55 | 3.55 |  | 8.00 | 8.00 | 8.00 |
|  |  |  | 1.70 |  |  |  | 3.75 |  |  |  | 8.50 |
|  |  | 1.80 | 1.80 | 4.00 | 4.00 | 4.00 | 4.00 |  |  | 9.00 | 9.00 |
|  |  |  | 1.90 |  |  |  | 4.25 |  |  |  | 9.50 |
|  | 2.00 | 2.00 | 2.00 |  |  | 4.50 | 4.50 | 10.0 | 10.0 | 10.0 | 10.0 |
|  |  |  | 2.12 |  |  |  | 4.75 |  |  |  |  |

# 第 二 章

# 圆柱结合的极限与配合

圆柱结合（即圆柱形孔和轴的结合）在轻重工业中，甚至一切工业部门中都使用得非常广泛。因此，"极限与配合"标准便是一项应用广泛，涉及面大的重要基础标准。1959年，我国颁布了"公差与配合"国家标准（GB 159～174—1959）。随着科学技术的发展，工业生产水平的不断提高以及国际间的技术交流，1979年，我国又重新颁布了新的"公差与配合"国家标准（GB 1800～1804—1979），用以替代1959年颁布的旧标准。随着时间的推移、技术进步以及与国际标准接轨，我国又于1997年起分别对上述标准进行了修订，将原定名称"公差与配合"更名为"极限与配合"。现在执行的最新标准是：《产品几何技术规范（GPS） 极限与配合 第1部分：公差、偏差和配合的基础》（GB/T 1800.1—2009）；《产品几何技术规范（GPS）极限与配合 第2部分：标准公差等级和孔、轴的极限偏差表》（GB/T 1800.2—2009）；《产品几何技术规范（GPS） 极限与配合 公差带和配合的选择》（GB/T 1801—2009）。这些标准是按新的GPS体系制定的。以便适应现代设计和制造技术的发展，也便于计算机的表达、处理和数据传递。为此标准引进了一些新的概念、术语、如：公称、组成、提取、拟合以及导出等。如图2—1所示为一圆柱形零件，它是由一些要素（点、线、面）组成的，比如圆柱面、轴心线、素线、端面等。图2—1（a）是由设计人员绘出的设计图，也可以说是理想的，因此常冠以"公称"二字，如：公称组成要素。图（b）是制造厂生产出来的零件，则常冠以"实际"二字，如实际（组成）要素。图（c）是在多坐标测量机上，按采样点测量得到的，由于测量存在误差，所以它与实际零

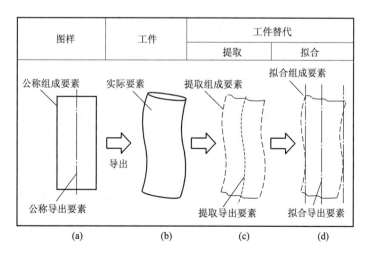

图 2—1

件有区别，则常冠以"提取"二字，如提取组成要素。图（d）是根据提取（测量）要素，通过操作（如按规则进行运算）让它得到一个理想的圆柱体，则常冠以"拟合"二字，如拟合组成要素。有的要素要通过别的要素才能得到，如圆柱零件的轴心线，它是通过圆柱面上各点而得到，对这样的要素常冠以"导出"二字，如：公称导出要素、拟合导出要素等。

# §2—1　极限与配合的常用词汇

## 一、有关尺寸的术语

### 1. 尺寸

以特定单位表示线性尺寸值的数值称为尺寸。广义地说：尺寸也包括以角度单位表示角度尺寸的数值。而由一定大小的线性尺寸或角度尺寸确定的几何形状，就称为尺寸要素。

### 2. 孔和轴

通常将工件的圆柱形内尺寸要素和圆柱形外尺寸要素称为孔和轴。它包括非圆柱形表面，即由两平行平面或切面形成的包容面和被包容面，如图 2—2 所示。图中由 $D_1$，$D_2$，$D_3$ 和 $D_4$ 各尺寸确定的包容面均称为孔，由 $d_1$，$d_2$，$d_3$ 和 $d_4$ 各尺寸确定的被包容面均称为轴，而由 $L_1$，$L_2$ 和 $L_3$ 确定的尺寸要素，则不是孔或轴。

### 3. 公称尺寸（即原称基本尺寸）

由图样规范确定的理想形状要素的尺寸。通过它应用上、下极限偏差可计算出极限尺寸。

### 4. 提取组成要素的局部尺寸

一切提取组成要素上两对应点之间距离的统称（即它类似于原术语中的实际尺寸）。

### 5. 极限尺寸

尺寸要素允许的尺寸的两个极端。尺寸要素允许的最大尺寸称为上极限尺寸。尺寸要素允许的最小尺寸称为下极限尺寸。合格的零件尺寸，即提取组成要素的局部尺寸应位于上、下极限尺寸之间。图 2—3 给出了轴、孔上、下极限尺寸的示意，图中 $D_{\max}$（或 $d_{\max}$）为上极限尺寸，$D_{\min}$（或 $d_{\min}$）为下极限尺寸。

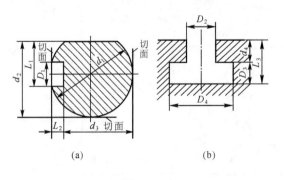

图 2—2

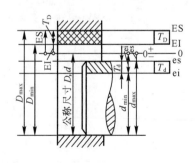

图 2—3

## 二、有关偏差与公差的术语

### 1. 偏差

某一尺寸减其公称尺寸所得的代数差。

极限尺寸减公称尺寸之差称极限偏差：上极限尺寸减公称尺寸所得的代数差称上极限偏差（简称上偏差），其代号孔为 ES、轴为 es；下极限尺寸减公称尺寸所得的代数差称下极限偏差（简称下偏差），其代号孔为 EI、轴为 ei。如图 2—3 所示。

### 2. 尺寸公差

上极限尺寸减下极限尺寸之差，或上极限偏差减下极限偏差之差称尺寸公差，如图 2—3。它是允许尺寸的变动量，是一个没有符号的绝对值。在极限与配合标准中，所规定的任一公差，称标准公差。

### 3. 零线

在极限与配合图解中，表示公称尺寸的一条直线，称零线。并以它为基准确定偏差和公差，如图 2—4 所示。以零线为基准，用适当比例画出的代表上极限偏差和下极限偏差的两条直线所限定的区域，称为公差带，如图 2—4（a）所示。

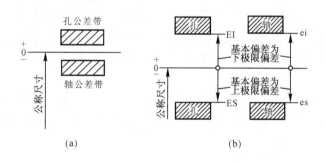

图 2—4

### 4. 基本偏差

在极限与配合标准中，确定公差带相对于零线的那个极限偏差，称基本偏差。它可以是上极限偏差或下极限偏差，一般为靠近零线的那个偏差，如图 2—4（b）所示。

## 三、有关配合的术语

### 1. 间隙与过盈

孔的尺寸减去相配合的轴的尺寸所得之差，为正时，此差值称为间隙；为负时，此差值称为过盈。间隙和过盈分别用 $S$ 和 $\delta$ 表示。

### 2. 配合

公称尺寸相同的相互结合的孔和轴公差带之间的关系称为配合。由于配合是指一批孔、轴的装配关系，因此用公差带关系来反映配合比较确切。

基孔制，即基本偏差固定不变的孔公差带，与不同基本偏差的轴公差带形成各种配合的一种制度。基孔制的孔为基准孔，其下偏差为零，代号为 H。

基轴制，即基本偏差固定不变的轴的公差带，与不同基本偏差的孔公差带形成各种配合的一种制度。基轴制的轴为基准轴，其上偏差为零，代号为 h。

按相互结合的孔、轴公差带不同的位置关系，可将配合分成三类，如图 2—5 所示。

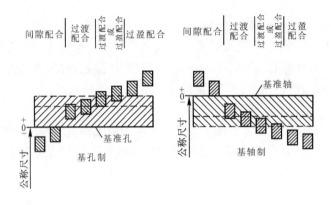

图 2—5

（1）间隙配合

保证具有间隙（包括最小间隙等于零）的配合，称为间隙配合。此时，孔的公差带在轴的公差带之上。图 2—6 所示为基孔制间隙配合的实例，此时孔和轴的尺寸分别为 $\phi 50^{+0.039}_{0}$ 和 $\phi 50^{-0.025}_{-0.050}$。其中：轴、孔的公称尺寸均为 $\phi 50\text{mm}$；孔的上偏差为 0.039mm，下偏差为零；轴的上偏差为 $-0.025\text{mm}$，下偏差为 $-0.050\text{mm}$。

（2）过盈配合

保证具有过盈（包括最小过盈等于零）的配合，称为过盈配合。此时，孔公差带在轴的公差带之下，图 2—7 所示为基孔制过盈配合的实例。此时，孔和轴的尺寸分别为 $\phi 50^{0.025}_{0}$ 和 $\phi 50^{+0.059}_{+0.043}$。

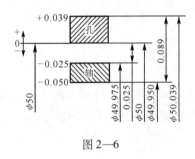

图 2—6

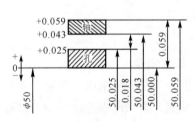

图 2—7

（3）过渡配合

可能具有间隙，也可能具有过盈的配合，称为过渡配合。此时，孔的公差带与轴的公差带相互交叠。图 2—8 所示为基孔制过渡配合实例，此时，孔和轴的尺寸分别为 $\phi 50^{+0.025}_{0}$ 和 $\phi 50^{+0.018}_{+0.002}$。

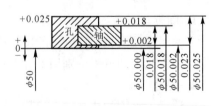

图 2—8

**3. 配合公差**

由于轴、孔有公差，因此配合也就会有公差，配合的最大间隙 $S_{\max}$（或最小过盈 $\delta_{\min}$），最小间隙 $S_{\min}$（或最大过盈 $S_{\max}$），则分别按式（2—1）计算：

$$S_{\max}（或 \delta_{\min}）= D_{\max} - d_{\min} = ES - ei \qquad (2—1)$$

$$S_{\min} \text{（或 } \delta_{\max}\text{）} = D_{\min} - d_{\max} = \text{EI} - \text{es}$$

配合公差为：

$$T_{\text{f}} = S_{\max} \text{（或 } \delta_{\min}\text{）} - S_{\min} \text{（或 } \delta_{\max}\text{）} = T_D + T_d \tag{2—2}$$

表2—1列出了图2—8所示过渡配合的计算过程。

表2—1　过渡配合的计算　　　　　　　　　　mm

| 项　目 | 孔 | 轴 |
|---|---|---|
| 公称尺寸 | 50 | 50 |
| 上极限偏差 | ES = +0.025 | es = +0.018 |
| 下极限偏差 | EI = 0（基本偏差） | ei = +0.002（基本偏差） |
| 上极限尺寸 | $D_{\max}$ = 50.025 | $d_{\max}$ = 50.018 |
| 下极限尺寸 | $D_{\min}$ = 50.000 | $d_{\min}$ = 50.002 |
| 标准公差 | $T_D$ = 0.025 | $T_d$ = 0.016 |
| 最大间隙 | $S_{\max}$ = 50.025 − 50.002 = 0.023 | |
| 最小间隙 | $S_{\min}$ = 50.000 − 50.018 = −0.018（即最大过盈） | |
| 配合公差 | $T_f$ = 0.023 − (−0.018) = 0.041 | |
| | 或 $T_f = T_D + T_d$ = 0.025 + 0.016 = 0.041 | |

# §2—2　标准公差系列

标准公差是"极限与配合"国家标准中规定的任一公差值，当公差等级在5～18级时，标准公差由公式 $T = a \cdot i$（或 $aI$）进行计算，其中 $i$（或 $I$）为公差因子（旧标准公差单位），它是公称尺寸的函数，是计算标准公差的基本单位，$a$ 为公差等级系数，它与加工方法等因素有关。

**1. 标准公差因子（$i$，$I$）**

对尺寸≤500mm时，公差因子 $i$ 按式（2—3）计算：

$$i = 0.45 \sqrt[3]{D} + 0.001D \qquad (\mu\text{m}) \tag{2—3}$$

对尺寸 >500～3150mm 时，公差因子按式（2—4）计算：

$$I = 2.1 + 0.004D \tag{2—4}$$

由公式（2—3）可知：公差因子 $i$ 与直径 $D$ 成多项式关系变化，即 $i$ 随抛物线 $0.45\sqrt[3]{D}$ 与直线 $0.001D$ 的和而变化。由式可知当 $D$ 数值小时，$i$ 受 $0.45\sqrt[3]{D}$ 项的影响大，而受 $0.001D$ 项的影响小。当直径 $D$ 的数值增大时，$i$ 受 $0.45\sqrt[3]{D}$ 的影响减小，而受 $0.001D$ 项的影响增大。当直径 $D$ 大于500mm时，公差因子与直径就成为线性变化关系了，如公式（2—4）所示。

**2. 标准公差等级**

国家标准将公差等级分为20级（大尺寸段为18级），即IT01，IT0，IT1，IT2，IT3，…，IT18。IT表示标准公差代号，即国际标准公差（ISO Tolerance）的缩写，公差等级代号用阿拉伯数字表示。如IT7代表标准公差7级。公差等级从IT01～IT18依秩降低，而相应的标准公差值依秩增大。

尺寸≤500mm，公差等级从 IT5～IT18，尺寸>500～3150mm，公差等级从 IT1～IT18 的各级标准公差按表2—2所列公式进行计算。

表2—2

| 基本尺寸 /mm | | 标准公差等级 | | | | | | | | | | | | | | | | | |
|---|---|---|---|---|---|---|---|---|---|---|---|---|---|---|---|---|---|---|---|
| | | IT1 | IT2 | IT3 | IT4 | IT5 | IT6 | IT7 | IT8 | IT9 | IT10 | IT11 | IT12 | IT13 | IT14 | IT15 | IT16 | IT17 | IT18 |
| 大于 | 至 | 标准公差计算式（μm） | | | | | | | | | | | | | | | | | |
| — | 500 | — | — | — | — | $7i$ | $10i$ | $16i$ | $25i$ | $40i$ | $64i$ | $100i$ | $160i$ | $250i$ | $400i$ | $640i$ | $1000i$ | $1600i$ | $2500i$ |
| 500 | 3150 | $2I$ | $2.7I$ | $3.7I$ | $5I$ | $7I$ | $10I$ | $16I$ | $25I$ | $40I$ | $64I$ | $100I$ | $160I$ | $250I$ | $400I$ | $640I$ | $1000I$ | $1600I$ | $2500I$ |

注：基本尺寸≤500mm IT01～IT4 标准公差计算见表2—3。

由表2—2可知，由 IT5～IT18，其公差等级系数采用了 R5 的优先数列（其中 IT5 为6.3采用了7）。对于尺寸≤500mm 的最高级别的三个公差等级 IT01，IT0 和 IT1，考虑到测量误差的影响，其公差值与直径 $D$ 存在线性关系，故按表2—3所列公式计算。从表2—3可以看出，三个计算式的常数项和系数项也是按优先数列 R5 的不同十进制区间选取的。而 IT2，IT3 和 IT4 三个等级的标准公差值则是在 IT1 和 IT5 之间按几何级数插入三个等级而构成，其级间公比为 $(IT5/IT1)^{\frac{1}{4}}$，如表2—3所示。实际上，在>500mm～3150mm 尺寸段中，IT2～IT4 的标准公差值也是在 IT1 和 IT5 之间大约按几何级数而插入构成的。

表2—3　尺寸≤500mm 的 IT01～IT4 的标准公差计算式

| 公差等级 | 公　　式 | 公差等级 | 公　　式 |
|---|---|---|---|
| IT 01 | $0.3+0.008D$ | IT 2 | $IT1\left(\dfrac{IT5}{IT1}\right)^{\frac{1}{4}}$ |
| IT 0 | $0.5+0.012D$ | IT 3 | $IT1\left(\dfrac{IT5}{IT1}\right)^{\frac{2}{4}}$ |
| IT 1 | $0.8+0.020D$ | IT 4 | $IT1\left(\dfrac{IT5}{IT1}\right)^{\frac{3}{4}}$ |

由上述可知，标准公差值的规律性很强，便于向更高或更低等级延伸，也便于在两级之间插入需要的等级，如 IT6.5 级等。

**3. 公称尺寸分段**

根据标准公差计算式，每有一个公称尺寸就应该有一个相应的公差值。在生产实践中，公称尺寸是很多的，这样就会形成一个极为庞大的公差数值表，反而给生产带来很多困难。为了减少公差值的数目、统一公差值、简化公差值表格和便于应用。国家标准对公称尺寸进行了分段，如表2—4。尺寸分段后，对同一尺寸分段内的所有公称尺寸，在公差等级相同的情况下，规定相同的标准公差值，如表2—5所示。这个标准公差值是按相应尺寸分段内，首、尾两个尺寸的几何平均值 $D$ 来计算的。例如在 50mm～80mm 公称尺寸分段的计算直径为 $\sqrt{50\times80}=63.25mm$，只要是属于这一尺寸分段内的公称尺寸，在计算标准公差值时，公称尺寸 $D$ 一律按 63.25mm 进行计算。尺寸小于 3mm 的尺寸分段，其几何平均值为 $D=\sqrt{1\times3}=1.732mm$。

国家标准将尺寸小于 3150mm 的尺寸，分为 21 个主段落，其中尺寸小于 250mm 的尺寸是继承了原有 ISA 的尺寸分段。尺寸从 250mm～3150mm 的尺寸分段则采用了优先数列 R10。尺寸分段不仅用于计算标准公差，在下节基本偏差系列的计算也要用到。此时，还会用到更细的尺寸分段，即中间段落。

**例 2—1**：公称尺寸 $\phi30$mm，求 IT 6 和 IT 7 的标准公差值。

**解**：$\phi30$mm 属于 >18～30 的尺寸分段（注意：$\phi30$ 不属于 >30～50mm 尺寸分段）。

几何平均值：$D = \sqrt{18 \times 30} \approx 23.24$mm

标准公差因子：$i = 0.45\sqrt[3]{D} + 0.001D$

$\qquad\qquad = 0.45\sqrt[3]{23.24} + 0.001 \times 23.24$

$\qquad\qquad \approx 1.31\mu m$

IT 6 = 10 $i$ = 10 × 1.31 = 13.1 ≈ 13$\mu m$

IT 7 = 16 $i$ = 16 × 1.31 = 20.96 ≈ 21$\mu m$

表 2—5 中的公差数值就是经过这样计算，并按标准规定的标准公差的数值修约规则修约后得出的。有关修约规则这里不再赘述。

表 2—4 公称尺寸分段 mm

| 主段落 | | 中间段落 | | 主段落 | | 中间段落 | |
|---|---|---|---|---|---|---|---|
| 大于 | 至 | 大于 | 至 | 大于 | 至 | 大于 | 至 |
| — | 3 | 无细分段 | | 250 | 315 | 250 | 280 |
| 3 | 6 | | | | | 280 | 315 |
| 6 | 10 | | | 315 | 400 | 315 | 355 |
| | | | | | | 355 | 400 |
| 10 | 18 | 10 | 14 | 400 | 500 | 400 | 450 |
| | | 14 | 18 | | | 450 | 500 |
| 18 | 30 | 18 | 24 | 500 | 630 | 500 | 560 |
| | | 24 | 30 | | | 560 | 630 |
| 30 | 50 | 30 | 40 | 630 | 800 | 630 | 710 |
| | | 40 | 50 | | | 710 | 800 |
| 50 | 80 | 50 | 65 | 800 | 1000 | 800 | 900 |
| | | 65 | 80 | | | 900 | 1000 |
| 80 | 120 | 80 | 100 | 1000 | 1250 | 1000 | 1120 |
| | | 100 | 120 | | | 1120 | 1250 |
| 120 | 180 | 120 | 140 | 1250 | 1600 | 1250 | 1400 |
| | | 140 | 160 | | | 1400 | 1600 |
| | | 160 | 180 | 1600 | 2000 | 1600 | 1800 |
| | | | | | | 1800 | 2000 |
| 180 | 250 | 180 | 200 | 2000 | 2500 | 2000 | 2240 |
| | | 200 | 225 | | | 2240 | 2500 |
| | | 225 | 250 | 2500 | 3150 | 2500 | 2800 |
| | | | | | | 2800 | 3150 |

表2-5 标准公差数值

| 公称尺寸 | IT01 | IT0 | IT1 | IT2 | IT3 | IT4 | IT5 (μm) | IT6 | IT7 | IT8 | IT9 | IT10 | IT11 | IT12 | IT13 | IT14 | IT15 (mm) | IT16 | IT17 | IT18 |
|---|---|---|---|---|---|---|---|---|---|---|---|---|---|---|---|---|---|---|---|---|
| ≤3 | 0.3 | 0.5 | 0.8 | 1.2 | 2 | 3 | 4 | 6 | 10 | 14 | 25 | 40 | 60 | 100 | 0.14 | 0.25 | 0.40 | 0.60 | 1.0 | 1.4 |
| >3~6 | 0.4 | 0.6 | 1 | 1.5 | 2.5 | 4 | 5 | 8 | 12 | 18 | 30 | 48 | 75 | 120 | 0.18 | 0.30 | 0.48 | 0.75 | 1.2 | 1.8 |
| >6~10 | 0.4 | 0.6 | 1 | 1.5 | 2.5 | 4 | 6 | 9 | 15 | 22 | 36 | 58 | 90 | 150 | 0.22 | 0.36 | 0.58 | 0.90 | 1.5 | 2.2 |
| >10~18 | 0.5 | 0.8 | 1.2 | 2 | 3 | 5 | 8 | 11 | 18 | 27 | 43 | 70 | 110 | 180 | 0.27 | 0.43 | 0.70 | 1.10 | 1.8 | 2.7 |
| >18~30 | 0.6 | 1 | 1.5 | 2.5 | 4 | 6 | 9 | 13 | 21 | 33 | 52 | 84 | 130 | 210 | 0.33 | 0.52 | 0.84 | 1.30 | 2.1 | 3.3 |
| >30~50 | 0.6 | 1 | 1.5 | 2.5 | 4 | 7 | 11 | 16 | 25 | 39 | 62 | 100 | 160 | 250 | 0.39 | 0.62 | 1.00 | 1.60 | 2.5 | 3.9 |
| >50~80 | 0.8 | 1.2 | 2 | 3 | 5 | 8 | 13 | 19 | 30 | 46 | 74 | 120 | 190 | 300 | 0.46 | 0.74 | 1.20 | 1.90 | 3.0 | 4.6 |
| >80~120 | 1 | 1.5 | 2.5 | 4 | 6 | 10 | 15 | 22 | 35 | 54 | 87 | 140 | 220 | 350 | 0.54 | 0.87 | 1.40 | 2.20 | 3.5 | 5.4 |
| >120~180 | 1.2 | 2 | 3.5 | 5 | 8 | 12 | 18 | 25 | 40 | 63 | 100 | 160 | 250 | 400 | 0.63 | 1.00 | 1.60 | 2.50 | 4.0 | 6.3 |
| >180~250 | 2 | 3 | 4.5 | 7 | 10 | 14 | 20 | 29 | 46 | 72 | 115 | 185 | 290 | 460 | 0.72 | 1.15 | 1.85 | 2.90 | 4.6 | 7.2 |
| >250~315 | 2.5 | 4 | 6 | 8 | 12 | 16 | 23 | 32 | 52 | 81 | 130 | 210 | 320 | 520 | 0.81 | 1.30 | 2.10 | 3.20 | 5.2 | 8.1 |
| >315~400 | 3 | 5 | 7 | 9 | 13 | 18 | 25 | 36 | 57 | 89 | 140 | 230 | 360 | 570 | 0.89 | 1.40 | 2.30 | 3.60 | 5.7 | 8.9 |
| >400~500 | 4 | 6 | 8 | 10 | 15 | 20 | 27 | 40 | 63 | 97 | 155 | 250 | 400 | 630 | 0.97 | 1.55 | 2.50 | 4.00 | 6.3 | 9.7 |
| >500~630 | | | 9 | 11 | 16 | 22 | 30 | 44 | 70 | 110 | 175 | 280 | 440 | 700 | 1.10 | 1.75 | 2.8 | 4.4 | 7.0 | 11.0 |
| >630~800 | | | 10 | 13 | 18 | 25 | 35 | 50 | 80 | 125 | 200 | 320 | 500 | 800 | 1.25 | 2.0 | 3.2 | 5.0 | 8.0 | 12.5 |
| >800~1000 | | | 11 | 15 | 21 | 29 | 40 | 56 | 90 | 140 | 230 | 360 | 560 | 900 | 1.40 | 2.3 | 3.6 | 5.6 | 9.0 | 14.0 |
| >1000~1250 | | | 13 | 18 | 24 | 34 | 46 | 66 | 105 | 165 | 260 | 420 | 660 | 1050 | 1.65 | 2.6 | 4.2 | 6.6 | 10.5 | 16.5 |
| >1250~1600 | | | 15 | 21 | 29 | 40 | 54 | 78 | 125 | 195 | 310 | 500 | 780 | 1250 | 1.95 | 3.1 | 5.0 | 7.8 | 12.5 | 19.5 |
| >1600~2000 | | | 18 | 25 | 35 | 48 | 65 | 92 | 150 | 230 | 370 | 600 | 920 | 1500 | 2.30 | 3.7 | 6.0 | 9.2 | 15.0 | 23.0 |
| >2000~2500 | | | 22 | 30 | 41 | 57 | 77 | 110 | 175 | 280 | 440 | 700 | 1100 | 1750 | 2.80 | 4.4 | 7.0 | 11.0 | 17.5 | 28.0 |
| >2500~3150 | | | 26 | 36 | 50 | 69 | 93 | 135 | 210 | 330 | 540 | 860 | 1350 | 2100 | 3.30 | 5.4 | 8.0 | 13.5 | 21.0 | 33.0 |

注：公称尺寸小于1mm时，无IT14至IT18。

# §2—3  基本偏差系列

如上所述，基本偏差是用来确定公差带相对于零线位置的上极限偏差或下极限偏差，一般指靠近零线的那个偏差，它是国家标准中使公差带位置标准化的唯一指标。

基本偏差系列如图 2—9 所示。基本偏差的代号用拉丁字母表示，大写字母代表孔，小写字母代表轴。在 26 个字母中，除去易与其他含义混淆的 I，L，O，Q，W（i，l，o，q，w）5 个字母外，采用 21 个，再加上用双字母 CD，EF，FG，ZA，ZB，ZC，Js（cd，ef，fg，za，zb，zc，js）表示的 7 个，共有 28 个，即孔和轴各有 28 个基本偏差。其中 Js 和 js 在各个公差等级中其相应的公差带完全对称于零线。因此，其基本偏差可为上极限偏差（$+IT/2$），也可为下极限偏差（$-IT/2$）。Js 和 js 将逐渐取代近似对称的偏差 J 和 j，故在新国家标准中，孔仅保留了 J6，J7，J8，轴仅保留了 j5，j6，j7 和 j8 等几种。

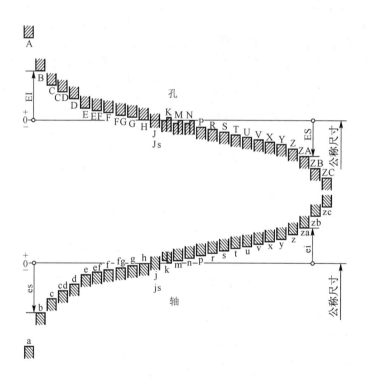

图 2—9

图 2—9 上半部是在基轴制的情况下孔的 28 种基本偏差，下半部是在基孔制的情况下轴的 28 种基本偏差。在基本偏差系列图中，仅绘出了公差带的一端，对公差带的另一端未绘出，因为它取决于公差等级和这个基本偏差的组合。

各种基本偏差的数值，按表 2—6 所列的公式进行计算，这些公式是根据设计要求、生产经验和科学试验，再经数理统计分析得出的。

表2—6　轴与孔的基本偏差计算公式

| 公称尺寸/mm 大于 | 至 | 轴 基本偏差 | 符号 | 极限偏差 | 公式 | 极限偏差 | 符号 | 孔 基本偏差 | 公称尺寸/mm 大于 | 至 |
|---|---|---|---|---|---|---|---|---|---|---|
| 1 | 120 | a | – | es | $265 + 1.3D$ | EI | + | A | 1 | 120 |
| 120 | 500 | | | | $3.5D$ | | | | 120 | 500 |
| 1 | 160 | b | – | es | $\approx 140 + 0.85D$ | EI | + | B | 1 | 160 |
| 160 | 500 | | | | $\approx 1.8D$ | | | | 160 | 500 |
| 0 | 40 | c | – | es | $52D^{0.2}$ | EI | + | C | 0 | 40 |
| 40 | 500 | | | | $95 + 0.8D$ | | | | 40 | 500 |
| 0 | 10 | cd | – | es | C，c 和 D，d 值的几何平均值 | EI | + | CD | 0 | 10 |
| 0 | 3150 | d | – | es | $16D^{0.44}$ | EI | + | D | 0 | 3150 |
| 0 | 3150 | e | – | es | $11D^{0.41}$ | EI | + | E | 0 | 3150 |
| 0 | 10 | ef | – | es | E，e 和 F，f 值的几何平均值 | EI | + | EF | 0 | 10 |
| 0 | 3150 | f | – | es | $5.5D^{0.41}$ | EI | + | F | 0 | 3150 |
| 0 | 10 | fg | – | es | F，f 和 G，g 值的几何平均值 | EI | + | FG | 0 | 10 |
| 0 | 3150 | g | – | es | $2.5D^{0.34}$ | EI | + | G | 0 | 3150 |
| 0 | 3150 | h | 无符号 | es | 偏差 = 0 | EI | 无符号 | H | 0 | 3150 |
| 0 | 500 | j | | | 无公式 | | | J | 0 | 500 |
| 0 | 3150 | js | + – | es ei | $0.5IT_n$ | EI ES | + | JS | 0 | 3150 |
| 0 | 500 | k | + | ei | $0.6\sqrt[3]{D}$ | ES | – | K | 0 | 500 |
| 500 | 3150 | | 无符号 | | 偏差 = 0 | | 无符号 | | 500 | 3150 |
| 0 | 500 | m | + | ei | $IT7 - IT6$ | ES | – | M | 0 | 500 |
| 500 | 3150 | | | | $0.024D + 12.6$ | | | | 500 | 3150 |
| 0 | 500 | n | + | ei | $5D^{0.34}$ | ES | – | N | 0 | 500 |
| 500 | 3150 | | | | $0.04D + 21$ | | | | 500 | 3150 |
| 0 | 500 | p | + | ei | $IT7 + (0$ 至 $5)$ | ES | – | P | 0 | 500 |
| 500 | 3150 | | | | $0.072D + 37.8$ | | | | 500 | 3150 |
| 0 | 3150 | r | + | ei | P，p 和 S，s 值的几何平均值 | ES | – | R | 0 | 3150 |
| 0 | 50 | s | + | ei | $IT8 + (1$ 至 $4)$ | ES | – | S | 0 | 50 |
| 50 | 3150 | | | | $IT7 + 0.4D$ | | | | 50 | 3150 |
| 24 | 3150 | t | + | ei | $IT7 + 0.63D$ | ES | – | T | 24 | 3150 |
| 0 | 3150 | u | + | ei | $IT7 + D$ | ES | – | U | 0 | 3150 |
| 14 | 500 | v | + | ei | $IT7 + 1.25D$ | ES | – | V | 14 | 500 |

| 公称尺寸/mm | | 轴 | | | 公式 | 孔 | | | 公称尺寸/mm | |
|---|---|---|---|---|---|---|---|---|---|---|
| 大于 | 至 | 基本偏差 | 符号 | 极限偏差 | | 极限偏差 | 符号 | 基本偏差 | 大于 | 至 |
| 0 | 500 | x | + | ei | IT7 + 1.6D | ES | – | X | 0 | 500 |
| 18 | 500 | y | + | ei | IT7 + 2D | ES | – | Y | 18 | 500 |
| 0 | 500 | z | + | ei | IT7 + 2.5D | ES | – | Z | 0 | 500 |
| 0 | 500 | za | + | ei | IT8 + 3.15D | ES | – | ZA | 0 | 500 |
| 0 | 500 | zb | + | ei | IT9 + 4D | ES | – | ZB | 0 | 500 |
| 0 | 500 | zc | + | ei | IT10 + 5D | ES | – | ZC | 0 | 500 |

## 一、轴的基本偏差

轴的基本偏差是以基孔制配合为基础而制定的。

a～h 用于间隙配合，基本偏差的绝对值等于最小间隙。其中，a，b，c 三种用于大间隙或热动配合，考虑到热膨胀的影响，采用与直径成正比的关系计算。d，e，f，主要用于旋转运动，为了保证良好的液体摩擦，最小间隙应与直径成平方根关系。但考虑到表面粗糙度的影响，间隙应适当减小，故 d，e，f 公式中的指数略小于 0.5。g 主要用于滑动和半液体摩擦，或用于定位配合，间隙要小，所以直径的指数有所减小。基本偏差 cd，ef，fg 的绝对值，分别按 c 与 d，e 与 f，f 与 g 的绝对值的几何平均值确定，适用于小尺寸的旋转运动件。

j～n 主要用于过渡配合，所得间隙和过盈均不很大，以保证孔、轴配合时能够对中和定心，拆卸也不困难，其计算公式以经验为主。

p～zc 主要用于过盈配合，其基本偏差为下偏差。下偏差的计算式通常由二项合成，第一项为基准孔的标准公差；第二项为最小过盈量，它与直径成线性关系，以便保证孔、轴结合时具有足够的连接强度，正常地传递扭矩。

有了基本偏差和标准公差，就不难求出轴的另一个偏差（上偏差或下偏差），计算公式如下：

或
$$\begin{cases} es = ei + IT \\ ei = es - IT \end{cases} \qquad (2—5)$$

## 二、孔的基本偏差

由于基孔制和基轴制是两种并行的配合基准制。一般说来，当基轴制中孔的基本偏差代号和基孔制中轴的基本偏差代号相同时，则所形成的配合性质是相同的。由于构成基本偏差公式所考虑的因素是一致的，所以，孔的基本偏差计算公式与轴的基本偏差计算公式完全相同，只是符号相反（如表2—6），即 EI = – es，ES = – ei。

但以下情况例外。

（1）公称尺寸大于 3mm～500mm，标准公差等级低于 IT8（IT9，IT10…）的孔的基本偏差 N，其数值 ES = 0。

（2）公称尺寸大于 3mm～500mm，且在公差等级 ≤IT8 的 K，M，N 和公差等级 ≤IT7

的P～ZC 时，由于孔的加工比轴的加工难，此时的轴、孔配合常采用不同公差等级的配合，即轴的公差等级比孔高一级，如 $\phi25P7/h6$，$\phi25H7/p6$。并要求基孔制和基轴制所获得的配合性质相同，即两种制度所获得的配合极限间隙（或极限过盈）相等。此时孔的基本偏差按式（2—6）计算：

$$\begin{cases} ES = -ei + \Delta \\ \Delta = IT_n - IT_{n-1} \end{cases} \tag{2—6}$$

式中　$IT_n$——某一级孔的标准公差；

　　　$IT_{n-1}$——比 $IT_n$ 级孔公差高一级的轴公差。

按表2—6 中的计算公式和计算方法算出的基本偏差的数值，再经基本偏差修约规则修约后，列于表2—7、表2—8，即构成基本偏差系列，供使用查阅。有关修约规则这里不再赘述。

**例2—2**：计算 $\phi25H7/x6$ 和 $\phi25X7/n6$ 的基本偏差以及两种配合的极限过盈。

**解**：由例2—1 知，$\phi25IT7 = 21\mu m$，$\phi25IT6 = 13\mu m$，由表2—6 可知：

H 是基孔制的基准孔，其基本偏差 $EI = 0$；

h 是基轴制的基准轴，其基本偏差 $es = 0$。

x 是轴的基本偏差，其计算为：

$$\begin{aligned} ei &= IT7 + 1.6D \\ &= 21 + 1.6\sqrt{24 \times 30} \\ &= 64\mu m \end{aligned}$$

X 是孔的基本偏差，其计算为：

$$\begin{aligned} ES &= -(IT7 + 1.6D) + \Delta \\ &= -64 + 21 - 13 \\ &= -56 \end{aligned}$$

故两种配合的极限偏差为：

$$\phi25\ \frac{H7\binom{+0.021}{0}}{x6\binom{+0.077}{+0.064}}\ 和\ \phi25\ \frac{X7\binom{-0.056}{-0.077}}{h6\binom{0}{-0.013}}$$

求 $\phi25\ \dfrac{H7}{x6}$ 的极限过盈：

$$S_{max} = 21 - 64 = -43\mu m = \delta_{min} \qquad S_{min} = 0 - 77 = -77\mu m = \delta_{max}$$

求 $\phi25\ \dfrac{X7}{h6}$ 的极限过盈

$$S_{max} = -56 - (-13) = -43\mu m = \delta_{min} \qquad S_{min} = -77 - 0 = -77\mu m = \delta_{max}$$

通过上例的计算，可进一步理解基本偏差系列值的获得方法，以及理解在高公差等级的轴、孔配合中，若轴、孔公差等级不同，且配合属于过渡配合和过盈配合时，若基孔制和基轴制的配合相同（基本偏差代号相同），其配合性质也相同，即配合的极限过盈相等。

有了孔的基本偏差和标准公差，就不难求出孔的另一个偏差，计算公式如下：

$$\begin{cases} EI = ES - IT \\ ES = EI + IT \end{cases} \tag{2—7}$$

## 表 2—7 轴的基本偏差数值

μm

| 公称尺寸/mm | | 基本偏差数值 | | | | | | | | | | | | | | | | | | | | | | | | | | | | | | | |
| 大于 | 至 | 上偏差 es（所有标准公差等级） | | | | | | | | | | | | 下偏差 ei | | | | | | | | | | | | | | | | | | |
| | | a[a] | b[a] | c | cd | d | e | ef | f | fg | g | h | js[b] | j (IT5与IT6) | j (IT7) | j (IT8) | k (IT4至IT7) | k (≤IT3大于IT7) | m | n | p | r | s | t | u | v | x | y | z | za | zb | zc |
|---|---|---|---|---|---|---|---|---|---|---|---|---|---|---|---|---|---|---|---|---|---|---|---|---|---|---|---|---|---|---|---|---|
| — | 3[a] | −270 | −140 | −60 | −34 | −20 | −14 | −10 | −6 | −4 | −2 | 0 | | −2 | −4 | −6 | 0 | 0 | +2 | +4 | +6 | +10 | +14 | | +18 | | +20 | | +26 | +32 | +40 | +60 |
| 3 | 6 | −270 | −140 | −70 | −46 | −30 | −20 | −14 | −10 | −6 | −4 | 0 | | −2 | −4 | | +1 | 0 | +4 | +8 | +12 | +15 | +19 | | +23 | | +28 | | +35 | +42 | +50 | +80 |
| 6 | 10 | −280 | −150 | −80 | −56 | −40 | −25 | −18 | −13 | −8 | −5 | 0 | | −2 | −5 | | +1 | 0 | +6 | +10 | +15 | +19 | +23 | | +28 | | +34 | | +42 | +52 | +67 | +97 |
| 10 | 14 | −290 | −150 | −95 | | −50 | −32 | | −16 | | −6 | 0 | | −3 | −6 | | +1 | 0 | +7 | +12 | +18 | +23 | +28 | | +33 | | +40 | | +50 | +64 | +90 | +130 |
| 14 | 18 | −290 | −150 | −95 | | −50 | −32 | | −16 | | −6 | 0 | 偏差 = ±ITₙ/2，式中 n 为 IT 的等级 | −3 | −6 | | +1 | 0 | +7 | +12 | +18 | +23 | +28 | | +33 | +39 | +45 | | +60 | +77 | +108 | +150 |
| 18 | 24 | −300 | −160 | −110 | | −65 | −40 | | −20 | | −7 | 0 | | −4 | −8 | | +2 | 0 | +8 | +15 | +22 | +28 | +35 | | +41 | +47 | +54 | +63 | +73 | +98 | +136 | +188 |
| 24 | 30 | −300 | −160 | −110 | | −65 | −40 | | −20 | | −7 | 0 | | −4 | −8 | | +2 | 0 | +8 | +15 | +22 | +28 | +35 | +41 | +48 | +55 | +64 | +75 | +88 | +118 | +160 | +218 |
| 30 | 40 | −310 | −170 | −120 | | −80 | −50 | | −25 | | −9 | 0 | | −5 | −10 | | +2 | 0 | +9 | +17 | +26 | +34 | +43 | +48 | +60 | +68 | +80 | +94 | +112 | +148 | +200 | +274 |
| 40 | 50 | −320 | −180 | −130 | | −80 | −50 | | −25 | | −9 | 0 | | −5 | −10 | | +2 | 0 | +9 | +17 | +26 | +34 | +43 | +54 | +70 | +81 | +97 | +114 | +136 | +180 | +242 | +325 |
| 50 | 65 | −340 | −190 | −140 | | −100 | −60 | | −30 | | −10 | 0 | | −7 | −12 | | +2 | 0 | +11 | +20 | +32 | +41 | +53 | +66 | +87 | +102 | +122 | +144 | +172 | +226 | +300 | +405 |
| 65 | 80 | −360 | −200 | −150 | | −100 | −60 | | −30 | | −10 | 0 | | −7 | −12 | | +2 | 0 | +11 | +20 | +32 | +43 | +59 | +75 | +102 | +120 | +146 | +174 | +210 | +274 | +360 | +480 |
| 80 | 100 | −380 | −220 | −170 | | −120 | −72 | | −36 | | −12 | 0 | | −9 | −15 | | +3 | 0 | +13 | +23 | +37 | +51 | +71 | +91 | +124 | +146 | +178 | +214 | +258 | +335 | +445 | +585 |
| 100 | 120 | −410 | −240 | −180 | | −120 | −72 | | −36 | | −12 | 0 | | −9 | −15 | | +3 | 0 | +13 | +23 | +37 | +54 | +79 | +104 | +144 | +172 | +210 | +254 | +310 | +400 | +525 | +690 |
| 120 | 140 | −460 | −260 | −200 | | −145 | −85 | | −43 | | −14 | 0 | | −11 | −18 | | +3 | 0 | +15 | +27 | +43 | +63 | +92 | +122 | +170 | +202 | +248 | +300 | +365 | +470 | +620 | +800 |
| 140 | 160 | −520 | −280 | −210 | | −145 | −85 | | −43 | | −14 | 0 | | −11 | −18 | | +3 | 0 | +15 | +27 | +43 | +65 | +100 | +134 | +190 | +228 | +280 | +340 | +415 | +535 | +700 | +900 |
| 160 | 180 | −580 | −310 | −230 | | −145 | −85 | | −43 | | −14 | 0 | | −11 | −18 | | +3 | 0 | +15 | +27 | +43 | +68 | +108 | +146 | +210 | +252 | +310 | +380 | +465 | +600 | +780 | +1000 |
| 180 | 200 | −660 | −340 | −240 | | −170 | −100 | | −50 | | −15 | 0 | | −13 | −21 | | +4 | 0 | +17 | +31 | +50 | +77 | +122 | +166 | +236 | +284 | +350 | +425 | +520 | +670 | +880 | +1150 |
| 200 | 225 | −740 | −380 | −260 | | −170 | −100 | | −50 | | −15 | 0 | | −13 | −21 | | +4 | 0 | +17 | +31 | +50 | +80 | +130 | +180 | +258 | +310 | +385 | +470 | +575 | +740 | +960 | +1250 |
| 225 | 250 | −820 | −420 | −280 | | −170 | −100 | | −50 | | −15 | 0 | | −13 | −21 | | +4 | 0 | +17 | +31 | +50 | +84 | +140 | +196 | +284 | +340 | +425 | +520 | +640 | +820 | +1050 | +1350 |

续表

| 公称尺寸/mm 大于 | 至 | a[a] | b[a] | c | cd | d | e | ef | f | fg | g | h | js | j (IT5与IT6) | j (IT7) | j (IT8) | k (IT4至IT7) | k (≤IT3,大于IT7) | m | n | p | r | s | t | u | v | x | y | z | za | zb | zc |
|---|---|---|---|---|---|---|---|---|---|---|---|---|---|---|---|---|---|---|---|---|---|---|---|---|---|---|---|---|---|---|---|---|
| | | 上偏差 es（所有标准公差等级） | | | | | | | | | | | | 下偏差 ei | | | | | | | | | | | | | | | | | | |
| 250 | 280 | −920 | −480 | −300 | | −190 | −110 | | −56 | | −17 | 0 | ±ITn/2 | −16 | −26 | | +4 | 0 | +20 | +34 | +56 | +94 | +158 | +218 | +315 | +385 | +475 | +580 | +710 | +920 | +1200 | +1550 |
| 280 | 315 | −1050 | −540 | −330 | | −190 | −110 | | −56 | | −17 | 0 | | −16 | −26 | | +4 | 0 | +20 | +34 | +56 | +98 | +170 | +240 | +350 | +425 | +525 | +650 | +790 | +1000 | +1300 | +1700 |
| 315 | 355 | −1200 | −600 | −360 | | −210 | −125 | | −62 | | −18 | 0 | | −18 | −28 | | +4 | 0 | +21 | +37 | +62 | +108 | +190 | +268 | +390 | +475 | +590 | +730 | +900 | +1150 | +1500 | +1900 |
| 355 | 400 | −1350 | −680 | −400 | | −210 | −125 | | −62 | | −18 | 0 | | −18 | −28 | | +4 | 0 | +21 | +37 | +62 | +114 | +208 | +294 | +435 | +530 | +660 | +820 | +1000 | +1300 | +1650 | +2100 |
| 400 | 450 | −1500 | −760 | −440 | | −230 | −135 | | −68 | | −20 | 0 | | −20 | −32 | | +5 | 0 | +23 | +40 | +68 | +126 | +232 | +330 | +490 | +595 | +740 | +920 | +1100 | +1450 | +1850 | +2400 |
| 450 | 500 | −1650 | −840 | −480 | | −230 | −135 | | −68 | | −20 | 0 | | −20 | −32 | | +5 | 0 | +23 | +40 | +68 | +132 | +252 | +360 | +540 | +660 | +820 | +1000 | +1250 | +1600 | +2100 | +2600 |
| 500 | 560 | | | | | −260 | −145 | | −76 | | −22 | 0 | | | | | 0 | 0 | +26 | +44 | +78 | +150 | +280 | +400 | +600 | | | | | | | |
| 560 | 630 | | | | | −260 | −145 | | −76 | | −22 | 0 | | | | | 0 | 0 | +26 | +44 | +78 | +155 | +310 | +450 | +660 | | | | | | | |
| 630 | 710 | | | | | −290 | −160 | | −80 | | −24 | 0 | | | | | 0 | 0 | +30 | +50 | +88 | +175 | +340 | +500 | +740 | | | | | | | |
| 710 | 800 | | | | | −290 | −160 | | −80 | | −24 | 0 | | | | | 0 | 0 | +30 | +50 | +88 | +185 | +380 | +560 | +840 | | | | | | | |
| 800 | 900 | | | | | −320 | −170 | | −86 | | −26 | 0 | | | | | 0 | 0 | +34 | +56 | +100 | +210 | +430 | +620 | +940 | | | | | | | |
| 900 | 1000 | | | | | −320 | −170 | | −86 | | −26 | 0 | | | | | 0 | 0 | +34 | +56 | +100 | +220 | +470 | +680 | +1050 | | | | | | | |
| 1000 | 1120 | | | | | −350 | −195 | | −98 | | −28 | 0 | | | | | 0 | 0 | +40 | +66 | +120 | +250 | +520 | +780 | +1150 | | | | | | | |
| 1120 | 1250 | | | | | −350 | −195 | | −98 | | −28 | 0 | | | | | 0 | 0 | +40 | +66 | +120 | +260 | +580 | +840 | +1300 | | | | | | | |
| 1250 | 1400 | | | | | −390 | −220 | | −110 | | −30 | 0 | | | | | 0 | 0 | +48 | +78 | +140 | +300 | +640 | +960 | +1450 | | | | | | | |
| 1400 | 1600 | | | | | −390 | −220 | | −110 | | −30 | 0 | | | | | 0 | 0 | +48 | +78 | +140 | +330 | +720 | +1050 | +1600 | | | | | | | |
| 1600 | 1800 | | | | | −430 | −240 | | −120 | | −32 | 0 | | | | | 0 | 0 | +58 | +92 | +170 | +370 | +820 | +1200 | +1850 | | | | | | | |
| 1800 | 2000 | | | | | −430 | −240 | | −120 | | −32 | 0 | | | | | 0 | 0 | +58 | +92 | +170 | +400 | +920 | +1350 | +2000 | | | | | | | |
| 2000 | 2240 | | | | | −480 | −260 | | −130 | | −34 | 0 | | | | | 0 | 0 | +68 | +110 | +195 | +440 | +1000 | +1500 | +2300 | | | | | | | |
| 2240 | 2500 | | | | | −480 | −260 | | −130 | | −34 | 0 | | | | | 0 | 0 | +68 | +110 | +195 | +460 | +1100 | +1650 | +2500 | | | | | | | |
| 2500 | 2800 | | | | | −520 | −290 | | −145 | | −38 | 0 | | | | | 0 | 0 | +76 | +135 | +240 | +550 | +1250 | +1900 | +2900 | | | | | | | |
| 2800 | 3150 | | | | | −520 | −290 | | −145 | | −38 | 0 | | | | | 0 | 0 | +76 | +135 | +240 | +580 | +1400 | +2100 | +3200 | | | | | | | |

（js 偏差=±ITn/2，式中 n 为 IT 的等级）

注：a. 公称尺寸小于或等于1mm的基本偏差 a 和 b 不使用。

b. 公差带 js7 至 js11，若 ITn 的数值为奇数，则取 js = ±IT_{n−1}/2。

## 表 2—8 孔的基本偏差数值

单位：μm

下偏差 EI（所有标准公差等级）；JS；上偏差 ES（J、K、M、N、P～ZC、P～ZC 各列）

注：
- JS 列：偏差 = ± $IT_n/2$，式中 $n$ 为 IT 的等级。
- P～ZC 列（P 至 ZC，$\leqslant IT7$）：在大于 IT7 的相应数值上增加一个 Δ 值。
- 脚注：$A^a$、$B^a$、$JS^b$、$K^e$、$M^{cd}$、$N^{ce}$、$P\text{-}ZC^m$。

| 公称尺寸/mm 大于 | 至 | A | B | C | CD | D | E | EF | F | FG | G | H | JS | J IT6 | J IT7 | J IT8 | K ≤IT8 | K >IT8 | M ≤IT8 | M >IT8 | N ≤IT8 | N >IT8 | P | R | S | T | U | V | X | Y | Z | ZA | ZB | ZC | IT3 | IT4 | IT5 | IT6 | IT7 | IT8 |
|---|---|---|---|---|---|---|---|---|---|---|---|---|---|---|---|---|---|---|---|---|---|---|---|---|---|---|---|---|---|---|---|---|---|---|---|---|---|---|---|---|
| — | 3 | +270 | +140 | +60 | +34 | +20 | +14 | +10 | +6 | +4 | +2 | 0 | | +2 | +4 | +6 | 0 | 0 | −2 | −2 | −4 | −4 | −6 | −10 | −14 | | −18 | | −20 | | −26 | −32 | −40 | −60 | 0 | 0 | 0 | 0 | 0 | 0 |
| 3 | 6 | +270 | +140 | +70 | +46 | +30 | +20 | +14 | +10 | +6 | +4 | 0 | | +5 | +6 | +10 | −1+Δ | | −4+Δ | −4 | −8+Δ | 0 | −12 | −15 | −19 | | −23 | | −28 | | −35 | −42 | −50 | −80 | 1 | 1.5 | 1 | 3 | 4 | 6 |
| 6 | 10 | +280 | +150 | +80 | +56 | +40 | +25 | +18 | +13 | +8 | +5 | 0 | | +5 | +8 | +12 | −1+Δ | | −6+Δ | −6 | −10+Δ | 0 | −15 | −19 | −23 | | −28 | | −34 | | −42 | −52 | −67 | −97 | 1 | 1.5 | 2 | 3 | 6 | 7 |
| 10 | 14 | +290 | +150 | +95 | | +50 | +32 | | +16 | | +6 | 0 | | +6 | +10 | +15 | −1+Δ | | −7+Δ | −7 | −12+Δ | 0 | −18 | −23 | −28 | | −33 | | −40 | | −50 | −64 | −90 | −130 | 1 | 2 | 3 | 3 | 7 | 9 |
| 14 | 18 | +290 | +150 | +95 | | +50 | +32 | | +16 | | +6 | 0 | | +6 | +10 | +15 | −1+Δ | | −7+Δ | −7 | −12+Δ | 0 | −18 | −23 | −28 | | −33 | −39 | −45 | | −60 | −77 | −108 | −150 | 1 | 2 | 3 | 3 | 7 | 9 |
| 18 | 24 | +300 | +160 | +110 | | +65 | +40 | | +20 | | +7 | 0 | | +8 | +12 | +20 | −2+Δ | | −8+Δ | −8 | −15+Δ | 0 | −22 | −28 | −35 | | −41 | −47 | −54 | −63 | −73 | −98 | −136 | −188 | 1.5 | 2 | 3 | 4 | 8 | 12 |
| 24 | 30 | +300 | +160 | +110 | | +65 | +40 | | +20 | | +7 | 0 | | +8 | +12 | +20 | −2+Δ | | −8+Δ | −8 | −15+Δ | 0 | −22 | −28 | −35 | −41 | −48 | −55 | −64 | −75 | −88 | −118 | −180 | −218 | 1.5 | 2 | 3 | 4 | 8 | 12 |
| 30 | 40 | +310 | +170 | +120 | | +80 | +50 | | +25 | | +9 | 0 | | +10 | +14 | +24 | −2+Δ | | −9+Δ | −9 | −17+Δ | 0 | −26 | −34 | −43 | −48 | −60 | −68 | −80 | −94 | −112 | −148 | −200 | −274 | 1.5 | 3 | 4 | 5 | 9 | 14 |
| 40 | 50 | +320 | +180 | +130 | | +80 | +50 | | +25 | | +9 | 0 | | +10 | +14 | +24 | −2+Δ | | −9+Δ | −9 | −17+Δ | 0 | −26 | −34 | −43 | −54 | −70 | −81 | −97 | −114 | −136 | −180 | −242 | −325 | 1.5 | 3 | 4 | 5 | 9 | 14 |
| 50 | 65 | +340 | +190 | +140 | | +100 | +60 | | +30 | | +10 | 0 | | +13 | +18 | +28 | −2+Δ | | −11+Δ | −11 | −20+Δ | 0 | −32 | −41 | −53 | −66 | −87 | −102 | −122 | −144 | −172 | −226 | −300 | −405 | 2 | 3 | 5 | 6 | 11 | 16 |
| 65 | 80 | +360 | +200 | +150 | | +100 | +60 | | +30 | | +10 | 0 | | +13 | +18 | +28 | −2+Δ | | −11+Δ | −11 | −20+Δ | 0 | −32 | −43 | −59 | −75 | −102 | −120 | −146 | −174 | −210 | −274 | −360 | −480 | 2 | 3 | 5 | 6 | 11 | 16 |
| 80 | 100 | +380 | +220 | +170 | | +120 | +72 | | +36 | | +12 | 0 | | +16 | +22 | +34 | −3+Δ | | −13+Δ | −13 | −23+Δ | 0 | −37 | −51 | −71 | −91 | −124 | −146 | −178 | −214 | −258 | −335 | −445 | −585 | 2 | 4 | 5 | 7 | 13 | 19 |
| 100 | 120 | +410 | +240 | +180 | | +120 | +72 | | +36 | | +12 | 0 | | +16 | +22 | +34 | −3+Δ | | −13+Δ | −13 | −23+Δ | 0 | −37 | −54 | −79 | −104 | −144 | −172 | −210 | −254 | −310 | −400 | −525 | −690 | 2 | 4 | 5 | 7 | 13 | 19 |
| 120 | 140 | +460 | +260 | +200 | | +145 | +85 | | +43 | | +14 | 0 | | +18 | +26 | +41 | −3+Δ | | −15+Δ | −15 | −27+Δ | 0 | −43 | −63 | −92 | −122 | −170 | −202 | −248 | −300 | −365 | −470 | −620 | −800 | 3 | 4 | 6 | 7 | 15 | 23 |
| 140 | 160 | +520 | +280 | +210 | | +145 | +85 | | +43 | | +14 | 0 | | +18 | +26 | +41 | −3+Δ | | −15+Δ | −15 | −27+Δ | 0 | −43 | −65 | −100 | −134 | −190 | −228 | −280 | −340 | −415 | −535 | −700 | −900 | 3 | 4 | 6 | 7 | 15 | 23 |
| 160 | 180 | +580 | +310 | +230 | | +145 | +85 | | +43 | | +14 | 0 | | +18 | +26 | +41 | −3+Δ | | −15+Δ | −15 | −27+Δ | 0 | −43 | −68 | −108 | −146 | −210 | −252 | −310 | −380 | −465 | −600 | −780 | −1000 | 3 | 4 | 6 | 7 | 15 | 23 |
| 180 | 200 | +660 | +340 | +240 | | +170 | +100 | | +50 | | +15 | 0 | | +22 | +30 | +47 | −4+Δ | | −17+Δ | −17 | −31+Δ | 0 | −50 | −77 | −122 | −166 | −236 | −284 | −350 | −425 | −520 | −670 | −880 | −1150 | 3 | 4 | 6 | 9 | 17 | 26 |
| 200 | 225 | +740 | +380 | +260 | | +170 | +100 | | +50 | | +15 | 0 | | +22 | +30 | +47 | −4+Δ | | −17+Δ | −17 | −31+Δ | 0 | −50 | −80 | −130 | −180 | −258 | −310 | −385 | −470 | −575 | −740 | −960 | −1250 | 3 | 4 | 6 | 9 | 17 | 26 |
| 225 | 260 | +820 | +420 | +280 | | +170 | +100 | | +50 | | +15 | 0 | | +22 | +30 | +47 | −4+Δ | | −17+Δ | −17 | −31+Δ | 0 | −50 | −84 | −140 | −196 | −284 | −340 | −425 | −520 | −640 | −820 | −1050 | −1350 | 3 | 4 | 6 | 9 | 17 | 26 |
| 260 | 280 | +920 | +480 | +300 | | +190 | +110 | | +56 | | +17 | 0 | | +25 | +36 | +55 | −4+Δ | | −20+Δ | −20 | −34+Δ | 0 | −56 | −94 | −158 | −218 | −315 | −385 | −475 | −580 | −710 | −920 | −1200 | −1550 | 4 | 4 | 7 | 9 | 20 | 29 |
| 280 | 315 | +1050 | +540 | +330 | | +190 | +110 | | +56 | | +17 | 0 | | +25 | +36 | +55 | −4+Δ | | −20+Δ | −20 | −34+Δ | 0 | −56 | −98 | −170 | −240 | −350 | −425 | −525 | −650 | −790 | −1000 | −1300 | −1700 | 4 | 4 | 7 | 9 | 20 | 29 |
| 315 | 355 | +1200 | +600 | +360 | | +210 | +125 | | +62 | | +18 | 0 | | +29 | +39 | +60 | −4+Δ | | −21+Δ | −21 | −37+Δ | 0 | −62 | −108 | −190 | −268 | −390 | −475 | −590 | −730 | −900 | −1150 | −1500 | −1900 | 4 | 5 | 7 | 11 | 21 | 32 |
| 355 | 400 | +1350 | +680 | +400 | | +210 | +125 | | +62 | | +18 | 0 | | +29 | +39 | +60 | −4+Δ | | −21+Δ | −21 | −37+Δ | 0 | −62 | −114 | −208 | −294 | −435 | −530 | −660 | −820 | −1000 | −1300 | −1650 | −2100 | 4 | 5 | 7 | 11 | 21 | 32 |

续表

**基本偏差值** （单位：μm；上偏差 ES 与下偏差 EI）

| 大于 | 至 | A[a] | B[a] | C | CD | D | E | EF | F | FG | G | H | JS[b] | J(IT6) | J(IT7) | J(IT8) | K[c](≤IT8) | K(>IT8) | M[c][d](≤IT8) | M(>IT8) | N[e](≤IT8) | N(>IT8) | P~ZC | P | R | S | T | U | V | X | Y | Z | ZA | ZB | ZC | Δ IT3 | Δ IT4 | Δ IT5 | Δ IT6 | Δ IT7 | Δ IT8 |
|---|---|---|---|---|---|---|---|---|---|---|---|---|---|---|---|---|---|---|---|---|---|---|---|---|---|---|---|---|---|---|---|---|---|---|---|---|---|---|---|---|---|---|
| 400 | 450 | +1500 | +760 | +440 |  | +230 | +135 |  | +68 |  | +20 | 0 | $\pm IT_n/2$ | +33 | +43 | +66 | 0 |  | −23+Δ | −23 | −40+Δ | 0 | 在大于IT7的相应数值上增加一个Δ值 | −68 | −126 | −232 | −330 | −490 | −595 | −740 | −920 | −1100 | −1450 | −1850 | −2400 | 5 | 5 | 7 | 13 | 23 | 34 |
| 450 | 500 | +1650 | +840 | +480 |  |  |  |  |  |  |  | 0 |  |  |  |  |  |  |  |  |  |  |  |  | −132 | −252 | −360 | −540 | −660 | −820 | −1000 | −1250 | −1600 | −2100 | −2600 |  |  |  |  |  |  |
| 500 | 560 |  |  |  |  | +260 | +145 |  | +76 |  | +22 | 0 |  |  |  |  | 0 |  | −26 |  | −44 |  |  | −78 | −150 | −280 | −400 | −600 |  |  |  |  |  |  |  |  |  |  |  |  |  |
| 560 | 630 |  |  |  |  |  |  |  |  |  |  | 0 |  |  |  |  |  |  |  |  |  |  |  |  | −155 | −310 | −450 | −660 |  |  |  |  |  |  |  |  |  |  |  |  |  |  |
| 630 | 710 |  |  |  |  | +290 | +160 |  | +80 |  | +24 | 0 |  |  |  |  | 0 |  | −30 |  | −50 |  |  | −88 | −175 | −340 | −500 | −740 |  |  |  |  |  |  |  |  |  |  |  |  |  |  |
| 710 | 800 |  |  |  |  |  |  |  |  |  |  | 0 |  |  |  |  |  |  |  |  |  |  |  |  | −185 | −380 | −560 | −840 |  |  |  |  |  |  |  |  |  |  |  |  |  |  |
| 800 | 900 |  |  |  |  | +320 | +170 |  | +86 |  | +26 | 0 |  |  |  |  | 0 |  | −34 |  | −56 |  |  | −100 | −210 | −430 | −620 | −940 |  |  |  |  |  |  |  |  |  |  |  |  |  |  |
| 900 | 1000 |  |  |  |  |  |  |  |  |  |  | 0 |  |  |  |  |  |  |  |  |  |  |  |  | −220 | −470 | −680 | −1050 |  |  |  |  |  |  |  |  |  |  |  |  |  |  |
| 1000 | 1120 |  |  |  |  | +350 | +195 |  | +98 |  | +28 | 0 |  |  |  |  | 0 |  | −40 |  | −66 |  |  | −120 | −250 | −520 | −780 | −1150 |  |  |  |  |  |  |  |  |  |  |  |  |  |  |
| 1120 | 1250 |  |  |  |  |  |  |  |  |  |  | 0 |  |  |  |  |  |  |  |  |  |  |  |  | −260 | −580 | −840 | −1300 |  |  |  |  |  |  |  |  |  |  |  |  |  |  |
| 1250 | 1400 |  |  |  |  | +390 | +220 |  | +110 |  | +30 | 0 |  |  |  |  | 0 |  | −48 |  | −78 |  |  | −140 | −300 | −640 | −960 | −1450 |  |  |  |  |  |  |  |  |  |  |  |  |  |  |
| 1400 | 1600 |  |  |  |  |  |  |  |  |  |  | 0 |  |  |  |  |  |  |  |  |  |  |  |  | −330 | −720 | −1050 | −1600 |  |  |  |  |  |  |  |  |  |  |  |  |  |  |
| 1600 | 1800 |  |  |  |  | +430 | +240 |  | +120 |  | +32 | 0 |  |  |  |  | 0 |  | −58 |  | −92 |  |  | −170 | −370 | −820 | −1200 | −1850 |  |  |  |  |  |  |  |  |  |  |  |  |  |  |
| 1800 | 2000 |  |  |  |  |  |  |  |  |  |  | 0 |  |  |  |  |  |  |  |  |  |  |  |  | −400 | −920 | −1350 | −2000 |  |  |  |  |  |  |  |  |  |  |  |  |  |  |
| 2000 | 2240 |  |  |  |  | +480 | +260 |  | +130 |  | +34 | 0 |  |  |  |  | 0 |  | −68 |  | −110 |  |  | −195 | −440 | −1000 | −1500 | −2300 |  |  |  |  |  |  |  |  |  |  |  |  |  |  |
| 2240 | 2500 |  |  |  |  |  |  |  |  |  |  | 0 |  |  |  |  |  |  |  |  |  |  |  |  | −460 | −1100 | −1650 | −2500 |  |  |  |  |  |  |  |  |  |  |  |  |  |  |
| 2500 | 2800 |  |  |  |  | +520 | +290 |  | +145 |  | +38 | 0 |  |  |  |  | 0 |  | −76 |  | −135 |  |  | −240 | −550 | −1250 | −1900 | −2900 |  |  |  |  |  |  |  |  |  |  |  |  |  |  |
| 2800 | 3150 |  |  |  |  |  |  |  |  |  |  | 0 |  |  |  |  |  |  |  |  |  |  |  |  | −580 | −1400 | −2100 | −3200 |  |  |  |  |  |  |  |  |  |  |  |  |  |  |

注：
a. 公称尺寸小于或等于1mm时，基本偏差A和B不使用。
b. 公差带JS7至JS11，若 $IT_n$ 的数值为奇数，则取 JS = $\pm(IT_n-1)/2$。
c. 对小于或等于IT8的K、M、N和小于或等于IT7的P至ZC，所需Δ值从表内右侧选取。例如，18mm~30mm段的K7，Δ=8μm，所以ES=−2+8=+6μm；18mm~30mm段的S6，Δ=4μm，所以ES=−35+4=−31μm。
d. 特殊情况，250mm~315mm段的M6，ES=−9μm（代替−11μm）。
e. 对公称尺寸小于或等于1mm和公差等级大于IT8的基本偏差N不使用。

# §2—4 标准公差带

根据 20 个公差等级和 28 个基本偏差（其中 J 只有 3 个，j 只有 4 个），可组合成 543 个孔的公差带和 544 个轴的公差带。如果将这些公差带全部列入标准，将使标准极为庞大和繁杂，不利于生产。为尽可能减少定尺寸刀、量具的规格和工艺装备的品种，降低生产成本，国际 GB/T 1801—2009 对尺寸 ≤500mm 的轴、孔公差带做了规定，它们包括一般用途的轴、孔公差带，常用轴孔公差带和优先选用的轴、孔公差带。其各类公差带的数目，见表 2—9。在此基础上标准还规定了常用的和优先选用的配合公差带。

表 2—9

| | 孔 | 轴 | 配 合 | |
|---|---|---|---|---|
| | | | 基 孔 制 | 基 轴 制 |
| 一般用途 | 105 | 116 | | |
| 常 用 | 44 | 59 | 59 | 47 |
| 优先选用 | 13 | 13 | 13 | 13 |

图 2—10 和图 2—11 为 GB/T 1801—2009 推荐的轴、孔公差带代号。图中方框内为常用的，画圆圈的为优先选用的。

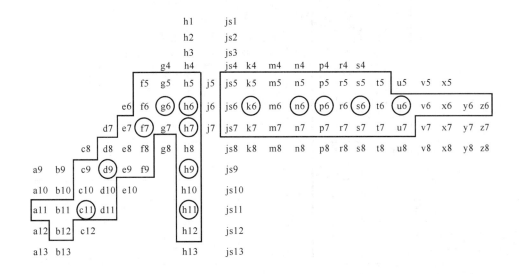

图 2—10

表 2—10、表 2—11 为基孔制、基轴制的优先和常用的配合公差带。

图 2—12 和图 2—13 为基孔制、基轴制的优先配合的公差带图。

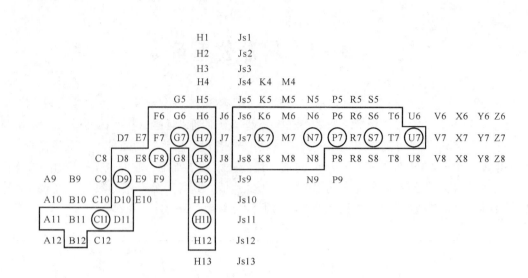

图 2—11

表 2—10　基孔制常用、优先配合

| 基准孔 | 轴 | | | | | | | | | | | | | | | | | | | | |
|---|---|---|---|---|---|---|---|---|---|---|---|---|---|---|---|---|---|---|---|---|---|
| | a | b | c | d | e | f | g | h | js | k | m | n | p | r | s | t | u | v | x | y | z |
| | 间　隙　配　合 | | | | | | | | 过渡配合 | | | 过　盈　配　合 | | | | | | | | | |
| H6 | | | | | | $\frac{H6}{f5}$ | $\frac{H6}{g5}$ | $\frac{H6}{h5}$ | $\frac{H6}{js5}$ | $\frac{H6}{k5}$ | $\frac{H6}{m5}$ | $\frac{H6}{n5}$ | $\frac{H6}{p5}$ | $\frac{H6}{r5}$ | $\frac{H6}{s5}$ | $\frac{H6}{t5}$ | | | | | |
| H7 | | | | | | $\frac{H7}{f6}$ | $\frac{H7}{g6}$ | $\frac{H7}{h6}$ | $\frac{H7}{js6}$ | $\frac{H7}{k6}$ | $\frac{H7}{m6}$ | $\frac{H7}{n6}$ | $\frac{H7}{p6}$ | $\frac{H7}{r6}$ | $\frac{H7}{s6}$ | $\frac{H7}{t6}$ | $\frac{H7}{u6}$ | $\frac{H7}{v6}$ | $\frac{H7}{x6}$ | $\frac{H7}{y6}$ | $\frac{H7}{z6}$ |
| H8 | | | | | $\frac{H8}{e7}$ | $\frac{H8}{f7}$ | $\frac{H8}{g7}$ | $\frac{H8}{h7}$ | $\frac{H8}{js7}$ | $\frac{H8}{k7}$ | $\frac{H8}{m7}$ | $\frac{H8}{n7}$ | $\frac{H8}{p7}$ | $\frac{H8}{r7}$ | $\frac{H8}{s7}$ | $\frac{H8}{t7}$ | $\frac{H8}{u7}$ | | | | |
| | | | | $\frac{H8}{d8}$ | $\frac{H8}{e8}$ | $\frac{H8}{f8}$ | | $\frac{H8}{h8}$ | | | | | | | | | | | | | |
| H9 | | | $\frac{H9}{c9}$ | $\frac{H9}{d9}$ | $\frac{H9}{e9}$ | $\frac{H9}{f9}$ | | $\frac{H9}{h9}$ | | | | | | | | | | | | | |
| H10 | | | $\frac{H10}{c10}$ | $\frac{H10}{d10}$ | | | | $\frac{H10}{h10}$ | | | | | | | | | | | | | |
| H11 | $\frac{H11}{a11}$ | $\frac{H11}{b11}$ | $\frac{H11}{c11}$ | $\frac{H11}{d11}$ | | | | $\frac{H11}{h11}$ | | | | | | | | | | | | | |
| H12 | | $\frac{H12}{b12}$ | | | | | | $\frac{H12}{h12}$ | | | | | | | | | | | | | |

注:注 ▌ 符号者为优先配合。

表 2—11　基轴制常用、优先配合

| 基准轴 | 孔 | | | | | | | | | | | | | | | | | | | | |
| --- | --- | --- | --- | --- | --- | --- | --- | --- | --- | --- | --- | --- | --- | --- | --- | --- | --- | --- | --- | --- | --- |
| | A | B | C | D | E | F | G | H | Js | K | M | N | P | R | S | T | U | V | X | Y | Z |
| | 间　隙　配　合 | | | | | | | | | | | | 过　盈　配　合 | | | | | | | | |
| h5 | | | | | $\frac{F6}{h5}$ | | $\frac{G6}{h5}$ | $\frac{H6}{h5}$ | $\frac{Js6}{h5}$ | $\frac{K6}{h5}$ | $\frac{M6}{h5}$ | $\frac{N6}{h5}$ | $\frac{P6}{h5}$ | $\frac{R6}{h5}$ | $\frac{S6}{h5}$ | $\frac{T6}{h5}$ | | | | | |
| h6 | | | | | | $\frac{F7}{h6}$ | $\frac{G7}{h6}$ | $\frac{H7}{h6}$ | $\frac{Js7}{h6}$ | $\frac{K7}{h6}$ | $\frac{M7}{h6}$ | $\frac{N7}{h6}$ | $\frac{P7}{h6}$ | $\frac{R7}{h6}$ | $\frac{S7}{h6}$ | $\frac{T7}{h6}$ | $\frac{U7}{h6}$ | | | | |
| h7 | | | | | $\frac{E8}{h7}$ | $\frac{F8}{h7}$ | | $\frac{H8}{h7}$ | $\frac{Js8}{h7}$ | $\frac{K8}{h7}$ | $\frac{M8}{h7}$ | $\frac{N8}{h7}$ | | | | | | | | | |
| h8 | | | | $\frac{D8}{h8}$ | $\frac{E8}{h8}$ | $\frac{F8}{h8}$ | | $\frac{H8}{h8}$ | | | | | | | | | | | | | |
| h9 | | | | $\frac{D9}{h9}$ | $\frac{E9}{h9}$ | $\frac{F9}{h9}$ | | $\frac{H9}{h9}$ | | | | | | | | | | | | | |
| h10 | | | | $\frac{D10}{h10}$ | | | | $\frac{H10}{h10}$ | | | | | | | | | | | | | |
| h11 | $\frac{A11}{h11}$ | $\frac{B11}{h11}$ | $\frac{C11}{h11}$ | $\frac{D11}{h11}$ | | | | $\frac{H11}{h11}$ | | | | | | | | | | | | | |
| h12 | | $\frac{B12}{h12}$ | | | | | | $\frac{H12}{h12}$ | | | | | | | | | | | | | |

注:注 ◣ 符号者为优先配合。

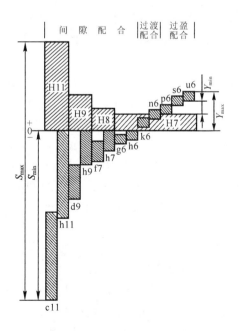

图 2—12

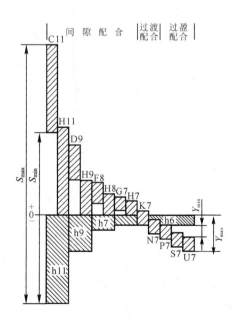

图 2—13

在选用公差带时，应首先选用画圆圈的公差带，当画圆圈的公差带不能满足设计要求时，再选用方框内的常用公差带，若还不能满足设计要求时再选用一般用途的公差带。

在选用配合时，应首先选用优先配合，即表2—10和表2—11中打了黑三角符号的。若不能满足设计要求时，再选用常用配合。

对尺寸大于500mm～3150mm范围内的轴、孔公差带，在GB/T 1801—2009中也作了进一步的限制，对于孔规定了31个公差带，对于轴规定了41个公差带。为了精密机械和钟表业需要，对尺寸小于18mm的轴、孔公差带，在GB/T 1803—2003也做了进一步的规定，对孔规定了153种公差带，对轴规定了169种公差带。标准中分别列出了上述公差带的代号，以及每个公差带的极限偏差。由于篇幅的原因，这里不再叙述。

# §2—5 尺寸精度及配合的设计

尺寸精度及配合设计（即公差与配合的选择）是机械设计与制造的重要一环，主要包括：确定基准制、公差等级与配合种类。选择的原则是既要保证机械产品的性能优良，同时兼顾制造上的经济可行。

## 一、基准制的选用

基准制包括基孔制和基轴制两种。一般来说，相同代号的基孔制与基轴制配合的性质相同。例如H7/f6与F7/h6有同样的最大、最小间隙。因此，基准制的选择与使用要求无关。主要应从结构、工艺以及经济等各方面来考虑。

（1）一般情况下，应优先选用基孔制。通常加工孔比加工轴困难些，而且所用的刀、量具尺寸规格也多些。采用基孔制可以减少定值刀、量具的规格数目，有利于刀、量具的标准化、系列化，因而经济合理，使用方便。

基轴制通常用于具有明显经济效果的情况。例如直接采用冷拔钢材做轴，不再切削加工，或是在同一基本尺寸的轴上需要装配几个具有不同配合的零件时应用。图2—14（a）所示为活塞销1与活塞2及连杆小头3的连接，根据使用要求，活塞销与活塞孔应为过渡配合，而活塞销与连杆小头孔间有相对运动，要求间隙配合。如果三段配合都选用基孔制，则应为$\phi 30H6/m5$、$\phi 30H6/h5$、$\phi 30H6/m5$，其公差带如图2—14（b）所示，即必须将轴做成台阶状才能符合各段配合的要求。这样做既不便于加工，也不利于装配。如果改用基轴制，则三段的配合可改为$\phi 30M6/h5$、$\phi 30H6/h5$、$\phi 30M6/h5$，其公差带如图2—14（c）所示，活塞销做成光轴，既方便加工又利于装配。

（2）当设计的零件与标准件相配时，基准制的选择应按标准件而定。例如，与滚动轴承内圈配合的轴应按基孔制；而与滚动轴承外圈配合的孔，则应选用基轴制。

（3）为了满足配合的特殊需要，允许采用任一孔、轴公差带组成配合。例如，C616车床床头箱中齿轮轴筒和隔套的配合（图2—15）。由于齿轮轴筒的外径已根据和滚动轴承配合的要求选定为$\phi 60$ js6，而隔套的作用只是将两个滚动轴承隔开，作轴向定位用，为了装拆方便，它只要松套在齿轮轴筒的外径上即可，公差等级也可选用更低的，所以它的公差带选为$\phi60D10$，其公差与配合图解如图2—16所示。同样，另一个隔套与床头箱孔的配合采用$\phi95K7/d11$。这类配合就是用不同公差等级的非基准孔、轴公差带组成。

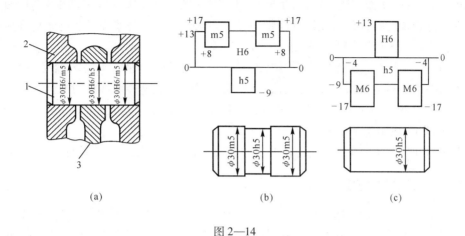

(a)      (b)      (c)

图2—14

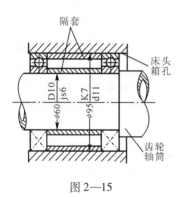

图2—15

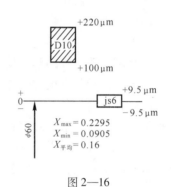

图2—16

# 二、公差等级的选用

合理地选择公差等级，是为了更好地协调机器零、部件使用要求与制造工艺及成本之间的矛盾。一般按以下几个原则选用。

（1）对于基本尺寸≤500mm的较高等级的配合，由于孔比同级的轴加工困难，当标准公差≤IT 8时，国家标准推荐以孔比轴低一级相配，但标准公差＞IT 8级或基本尺寸＞500mm的配合，由于孔的测量准确度比轴容易保证，推荐采用同级孔、轴配合。

（2）选择公差等级既要满足设计要求，又要考虑工艺的可能性和经济性。也就是说，在满足使用要求的情况下，尽量扩大公差值，亦即选用较低的公差等级。

推荐各公差等级的应用范围如下：

IT 01，IT 0，IT 1级一般用于高精度量块和其他精密尺寸标准块的公差。它们大致相当于量块的1，2，3级精度的公差。

IT 2～IT 5级用于特别精密零件的配合。

IT 5～IT 12级用于配合尺寸公差，其中IT 5（孔到IT 6）级用于高精度和重要的配合。

例如精密机床主轴的轴颈，主轴箱体孔与精密滚动轴承的配合，车床尾座孔和顶尖套筒的配合，内燃机中活塞销与活塞销孔的配合等。

IT 6（孔到 IT 7）级用于要求精密配合的情况。例如机床中一般传动轴和轴承的配合，齿轮、皮带轮和轴的配合，内燃机中曲轴与轴套的配合。这一公差等级在机械制造和仪器制造中应用较广，国家标准推荐的常用公差带也较多。

IT 7 ~ IT 8 级用于一般精度要求的配合。例如一般机械中速度不高的轴与轴承的配合，在重型机械中用于精度要求稍高的配合，在农业机械中用于要求较重要的配合。

IT 9 ~ IT 10 级常用于一般要求的地方，或精度要求较高的槽宽的配合。

IT 11 ~ IT 12 级用于不重要的配合。

IT 12 ~ IT 18 级用于未注尺寸公差的尺寸的要求，包括冲压件、铸锻件的公差等。

## 三、配合的选用

在设计中，根据使用要求，应尽可能地选用优先配合或常用配合。如果优先配合或常用配合不能满足要求时，则可选标准中推荐的一般用途的孔、轴公差带，按使用要求组成所需的配合。若仍不能满足使用要求，还可从国家标准所规定的轴公差带和孔公差带中选取合用的公差带，组成所需要的配合。

确定了基准制以后，选择配合就是根据使用要求——配合公差（间隙或过盈）的大小，确定与基准件相配的孔、轴的基本偏差代号，同时确定基准件及配合件的公差等级。

对间隙配合，由于基本偏差的绝对值等于最小间隙，故可按最小间隙确定基本偏差代号；对过盈配合，在确定基准件的公差等级后，即可按最小过盈选定配合件的基本偏差代号，并根据配合公差的要求，确定孔、轴公差等级。

**例 2—3**：设有基本尺寸为 $\phi30mm$ 的孔、轴配合，要求保证间隙在 $+20\mu m \sim +76\mu m$ 之间，试从国家标准中确定孔、轴的公差带与配合的代号。希望采用基孔制。

**解：**

（1）配合公差 $T_f = |S_{max} - S_{min}| = |76 - 20| = 56\mu m$。

（2）查表 2—5，此时的孔、轴标准公差数值为：当 IT 7 时为 $21\mu m$，当 IT 8 时为 $33\mu m$，由于 $T_f = T_D + T_d$，如孔、轴皆取 7 级，则配合公差为 $21 \times 2 = 42\mu m$，虽然满足要求但不够经济；如孔、轴皆取 8 级，则配合公差为 $33 \times 2 = 66\mu m$，大于 $56\mu m$ 的使用要求，也不合适。故采用折中的方法，孔取 IT 8，轴取 IT 7，此时的配合公差为 $33 + 21 = 54\mu m$，与 $56\mu m$ 的数值很接近。

（3）因是间隙配合，可直接用最小间隙确定轴的基本偏差。

由表 2—7 查得轴的基本偏差为 f，即上偏差 $es = -20\mu m$。

（4）据此，确定孔的公差带代号为 H8（$ES = +33\mu m$，$EI = 0$），轴的公差带代号为 f7（$es = -20\mu m$，$ei = -41\mu m$）。此时所得配合的最大间隙为 $74\mu m$，最小间隙为 $20\mu m$，满足设计要求。

对过盈配合，按上述步骤确定了基准件的标准公差后，即可按最小过盈选定配合件的基本偏差代号，从而确定孔、轴公差带和配合的代号。

机器的质量大多取决于对其零、部件所规定的配合及其技术条件是否合理，许多零件的尺寸公差都是由配合的要求决定的，一般选用配合的方法有下列三种。

**1. 计算法**

根据一定的理论和公式，计算出所需的间隙或过盈。

间隙配合用于孔与轴之间有相对运动，尤其是用于相对转动的滑动轴承时，为了保持长期工作，必须在配合面间加上润滑油，这样，当轴旋转时，孔、轴之间便形成油膜层，以减少摩擦和磨损。根据流体润滑理论，要保证滑动轴承处于液体摩擦状态时所需的间隙为：

$$X = \sqrt{C_p \frac{\mu v}{p} d^2 l} \qquad (2—8)$$

式中　$C_p$——轴承承载量系数，与$e/d$有关；

　　　$e$——轴颈在稳定运转时的中心与轴承孔中心间的距离；

　　　$d$，$l$——配合的直径和长度，一般$l = (0.5 \sim 1.5)\ d$；

　　　$\mu$——润滑油黏度；

　　　$v$——运动速度；

　　　$p$——承受的载荷。

由上式可见，用作滑动轴承的间隙配合，在选择时应考虑运动的速度$v$，承受的载荷$p$和润滑油的粘度$\mu$。此外，还应考虑轴受力和受热的变形、形状误差和表面粗糙度等因素。

过盈配合用于传递载荷和扭矩，可按弹塑性变形理论，计算出必需的过盈量。在装配前，轴的尺寸大于孔的尺寸，将轴压入孔中，使孔涨轴缩，达到孔径等于轴颈（图2—17），两零件受弹性变形所产生的复原趋势，使它们相互挤紧，以阻止使其松动的外力。根据材料力学关于厚壁圆筒的计算，保持牢固连接所需的过盈是：

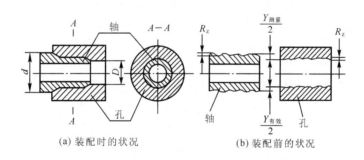

(a) 装配时的状况　　　　　　　(b) 装配前的状况

图2—17

$$Y = pd \left( \frac{C_1}{E_1} + \frac{C_2}{E_2} \right) \qquad (2—9)$$

而　　　　　　　$$p = \frac{F}{\pi d l f} \quad \text{或} \quad p = \frac{2M}{\pi d^2 l f} \qquad (2—10)$$

式中　$p$——传递载荷所需的最小比压；

　$F$，$M$——外力和力矩；

$d$，$l$，$f$——配合面的直径、长度和摩擦系数；

$C_1$，$C_2$——零件的刚性系数，与零件的尺寸有关；

$E_1$，$E_2$——材料的弹性模数。

由式（2—10）可见，选择过盈配合时，首先要看最小过盈能否传递该配合所要传递的最大力$F$或力矩$M$，或阻止其松动的最大外力。同时要看最大过盈使零件产生的内应力是否超出材料的屈服极限。此外，还应考虑装配方法、配合面的长短、几何公差以及使用时的温度等因素。

通过公式计算可以求出为满足机械零件功能要求的间隙或过盈的最佳值和极限值，根据这些数值便可选择最接近的配合种类。必要时，再根据所选配合的间隙或过盈的极限值，用上述公式校核，看最后结果是否满足其功能要求。

为了减少计算时的麻烦，目前有些单位已将上述过程编制成软件出售，供选用配合时使用。使用者只要将有关的已知参数值输入计算机，计算机便能按固有的程序自动进行运算，最后直接以汉字输出并打印出计算结果，选定出配合的种类。详细的计算公式请参阅由李柱主编的《互换性与测量技术基础》（中国计量出版社，1984）教学参考书上册，GB/T 5371—2004《极限与配合　过盈配合的计算和选用》。

应当指出，由于影响配合间隙或过盈的因素较复杂，任何理论的计算都是近似的，只能作为重要的参考依据，应用时还要根据实际工作条件进行必要的修正，或经反复试验来确定。

**2. 试验法**

对产品性能影响很大的一些配合，往往需用试验法来确定机器工作性能的最佳间隙或过盈。例如采煤用的风镐锤体与镐筒配合的间隙量对风镐工作性能有很大的影响，一般采用试验法较为可靠。由于这种方法须进行大量试验，其成本较高。

**3. 类比法**

类比法是按同类机器或机构中，经过生产实践验证的已用配合的实用情况，再考虑所设计机器的使用条件，确定需要的配合。

在生产实践中，广泛应用的选择配合的方法是类比法。要掌握这种方法，首先必须分析机器或机构的功用，工作条件及技术要求，进而研究结合件的使用要求，其次要了解各种配合的特性和应用。下面分别加以阐述。

（1）分析零件的工作条件及使用要求

为了充分掌握零件的具体工作条件和使用要求，必须考虑下列问题：工作时结合件的相对位置状态（如运动速度、运动方向、停歇时间、运动精度等），承受负荷情况，润滑条件，温度变化，配合的重要性，装卸条件以及材料的物理机械性能等。根据具体条件与同类机器或机构的差异，其结合件配合的间隙量或过盈量必须相应地改变，表2—12可供参考。

表2—12　工作情况对过盈或间隙的影响

| 具体情况 | 过　盈 | | 间　隙 | |
|---|---|---|---|---|
| 材料许用应力小 | 减 | 小 | — | |
| 经常拆卸 | 减 | 小 | — | |
| 工作时孔温高于轴温 | 增 | 大 | 减 | 小 |
| 工作时轴温高于孔温 | 减 | 小 | 增 | 大 |
| 有冲击载荷 | 增 | 大 | 减 | 小 |
| 配合长度较大 | 减 | 小 | 增 | 大 |
| 配合面形位误差较大 | 减 | 小 | 增 | 大 |

续表

| 具体情况 | 过　　盈 | 间　　隙 |
|---|---|---|
| 装配时可能歪斜 | 减　　小 | 增　　大 |
| 旋转速度高 | 增　　大 | 增　　大 |
| 有轴向运动 | — | 增　　大 |
| 润滑油黏度增大 | — | 增　　大 |
| 装配精度高 | 减　　小 | 减　　小 |
| 表面粗糙度低 | 增　　大 | 减　　小 |

（2）了解各类配合的特性和应用

表2—13是轴的基本偏差的特性和应用（对孔也同样适用）；表2—14是13种优先配合的配合特性和应用。根据表中列出的各种配合的基本特点，结合所需的具体使用情况，便可大致地确定出所选用的配合。

表 2—13　轴的基本偏差选用说明

| 配　　合 | 基本偏差 | 特　　性　　及　　应　　用 |
|---|---|---|
| 间隙配合 | a、b | 可得到特别大的间隙，应用很少 |
| | c | 可得到很大的间隙，一般适用于缓慢、松弛的动配合。用于工作条件较差（如农业机械），受力变形，或为了便于装配，而必须保证有较大的间隙时。推荐配合为 H 11/c 11，例如光学仪器中，光学镜片与机械零件的连接；其较高等级的H8/c 7配合，适用于轴在高温工作的紧密动配合，例如内燃机排气阀和导管 |
| | d | 一般用于IT 7～11级，适用于松的转动配合，如密封盖、滑轮、空转皮带轮等与轴的配合。也适用于大直径滑动轴承配合，如透平机、球磨机、轧滚成型和重型弯曲机，以及其他重型机械中的一些滑动轴承 |
| | e | 多用于IT 7，8，9级，通常用于要求有明显间隙，易于转动的轴承配合，如大跨距轴承、多支点轴承等配合。高等级的e轴适用于大的、高速、重载支承，如涡轮发电机、大型电动机及内燃机主要轴承、凸轮轴轴承等配合 |
| 间隙配合 | f | 多用于IT 6，7，8级的一般转动配合。当温度影响不大时，被广泛用于普通润滑油（或润滑脂）润滑的支承，如齿轮箱、小电动机、泵等的转轴与滑动轴承的配合，手表中秒轮轴与中心管的配合（H8/f7） |
| | g | 配合间隙很小，制造成本高，除很轻负荷的精密装置外，不推荐用于转动配合。多用于IT 5，6，7级，最适合不回转的精密滑动配合，也用于插销等定位配合，如精密连杆轴承、活塞及滑阀、连杆销，光学分度头主轴与轴承等 |
| | h | 多用于IT 4～11级。广泛用于无相对转动的零件，作为一般的定位配合。若没有温度、变形影响，也用于精密滑动配合 |

续表

| 配合 | 基本偏差 | 特 性 及 应 用 |
|---|---|---|
| 过渡配合 | js | 偏差完全对称（±IT/2），平均间隙较小的配合，多用于 IT 4~7 级，要求间隙比 h 轴小，并允许略有过盈的定位配合。如联轴节、齿圈与钢制轮毂，可用木锤装配 |
| | k | 平均间隙接近于零的配合，适用于 IT 4~7 级，推荐用于稍有过盈的定位配合。例如为了消除振动用的定位配合。一般用木锤装配 |
| | m | 平均过盈较小的配合，适用于 IT 4~7 级，一般可用木锤装配，但在最大过盈时，要求相当的压入力 |
| | n | 平均过盈比 m 轴稍大，很少得到间隙，适用于 IT 4~7 级，用锤或压入机装配，通常推荐用于紧密的组件配合。H 6/n5 配合时为过盈配合 |
| 过盈配合 | p | 与 H 6 或 H 7 配合时是过盈配合，与 H 8 孔配合时则为过渡配合。对非铁类零件，为较轻的压入配合，当需要时易于拆卸。对钢、铸铁或铜、钢组件装配是标准压入配合 |
| | r | 对铁类零件为中等打入配合，对非铁类零件，为轻打入的配合，当需要时可以拆卸。与 H8 孔配合，直径在 100mm 以上时为过盈配合，直径小时为过渡配合 |
| | s | 用于钢和铁制零件的永久性和半永久性装配，可产生相当大的结合力。当用弹性材料，如轻合金时，配合性质与铁类零件的 p 轴相当，例如套环压装在轴上、阀座等的配合。尺寸较大时，为了避免损伤配合表面，需要热胀或冷缩法装配 |
| | t | 过盈较大的配合。对钢和铸铁零件适于作永久性结合，不用键可传递力矩，需用热胀或冷缩法装配。例如联轴节与轴的配合 |
| | u | 这种配合过盈大，一般应验算在最大过盈时，工件材料是否损坏，要用热胀或冷缩法装配。例如火车轮毂和轴的配合 |
| | v、x<br>y、z | 这些基本偏差所组成配合的过盈量更大，目前使用的经验和资料还很少，须经试验后才应用。一般不推荐 |

表 2—14　优先配合选用说明

| 优先配合 | | 说　　　　明 |
|---|---|---|
| 基孔制 | 基轴制 | |
| $\dfrac{H\,11}{c\,11}$ | $\dfrac{C\,11}{h\,11}$ | 间隙非常大，用于很松的、转动很慢的动配合；要求大公差与大间隙的外露组件；要求装配方便的很松的配合 |
| $\dfrac{H\,9}{d\,9}$ | $\dfrac{D\,9}{h\,9}$ | 间隙很大的自由转动配合，用于精度非主要要求时，或有大的温度变化、高转速或大的轴颈压力时 |

| 优先配合 | | 说　明 |
|---|---|---|
| 基孔制 | 基轴制 | |
| $\dfrac{H8}{f7}$ | $\dfrac{F8}{h7}$ | 间隙不大的转动配合，用于中等转速与中等轴颈压力的精确转动；也用于装配较易的中等定位配合 |
| $\dfrac{H7}{g6}$ | $\dfrac{G7}{h6}$ | 间隙很小的滑动配合，用于不希望自由转动，但可自由移动和滑动并精密定位的配合；也可用于要求明确的定位配合 |
| $\dfrac{H7}{h6}$ $\dfrac{H8}{h7}$ $\dfrac{H9}{h9}$ $\dfrac{H11}{h11}$ | $\dfrac{H7}{h6}$ $\dfrac{H8}{h7}$ $\dfrac{H9}{h9}$ $\dfrac{H11}{h11}$ | 均为间隙定位配合，零件可自由装拆，而工作时一般相对静止不动，在最大实体条件下的间隙为零，在最小实体条件下的间隙由公差等级决定 |
| $\dfrac{H7}{k6}$ | $\dfrac{K7}{h6}$ | 过渡配合，用于精密定位 |
| $\dfrac{H7}{n6}$ | $\dfrac{N7}{h6}$ | 过渡配合，允许有较大过盈的更精密定位 |
| $\dfrac{H7}{p6}$ | $\dfrac{P7}{h6}$ | 过盈定位配合，即小过盈配合，用于定位精度特别重要时，能以最好的定位精度达到部件的钢性及对中性要求，而对内孔承受压力无特殊要求，不依靠配合的紧固性传递摩擦负荷 |
| $\dfrac{H7}{s6}$ | $\dfrac{S7}{h6}$ | 中等压入配合，适用于一般钢件；或用于薄壁件的冷缩配合，用于铸铁件可得到最紧的配合 |
| $\dfrac{H7}{u6}$ | $\dfrac{U7}{h6}$ | 压入配合，适用于可以承受高压入力的零件，或不宜承受大压入力的冷缩配合 |

　　间隙配合的特性是具有间隙，它主要用于结合件有相对运动的配合。如 H 8/e 7 属于液体摩擦情况良好，但稍松的配合，可用于汽轮发电机和大电动机的高速轴承以及风扇电机中的配合。H 6/h 5 属于最小间隙为零的间隙定位配合，用于同轴度要求比较高、工作时零件没有相对运动的连接；或用于导向精度要求较高，工作时零件有很缓慢的微量轴向移动的连接；也有用于同轴度要求较高，而又需经常拆卸的固定配合，加键后也可传递扭矩。例如，车床尾座体与套筒，高精度分度盘孔与轴，万能工具显微镜中的轴与孔，光学仪器中变焦系统的轴与孔，照相机中镜片与镜座等的配合。

　　过盈配合的特性是具有过盈，它主要用于结合件没有相对运动的配合。过盈不大时，用键联结传递扭矩；过盈大时，靠孔、轴结合力传递扭矩。前者可以拆卸，后者一般不能拆卸。例如，H 6/s 5 可用于柴油机连杆衬套与轴瓦，主轴轴承孔与主轴轴瓦外径，手表主夹板与限位钉管及叉摆夹板钉等的配合。H 6/n 5 可用于可换铰套与铰模板，增压器主轴与衬套，手表主夹板与宝石轴承等的配合。

过渡配合的特性是可能具有间隙，也可能具有过盈，但所得到的间隙和过盈量一般是比较小的。它主要用于定位精确并要求拆卸且相对静止的联结。例如 H 6/js 5 可用于与滚动轴承相配的轴颈，航空仪表及乌氏干涉仪中轴与轴承等的配合。H 7/k 6 可用于齿轮孔与轴的配合，精密仪器、光学仪器、航空仪表、无线电仪表、邮电仪表中的轴与滚动轴承的配合，缝纫机梭体与底板、下轴与曲板的配合，照相机轮片与轮瓣等的配合。在计量仪器中，将导轨板安装在床身表面上，也广泛采用具有过渡配合的定位销，以确保导轨定位精确。

配制配合的应用。在国标 GB/T 1801—2009 的附录中规定，允许采用配制配合。配制配合一般使用在大尺寸（>500mm）、高公差等级和单件小批生产的轴、孔配合中。它是一种工艺措施。其方法是将轴、孔配合中的难加工件，例如轴，先加工，然后测量出轴的实际尺寸，再根据设计图纸上对该轴、孔配合所要求的最大间隙（或最小过盈）、最小间隙（或最大过盈），算出此时孔应该有的极限偏差，然后再对孔进行加工，以获得轴、孔的配合要求。可见，用配制配合这样的方法既保证了配合质量，又降低了加工难度。设计中是否采用配制配合，应由设计人员根据零件的生产和使用情况决定。为了识别配制配合，应在图纸上有关尺寸和极限偏差之后加注代号 MF，如：$\phi$700 G6/h6 MF，$\phi$3000 H6/f6 MF，以示区别。

# §2—6 一般公差

由于零件加工会出现误差，因此对零件上的每个尺寸都应该规定极限偏差，如前所述。但是尺寸的极限偏差（或公差和基本偏差）不一定都需要逐一地单独予以标注。为此，国家标准 GB/T 1804—2000《一般公差 未注公差的线性和角度尺寸的公差》规定了在图样上不单独注出尺寸的极限偏差或公差带代号的一般公差。一般公差又通称为未注公差，它主要用于较低精度的非配合尺寸，此时工程图纸上的尺寸后面不标注极限偏差，而是在图纸上、技术文件中或标准中作出公差要求的总说明。一般公差是在车间普通工艺条件下，机床设备的加工能力可以保证的公差。采用一般公差可以简化制图，使图样清晰，可节省设计时间，一般可省去检验。

GB/T 1804—2000 规定了未注公差的线性尺寸和角度尺寸的一般公差的公差等级和极限偏差数值。一般公差规定为四级，分别为 f（精密级），m（中等级），c（粗糙度）和 v（最粗级）表示。

线性尺寸和倒圆半径、倒角高度尺寸的一般公差极限偏差的数值，如表 2—15 和表 2—16 所示。角度尺寸的一般公差的极限偏差的数值如表 2—17 所示。

在使用此标准时，应根据产品的技术要求和车间的加工条件，在规定的公差等级中选取，并在生产部门的技术文件（如图样标题栏附近或技术要求中以及企业标准中）表示出来。例如：GB/T 1804—m。

表 2—15　未注公差线性公差尺寸的极限偏差数值　　　　　　mm

| 公差等级 | 尺 寸 分 段 | | | | | | | |
|---|---|---|---|---|---|---|---|---|
| | 0.5～3 | >3～6 | >6～30 | >30～120 | >120 ～400 | >400 ～1000 | >1000 ～2000 | >2000 ～4000 |
| f（精密级） | ±0.5 | ±0.05 | ±0.1 | ±0.15 | ±0.2 | ±0.3 | ±0.5 | — |
| m（中等级） | ±0.1 | ±0.1 | ±0.2 | ±0.3 | ±0.5 | ±0.8 | ±1.2 | ±2 |
| c（粗糙级） | ±0.2 | ±0.3 | ±0.5 | ±0.8 | ±1.2 | ±2 | ±3 | ±4 |
| v（最粗级） | — | ±0.5 | ±1 | ±1.5 | ±2.5 | ±4 | ±6 | ±8 |

表 2—16　倒圆半径与倒角高度尺寸的极限偏差数值　　　　　　mm

| 公差等级 | 尺 寸 分 段 | | | |
|---|---|---|---|---|
| | 0.5～3 | >3～6 | >6～30 | >30 |
| f（精密级） | ±0.2 | ±0.5 | ±1 | ±2 |
| m（中等级） | ±0.2 | ±0.5 | ±1 | ±2 |
| c（粗糙级） | ±0.4 | ±1 | ±2 | ±4 |
| v（最粗级） | ±0.4 | ±1 | ±2 | ±4 |

表 2—17　角度尺寸的极限偏差数值

| 公差等级 | 长 度 分 段/mm | | | | |
|---|---|---|---|---|---|
| | ～10 | >10～50 | >50～120 | >120～400 | >400 |
| f（精密级） | ±1′ | ±30′ | ±20′ | ±10′ | ±5′ |
| m（中等级） | | | | | |
| c（粗糙级） | ±1°30′ | ±1° | ±30′ | ±15′ | ±10′ |
| v（最粗级） | ±30′ | ±2° | ±1° | ±30′ | ±20′ |

# 第三章

# 测量技术基础

## §3—1 测量的基本概念与尺寸传递

在生产和科学试验中，经常遇见各种量的测量。所谓"测量"就是以确定被测对象量值为目的的一组操作。若被测量为 $L$，标准量为 $E$，那么测量就是确定 $L$ 是 $E$ 的多少倍。即确定比值 $q = L/E$，最后获得被测量 $L$ 的量值，即 $L = qE$。

为保证测量过程中标准量的统一，国务院于 1984 年 2 月 27 日颁发了《关于在我国统一实行法定计量单位的命令》。国际单位制是我国法定计量单位的基础，一切属于国际单位制的单位都是我国法定计量单位。在几何量测量中，长度单位是米（m），角度单位是弧度（rad）。

绪论中曾说过，米是光在真空中于 1/299 792 458 秒（s）时间间隔内的行程长度。显然，这个长度基准无法直接用于生产。为了使生产中使用的计量器具和工件的量值统一，就需要有一个统一的量值传递系统，即将米的定义长度一级一级地传递到工作计量器具上，再用其测量工件尺寸，从而保证量值的统一。我国长度量值传递系统如图 3—1 所示。

角度也是机械制造中的重要几何量之一，由于一个圆周角定义为 360°，因此角度不需要与长度一样再建立一个自然基准。但是在计量部门，为了工作方便，仍用多面棱体（棱形块）作为角度量的基准。机械制造中的一般角度标准是角度量块、测角仪或分度头等。

目前生产的多面棱体有 4 面、6 面、8 面、12 面、24 面、36 面，以及 72 面等。图 3—2 所示为 8 面棱体，在该棱体的同一横切面上，其相邻两面法线间的夹角为 45°。用它作基准可以测量 $n \times 45°$ 的角度（$n = 1, 2, 3 \cdots$）。

以多面棱体作角度基准的量值传递系统，如图 3—3 所示。

量块在机械制造厂和各级计量部门中应用较广，其形状为长方形 6 面体，如图 3—4（a）所示。它有两个测量面和四个非测量面。两测量面之间的距离确定其工作长度，称为标称长度（名义尺寸）。标称长度到 5.5mm 的量块，其标称长度值刻印在上测量面上。标称长度大于 5.5mm 的量块，其标称长度值刻印在上测量面左侧的平面上。标称长度到 10mm 的量块，其截面尺寸为 30mm×9mm；标称长度大于 10mm 到 1000mm 的量块，其截面尺寸为 35mm×9mm。

量块常作为尺寸传递的长度标准和计量仪器示值误差的检定标准，也可作为精密机械零件测量、精密机床和夹具调整时的尺寸基准。

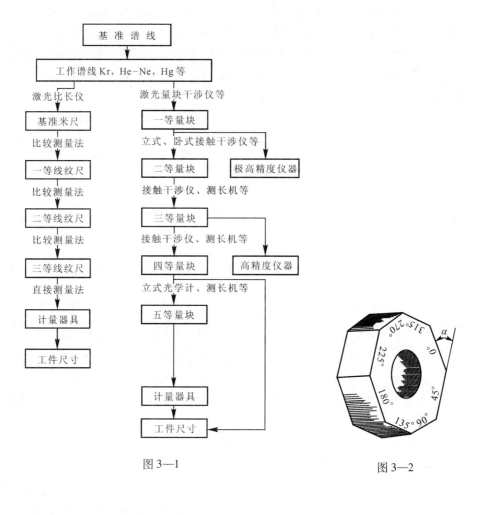

图 3—1

图 3—2

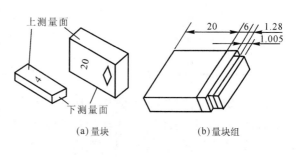

图 3—3

根据 GB/T 6093—2001《几何量技术规范（GPS） 长度标准 量块》，量块按制造的技术要求分为 5 级，即 k，0，1，2 和 3 级。"级"主要是根据量块长度极限偏差 $t_e$、量块长度变动量 $t_v$、量块测量面的平面度、量块测量面的粗糙度，以及量块测量面的研合性等指标来划分。表 3—1 摘录了量块长度极限偏差和长度变动量的部分值。

(a) 量块

(b) 量块组

图 3—4

在各级计量部门中，量块常按检定后的尺寸使用。因此，按检定的技术要求量块分为 5

等：即 1，2，3，4 和 5 等。根据 JJG 146—2003 检定规程的规定，量块分"等"的主要指标与分"级"的主要指标其不同点在于用"测量不确定度"（见 §3—3）去代替量块长度的极限偏差。量块的量值是按长度量值传递系统进行传递的，即低一等的量块的检定，必须用高一等的量块作基准进行测量，因此应规定其测量不确定度。表 3—2 摘录了 1~5 等量块的测量不确定度和长度变动量的部分数值。

表 3—1

| 标称长度 $l_n$/mm | | k 级 | | 0 级 | | 1 级 | | 2 级 | | 3 级 | |
|---|---|---|---|---|---|---|---|---|---|---|---|
| | | $\pm t_e$ | $t_v$ | $\pm t_e$ | $t_v$ | $\pm t_e$ | $t_v$ | $\pm t_e$ | $t_v$ | $\pm t_e$ | $t_v$ |
| 大于 | 至 | 最大允许值/μm | | | | | | | | | |
| — | 10 | 0.20 | 0.05 | 0.12 | 0.10 | 0.20 | 0.16 | 0.45 | 0.30 | 1.0 | 0.50 |
| 10 | 25 | 0.30 | 0.05 | 0.14 | 0.10 | 0.30 | 0.16 | 0.60 | 0.30 | 1.2 | 0.50 |
| 25 | 50 | 0.40 | 0.06 | 0.20 | 0.10 | 0.40 | 0.18 | 0.80 | 0.30 | 1.6 | 0.55 |
| 50 | 75 | 0.50 | 0.06 | 0.25 | 0.12 | 0.50 | 0.18 | 1.00 | 0.35 | 2.0 | 0.55 |
| 75 | 100 | 0.60 | 0.07 | 0.30 | 0.12 | 0.60 | 0.20 | 1.20 | 0.35 | 2.5 | 0.60 |

表 3—2

| 标称长度 $l_n$/mm | | 1 等 | | 2 等 | | 3 等 | | 4 等 | | 5 等 | |
|---|---|---|---|---|---|---|---|---|---|---|---|
| | | 测量不确定度 | 长度变动量 | 测量不确定度 | 长度变动量 | 测量不确定度 | 长度变动量 | 测量不确定度 | 长度变动量 | 测量不确定度 | 长度变动量 |
| 大于 | 至 | 最大允许值/μm | | | | | | | | | |
| — | 10 | 0.022 | 0.05 | 0.06 | 0.10 | 0.11 | 0.16 | 0.22 | 0.30 | 0.6 | 0.50 |
| 10 | 25 | 0.025 | 0.05 | 0.07 | 0.10 | 0.12 | 0.16 | 0.25 | 0.30 | 0.6 | 0.50 |
| 25 | 50 | 0.030 | 0.06 | 0.08 | 0.10 | 0.15 | 0.18 | 0.30 | 0.30 | 0.8 | 0.55 |
| 50 | 75 | 0.035 | 0.06 | 0.09 | 0.12 | 0.18 | 0.18 | 0.35 | 0.35 | 0.9 | 0.55 |
| 75 | 100 | 0.040 | 0.07 | 0.10 | 0.12 | 0.20 | 0.20 | 0.40 | 0.35 | 1.0 | 0.60 |

量块是定尺寸量具，一个量块只有一个尺寸。为了满足一定尺寸范围的不同尺寸要求，量块可以组合使用。我国成套生产的量块共有 17 种套别，每套的块数为 91，83，46，38，12，10，8，6，5 等。现以 83 块一套为例，列出尺寸规格如下：

间隔 0.01mm，从 1.01，1.02，…到 1.49，共 49 块；

间隔 0.1mm，从 1.5，1.6，…到 1.9，共 5 块；

间隔 0.5mm，从 2.0，2.5，…到 9.5，共 16 块；

间隔 10mm，从 10，20，…到 100，共 10 块；

1.005，1，0.5 各 1 块。

在使用量块组时，为了减少量块的组合误差，应尽量减少量块组的量块数目，一般不超过四块。选用量块时应从消去需要数字的最末位数开始，逐一选取。例如，从 83 块一套的量块中选取尺寸为 28.285mm 的量块组，则可分别选用：1.005，1.28，6.00mm 和 20.00mm 4 个量块。量块组的组合，如图 3—4（b）所示。

# §3—2　测量仪器与测量方法的分类

## 一、测量仪器的分类

测量仪器（计量器具）是指单独地或连同辅助设备一起用以进行测量的器具。一般可分为以下三类。

**1. 实物量具**

指使用时以固定形态复现或提供给定量的一个或多个已知值的器具。如量块、线纹尺等。

**2. 显示式测量仪器**（指示式测量仪器）

指显示示值的测量仪器。显示可以是模拟的（连续或非连续）或数字的，也可提供记录。如指针式电压表、数字频率计和千分尺等。

**3. 测量系统**

指组装起来以进行特定测量的全套测量仪器和其他设备。固定安装着的测量系统称为测量装备。

几何量测量仪器按结构的特点还可分为以下几种：

（1）游标类仪器。如游标卡尺、游标深度尺以及游标量角器等。

（2）微动螺旋副类仪器。如外径千分尺、内径千分尺等。

（3）机械类仪器。如百分表、千分表、杠杆比较仪以及扭簧比较仪等。

（4）光学机械类仪器。如光学计、测长仪、投影仪以及干涉仪等。

（5）气动类仪器。如压力式气动量仪、流量计式气动量仪等。

（6）电学类仪器。如电感比较仪、电动轮廓仪等。

（7）激光类仪器。如激光准直仪、激光干涉仪等。

（8）光学电子类仪器。如光栅测长机、光纤传感器等。

## 二、测量方法的分类

测量方法可按各种不同的形式进行分类。如直接测量与间接测量、综合测量与单项测量、接触测量与非接触测量、在线测量与离线测量以及静态测量与动态测量等。

**1. 直接测量**

指不需要将被测量与其他实测量进行一定函数关系的辅助计算而直接得到被测量值的测量。

直接测量又可分为绝对测量和相对测量。能由仪器上读出被测参数的整个量值，这种测量方法称为绝对测量。例如用游标尺、千分尺测量零件的直径。若由仪器上只能读出被测参数相对于某一标准量的偏差，这种测量方法称为相对（比较）测量。由于标准量是已知的，因此被测参数的整个量值等于仪器所指示的偏差与标准量的代数和。例如用量块作标准量调整比较仪然后进行的测量。

**2. 间接测量**

指通过直接测量与被测参数有已知函数关系的其他量而得到该被测参数量值的测量。例如测量大型圆柱零件时，可先测出圆周长度 $L$，然后通过 $D = L/\pi$ 公式计算被测零件的直径。

**3. 综合测量**

指同时测量工件上的几个有关参数，综合地判断工件是否合格。其目的在于保证被测工件在规定的极限轮廓内，以达到互换性的要求，例如用花键塞规检验花键孔、用齿轮动态整体误差测量仪测量齿轮。

**4. 单项测量**

指单个地彼此没有联系地测量工件的单项参数。例如分别测量螺纹的螺距或半角等。

**5. 接触测量**

指仪器的测量头与被测零件表面直接接触，并有机械作用的测力存在。

**6. 非接触测量**

指仪器的传感部分与被测零件表面间不接触，没有机械的测力存在。例如光学投影测量、气动量仪测量。

**7. 在线测量**

指零件在加工中进行的测量，此时测量结果直接用来控制零件的加工过程，它能及时防止和消灭废品。

**8. 离线测量**

指零件加工完后在检验站进行的测量。此时测量的结果仅限于发现并剔除废品。

**9. 静态测量**

指被测表面与测量头相对静止，没有相对运动。例如千分尺测量零件的直径。

**10. 动态测量**

指被测表面与测头之间有相对运动，它能反映被测参数的变化过程。例如用激光丝杆动态检查仪测量丝杆。

在线测量和动态测量是测量技术的主要发展方向。前者能将加工和测量紧密结合起来，从根本上改变测量技术的被动局面；后者能较大的提高测量效率和保证零件的质量。

# §3—3  测量仪器与测量方法的常用术语

**1. 标尺间距**

指沿着标尺长度的同一条线，测得的两相邻标尺标记之间的距离。标尺间距用长度单位表示，为了便于目力估计，一般标尺间距在 1mm～2.5mm 之间。它与被测量的单位和标在标尺上的单位无关。

**2. 标尺间隔（分度值）**

指对应两相邻标尺标记的两个值之差，其单位与标在标尺上的单位一致。

**3. 标称范围**

指测量仪器的操纵器件调到特定位置时可得到的示值范围。标称范围通常用它的上限和下限表明，例如 $-100mm \sim +100\mu m$。

**4. 测量范围（工作范围）**

指测量仪器的误差处在规定极限内的一组被测量的值。也可理解为这一组被测量的值中最大值与最小值之差。

**5. 测量仪器的示值**

指测量仪器所给出的量的值。对于实物量具，示值就是它所标出的值，即标称值。

**6. 测量仪器的示值误差**

指测量仪器的示值与对应输入量的真值之差。对于实物量具，示值就是它所标出的值。由于真值常不能确定，实践中常用的是约定真值。

**7. 修正值**

指用代数法与未修正测量结果相加，以补偿其系统误差的值。修正值等于负的系统误差。

**8. 测量仪器的最大允许误差**

指给定的测量仪器，规范、规程等所允许的误差极限值。有时也称测量仪器的允许误差限。

**9. 测量力**

指测量过程中测量仪器测头与被测工件之间的接触力。

**10. 稳定性**

指测量仪器保持其计量特性随时间恒定的能力。可用仪器的计量特性经规定的时间所发生的变化来定量表示。

**11. 测量仪器的重复性**

指在相同测量条件下，重复测量同一个被测量，测量仪器提供相近示值的能力，它可用示值的分散性定量地表示。

**12. 灵敏度**

指测量仪器的响应变化除以对应的激励变化。当响应变化和激励变化为同类量时，灵敏度可理解为放大倍数。

**13. 鉴别力阈**

指使测量仪器产生未察觉的响应变化的最大激励变化，这种激励变化应缓慢而单调地进行。

**14. 显示装置的分辨力**

指显示装置能有效辨别的最小的示值差。对于数字式显示装置，这就是当变化一个末位有效数字时其示值的变化。

**15. 测量不确定度 $u$**

指表征合理地赋予被测量之值的分散性，与测量结果相联系的参数。此参数可以用诸如标准偏差（见§3—5节）或其倍数，或说明了置信水准的区间的半宽度来表示。以标准偏差表示的测量不确定度，称为标准不确定度。测量不确定度由多个分量组成。其中一些分量可用对观测列进行统计分析的方法来评定的标准不确定度，称为不确定度的 A 类评定；另一些分量则可用不同于观测列进行统计分析的方法，来评定标准不确定度，称为不确定度的 B 类评定。获得 B 类标准不确定度的信息来源，一般可以是以前的观测数据、生产部门提供的技术资料文件、校准证书、检定证书、手册提供的不确定度以及目前暂在使用的极限误差，等等。当测量结果是由若干个其他量的值求得时，按其他各量的方差或（和）协方差算得的标准不确定度，称为合成标准不确定度。合成标准不确定度乘以包含因子（置信系数），即称扩展不确定度。包含因子一般在 2 ~ 3 之间。

# §3—4  常用长度测量仪器原理

长度测量仪器的种类较多，其原理也各式各样，这里就常用的仪器原理做简单介绍。

## 一、机械类量仪

这类量仪是将测杆的上下微小直线移动，通过机械的传动与放大，转变为仪器指针的角位移，从而由指针在刻度盘上指示出相应的示值。下面介绍杠杆齿轮式比较仪和扭簧比较仪原理。

### 1. 杠杆齿轮式比较仪原理

图 3—5 所示为杠杆齿轮式比较仪原理。测量时，测杆 1 向上或向下移动，使杠杆短臂 $R_4$ 发生摆动。杠杆长臂 $R_3$ 是一个扇形齿轮。当扇形齿轮摆动时，带动小齿轮转动（小齿轮半径为 $R_2$），从而使与小齿轮固接的指针 $R_1$ 偏转，并由刻度盘 2 进行读数。实现放大、传动被测量的目的。

### 2. 扭簧比较仪原理

图 3—6 为扭簧比较仪原理。仪器的主要元件是横截面为 $0.01\text{mm} \times 0.25\text{mm}$，且由中间

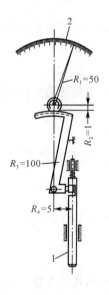

图 3—5  杠杆齿轮式比较仪原理示意图

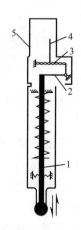

图 3—6  扭簧比较仪原理示意图

向两端左、右扭曲而成的扭簧片 3，由图中可知，扭簧片 3 的一端连接在机壳的连接柱上，另一端连接在杠杆 2 的一个支臂上。杠杆 2 的另一端与测杆 1 的上部相接触。指针 4 粘在扭簧片的中部。测量时，测杆 1 向上或向下移动，推动杠杆 2 摆动，使扭簧 3 被拉伸或者缩短，从而使扭簧转动引起指针偏转，并在刻度盘 5 上进行读数。

## 二、电学类量仪

电学类量仪是将微小直线位移转变成电阻、电容或电感量的变化，经电路放大处理后变为电流或电压输出，由表头或数显器给出读数。图 3—7 （a）为电感比较仪的传感器原理图。在线圈架的中部绕有初级线圈 1，线圈架的两端绕有次级线圈 2 和 3，当初级线圈通以一定频率的交流电后，在次级线圈 2 和 3 中将产生感应电势。测量时，若衔铁处在中间位置，则次级线圈 2 和 3 中所产生的感应电势 $U_2$ 和 $U_3$ 相等，其电位差为零，即 $U_{出} = 0$。当测杆随零件尺寸变化而移动时，衔铁 4 不在中间位置。因此次级线圈 2 和 3 所产生的感应

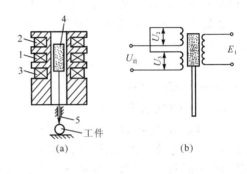

图 3—7

电势 $U_2$ 和 $U_3$ 不相等，电位差不再为零，有信号输出，从而将直线位移转变成电信号，如图 3—7 （b） 所示。

## 三、气动类量仪

气动量仪是根据流体力学的原理，用压缩空气作介质，将微小直线位移转变成气体的压力变化或流量变化，用流量计或压力计进行读数的仪器。

图 3—8 所示为流量计式气动量仪的原理。清洁、干燥和恒压的空气由锥形玻璃管下端引入，经浮标与玻璃管间的间隙，由锥形玻璃管上端经连接软管再由测量喷嘴进入大气。测量时，工件尺寸发生变化，使测量喷嘴与工件间的间隙 $S$ 发生变化。因而使流过喷嘴的气体流量 $Q$ 也发生变化，从而引起浮标位置发生变化。当流过浮标与锥形管间的空气流量与从测量喷嘴流出的空气流量相等时，浮标就停止不动。此时可从浮标相对于玻璃管上的刻度尺的位置进行读数。

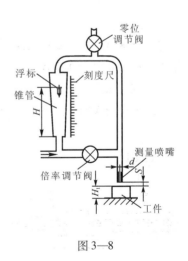

图 3—8

## 四、光学机械类量仪

光学机械类量仪可分为几何光学类量仪和光波干涉类量仪（或物理光学类量仪）。

**1. 几何光学类量仪**

几何光学类量仪是将微小的长度量或物体经光学方法放大以后，进行读数或瞄准的量仪。按几何光学的原理，这类仪器又可分为显微镜类和望远镜类。

（1）光学计原理

光学计有立式光学计和卧式光学计，其光学原理属于望远镜类，即物镜的像方焦点和目镜的物方焦点重合。仪器原理如图3—9所示。由物镜像方焦点 $c$ 发出的光，经物镜后变成平行光到达平面反射镜 $P$。若反射镜与主光轴垂直，则经平面反射镜反射的光由原路回到发光点 $c$，即发光点与像点 $c'$ 重合。若平面反射镜 $P$ 与主光轴不垂直而偏转一个 $\alpha$ 角，则反射光束与入射光束间的夹角为 $2\alpha$，反射光束返射后汇聚于像点 $c''$。$c$ 与 $c''$ 之间的距离可按式（3—1）计算：

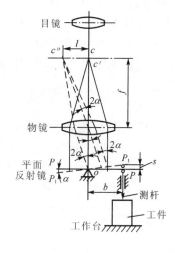

图3—9

$$c'c'' = f\tan 2\alpha \qquad (3—1)$$

式中　$f$——物镜的焦距；

　　　$\alpha$——反射镜偏转角度。

反射镜的偏转由光学计的测杆来推动。测杆的一端与平面反射镜 $P$ 相接触。测量时，随着工件尺寸变化，测杆推动反射镜 $P$ 绕支点 $o$ 摆动。当测杆移动一个距离 $s$，反射镜 $P$ 偏转一个 $\alpha$ 角，则其关系为：

$$s = b\tan\alpha \qquad (3—2)$$

式中　$b$——测杆到支点的距离。

这样，测杆的微小移动 $s$ 就可通过正切杠杆机构和自准直光管构成的光杠杆原理，实现将微小位移进行放大，其放大倍数为：

$$K = \frac{cc''}{s} = \frac{f\tan 2\alpha}{b\tan\alpha} \qquad (3—3)$$

当 $\alpha$ 很小时，且 $f = 200\text{mm}$，$b = 5\text{mm}$，则 $K = 80$。由于光学计的目镜放大倍数为12，故光学计总放大倍数为960倍。

（2）测长仪原理

测长仪有卧式和立式两种，其测量部件原理相同。卧式测长仪原理如图3—10所示。工件1安装在尾座4中的测砧6与测座7中的测轴5之间，其尺寸由读数显微镜3读出。测轴5上安装有一只100mm长的毫米刻度尺2，读数显微镜3将毫米刻度尺2刻线放大，并用平面螺旋线原理进行细分读数。显微镜的光学原理如图3—11（a）所示。显微镜的物镜为4，目镜为5，光源6发出的光照亮刻度尺3，刻度尺3上的两条相邻毫米刻线经物镜4成像以后正好等于固定分划板2上的10个刻线间距，因此，固定分划板2上的每个刻线间距代表0.1mm。图中1是刻有双刻线的平面螺旋线分划板。该分划板可以转动，并在内圆周上均匀地刻有100条刻线，平面螺旋线的螺距与固定分划板2上的刻线间距相等。因此也代表0.1mm。测量时，用目镜5观察，可见到3组刻线：刻度尺3上分度值为1mm的刻线；固定分划板2上分度值为0.1mm的刻线和平面螺旋线及其上的圆周刻线，如图3—11（b）所示。

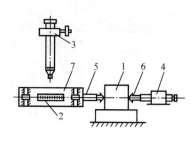

图3—10

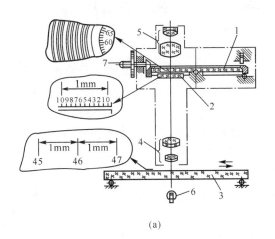

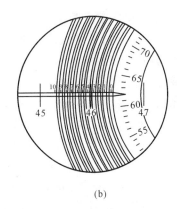

(a)　　　　　　　　　　　　　　(b)

图 3—11

读数装置的读数方法如下：先读毫米读数［如图 3—11（b）中的 46］，然后按毫米刻线（如 46）在固定分划板 2 上的位置读出零点几毫米的数（如图中为 0.3），最后转动小滚花轮 7 即平面螺旋线分划板 1，使平面螺旋线的双线将毫米刻度尺刻线夹住，再从圆周分度上读出尾数（如 62μm），所以图 3—11（b）的读数为 46.362mm。

显微镜读数装置应用较广，除在测长仪上应用外，在比长仪上、凸轮轴检查仪上以及万能工具显微镜上均有应用。

**2. 光波干涉类量仪**

这类量仪主要利用光的分振幅法将同一光源的光分成两束，一束为参考光，另一束为测量光，两束光相遇后发生干涉。由于测量光束的光程随被测工件尺寸变化而变化，因此两光束相遇后光程差也发生变化，干涉条纹将产生移动。通过测量干涉条纹的移动距离（或干涉条纹移过的数目）即可测得微小直线位移。

（1）接触干涉仪原理

这种仪器的光学系统如图 3—12 所示。光源 1 发出的光经聚光镜 2、滤色片安装孔 3 射入分光镜 4。光束从分光镜上分成两束：1 束透过分光镜 4、补偿镜 5 到达和仪器测杆相连的反射镜 6，然后从反射镜反射按原光路回到分光镜 4，形成测量光束；另一束光在分光镜上反射至参考镜 7，再由参考镜 7 反射回分光镜 4，形成参考光束。此两束光相遇后产生干涉。从目镜 10 中即可看到干涉条纹。测量开始时，先将滤色片（已知标准波长）装于安装孔 3 上，然后调整反射镜 7 与光轴的倾角，从而调整干涉条纹的宽度和方向，并可定出在此状态下刻度尺 9 的分度值。取下滤色片，再用白光照明，此时在目镜中可看到彩色干涉条纹。其中，零级干涉条纹是一条黑线，则以

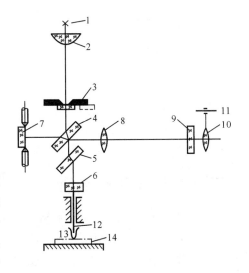

图 3—12

此黑线作为仪器指针进行读数。由上述光学系统可知，这种仪器是按迈克尔逊干涉仪原理设计的。

（2）激光干涉仪原理

这种仪器和接触干涉仪的原理是相同的。由于激光的干涉长度大，故可测范围也大，为使反射镜的移动不因导轨的误差而影响正常的工作，因此将接触干涉仪的平面反射镜7和6改成立体直角棱镜，并取消了补偿镜5（见图3—12）。立体直角棱镜如图3—13所示。直角棱镜由4个面组成，其中 *abd*，*acd* 和 *bdc* 三个反射面彼此相互垂直，*d* 为锥顶，*abc* 面是入射面（也是出射面）。当光束 *A* 由 *abc* 面射入，经 *acd*，*abd* 和 *bcd* 三个面三次反射后，由 *abc* 面射出。这种立体直角棱镜能保证入射光 *A* 和出射光 *B* 平行，因而降低了对导轨直线度的要求。JDJ1000 型激光测长机光路如图3—14所示。从氦氖激光器5射出的光束经反射镜6、7到达准直光管8。从准直光管射出的光经移相分光镜10分成两束：一束光由移相分光镜反射，经反射镜3、光楔2到固定立体直角棱镜1，再由固定立体直角棱镜1经原光路返回到移相分光镜10，形成参考光束；另一束光透过移相分光镜10到达活动立体直角棱镜12（它随测座移动），再经立体直角棱镜12返回到移相分光镜10。两束光相遇后在移相分光镜10上透射和反射，从而在分光镜前、后形成两组干涉条纹。通过控制移相分光镜10的镀膜层厚度，可使两干涉条纹相位相差90°，并分别由光电三极管9，11接收，将光信号转变成电信号输入计数器电路，最后显示出活动立体直角棱镜12（随仪器测座移动）的直线位移量。图中的光电三极管4用于接受激光光强变化信息，用于激光器的稳频。

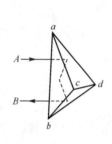

图 3—13

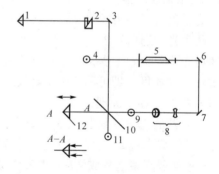

图 3—14

上述单频激光干涉法常受一些不利因素的影响（如稳频状况、测量环境变化等），因此，双频激光干涉仪也得到广泛应用，特别是对较大尺寸的测量，由于它采用差频信号、交流放大，因而可在车间环境下工作。

# 五、光栅类量仪原理

光栅在几何量计量中应用越来越广。这里主要指计量光栅，这种光栅一般分为长光栅和圆光栅。长光栅相当于一根线纹密度较大的刻度尺，通常每1mm刻25条、50条或100条刻线。圆光栅相当于线纹密度大的分度盘，一般在一个圆周上刻上5400条、10 800条或21 600条刻线。

### 1. 莫尔条纹

将两块栅距相同的长光栅（或圆光栅）叠放在一起，使两光栅保持 $0.01\text{mm} \sim 0.1\text{mm}$ 的间距，并使两块光栅的线纹相交一个很小角度，即得如图 3—15（a）所示的莫尔条纹。从几何学的观点来看，莫尔条纹就是同类（明的或暗的）线纹交点的连线。由于光栅的衍射现象，实际得到的莫尔条纹如图 3—15（b）所示。

由图 3—15（a）的几何关系可得光栅栅距（线纹间距）$W$、莫尔条纹宽度 $B$ 和两光栅线纹间的交角 $\theta$ 之间的关系为：

$$\tan\theta = \frac{W}{B} \qquad (3-4)$$

当交角很小时，则：

$$B = \frac{1}{\theta} W \qquad (3-5)$$

由于 $\theta$ 角是一个很小的数，因而 $1/\theta$ 是一个较大的数。这样测量莫尔条纹宽度就比测量光栅线纹宽度容易得多，由此可知莫尔条纹起着放大作用。

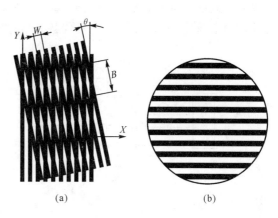

(a)　　　(b)

图 3—15

在图 3—15（a）中，当两光栅尺在 $X$ 方向产生相对移动时，莫尔条纹在大约与 $X$ 相垂直的 $Y$ 方向也产生移动。当光栅移动一个栅距时，莫尔条纹随之移动一个条纹间距。当光栅尺按相反方向移动时，莫尔条纹的移动方向也相反。

莫尔条纹还具有平均作用。由图 3—15（a）可知，每条莫尔条纹都是由许多光栅线纹的交点组成。当线纹中有一条线纹有误差时（间距不等、歪斜或弯曲），这条有误差的线纹和另一光栅线纹的交点位置将产生变化。但是一条莫尔条纹是由许多光栅线纹的交点组成，因此一条线纹交点的位置变化对一条莫尔条纹来说影响就非常小，因而莫尔条纹具有平均效应。

### 2. 计数原理

光栅计数装置种类较多，读数头结构、细分方法等也各不相同。图 3—16（a）是一种简单的光栅头示意图，图 3—16（b）是其数显装置。光源 1 发出的光经透镜 2 成一束平行光，这束光穿过标尺光栅 4 和指示光栅 3 后形成莫尔条纹。在指示光栅后安放一个四分硅光

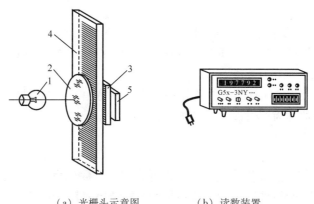

（a）光栅头示意图　　　（b）读数装置

图 3—16

电池5。调整指示光栅相对于标尺光栅的夹角 $\theta$，使条纹宽度 $B$ 等于四分硅光电池的宽度。当莫尔条纹信号落到光电池上后，则由四分硅光电池引出 4 路光电信号，且相邻两信号的相位相差90°。当标尺光栅相对于指示光栅移动时，可逆计数器就能进行计数。其计数电路方框图如图 3—17 所示。由硅光电池引出的 4 路信号分别送入两个差动放大器，然后差动放大器分别输出相位相差90°的两路信号，再经整形、倍频和微分后，经门电路到可逆计数器，最后由数字显示器显示出两光栅尺相对移动的距离。工作时，标尺光栅和指示光栅分别安装在仪器的固定部件和运动部件上，可代替光学标尺。

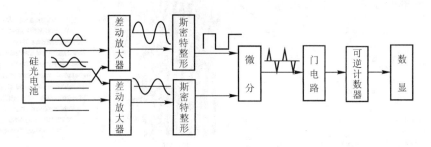

图 3—17

由于硅光电池的弱点，目前接收莫尔条纹信号的光电元件常采用光电三极管，此时的指示光栅应采用"相位指示光栅"，即指示光栅上的光栅线纹应刻画成四组，每组线纹依秩相差 1/4 线纹间距，从而形成在相位上依秩相差 1/4 的四组不同光强的光信号；并分别由四个光电管接收，输出在相位上依秩相差 1/4 的四路电信号，从而代替了四分硅光电池的应用。

# §3—5  测量误差和数据处理

## 一、测量误差的基本概念

测量结果减去被测量的真值称为测量误差。若用 $\delta$，$l$ 和 $L$ 分别表示测量误差、测量结果和被测量的真值，则测量误差可表示如下：

$$\delta = l - L \tag{3—6}$$

由于 $l$ 可能大于 $L$，也可能小于 $L$，因此测量误差 $\delta$ 可能是正值或负值。其绝对值的大小可反应测量结果与被测量真值之间的一致程度。测量结果与被测量真值之间的一致程度，称为测量准确度。

上述测量误差 $\delta$ 又称绝对误差，在工作中还常遇见另一个误差的概念，即相对误差，测量误差除以测量的真值称为相对误差。其表示如下：

$$f = \frac{\delta}{L} \tag{3—7}$$

由式（3—7）可知，相对误差是不名数，通常用百分数表示。

一般被测量的真值不易被确定，实践中常用测量结果代替。

在正常的测量中（即没有误操作或仪器无异常等，从而未产生粗大误差）测量误差一般包含系统误差和随机误差两个部分。

系统误差，指在重复测量中保持不变或按可预见方式变化的测量误差的分量。

随机误差，指在重复测量中按不可预见方式变化的测量误差的分量。实际工作中，测量只能进行有限次，故能确定的只是随机误差的估计值。

例如，用千分尺测量一个零件尺寸。在重复性条件下对该零件进行 $n$ 次测量，获得 $n$ 个测量结果，而零件的真值可用五等量块和该零件进行比较测量而获得（即约定真值）。该零件测量的系统误差就等于由千分尺测量获得的 $n$ 个测量结果的算术平均值，与量块值之差；随机误差等于 $n$ 个测量结果中任一个测量结果与算术平均值之差。

在一般习惯用语中，常用正确度高低说明系统误差的大小，用精密度高低说明随机误差的大小。即系统误差小正确度高，反之，正确度低；随机误差分散小精密度高，反之，精密度低。

## 二、随机误差

### 1. 随机误差的正态分布

当一个被测量在重复性条件下，进行无限多次测量时，得到 $l_1$，$l_2$，$\cdots$，$l_i\cdots$ 等一系列测量结果，若这些测量结果符合正态分布，则由概率论可知，其分布密度可用正态分布曲线进行描述，即

$$y = f(l) = \frac{1}{\sigma\sqrt{2\pi}}e^{-\frac{(l-L)^2}{2\sigma^2}}$$

或

$$y = f(\delta) = \frac{1}{\sigma\sqrt{2\pi}}e^{-\frac{\delta^2}{2\sigma^2}} \tag{3—8}$$

式中　$y$——概率分布密度；

　　　$l$——随机变量（即测量结果）；

　　　$\sigma$——标准偏差（即标准差）；

　　　$e$——常数，自然对数的底；

　　　$L$——数学期望（作为真值）；

　　　$\delta$——随机误差。

式（3—8）的图形如图 3—18 所示。

随机误差的分布多属正态分布。此外还有均匀分布、反正弦分布、三角形分布、偏心分布以及 $t$ 分布等。请参阅有关误差理论的书籍，这里不再叙述。

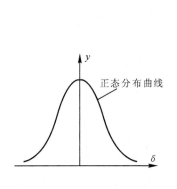

图 3—18　正态分布曲线

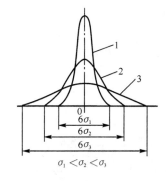

图 3—19　三种不同标准偏
差的正态分布曲线

## 2. 标准偏差

由式（3—8）可知，当 $\sigma$ 值减小，则 e 的指数 $\left(-\dfrac{\delta^2}{2\sigma^2}\right)$ 的绝对值增大，正态分布曲线下降快，曲线变得更陡。当在 $\delta=0$ 时，正态分布的概率密度最大，即 $y_{\max}=\dfrac{1}{\sigma\sqrt{2\pi}}$。此时 $\sigma$ 值减小，则 $y_{\max}$ 增大，分布曲线的中部变高，正态分布曲线也变得更陡，随机误差的分布越集中。反之，$\sigma$ 增大，正态分布曲线变平坦，随机误差的分布越分散，测量的精密度越低。因此，可用标准偏差 $\sigma$ 的大小来说明测量结果的分散性。图3—19表示三种不同标准偏差的正态分布曲线，即 $\sigma_1<\sigma_2<\sigma_3$。

由概率论可知，标准偏差按式（3—9）计算：

$$\sigma=\sqrt{\frac{\delta_1^2+\delta_2^2+\cdots+\delta_n^2}{n}}=\sqrt{\frac{\sum\limits_{i=1}^{n}\delta_i^2}{n}} \tag{3—9}$$

式（3—9）说明，在重复性测量条件下（等精度测量），单次测量的标准偏差 $\sigma$ 等于该系列测量结果的随机误差平方和除以测量次数 $n$ 所得商的平方根。

由于 $\delta=l-L$，而式中 $L$ 为真值，一般不易确定，因而随机误差 $\delta$ 也不易确定，实践中常采用残余误差 $v$ 计算标准偏差，即：

$$v=l-\bar{L} \tag{3—10}$$

式中 $\bar{L}$——$l_i$ 的算术平均值。

当系列测量时，可得：

$$\begin{aligned}\delta_i=l_i-L&=(l_i-\bar{L})+(\bar{L}-L)\\&=v_i+\delta L\end{aligned} \tag{3—11}$$

式中 $\delta L$——算术平均值与真值之差。

对式（3—11）的系列值求和，得：

$$\delta L=\frac{1}{n}\sum_{i=1}^{n}\delta_i \quad\left(因\sum_{i=1}^{n}v_i=0\right) \tag{3—12}$$

对式（3—11）的系列式求平方和，得：

$$\sum_{i=1}^{n}\delta_i^2=\sum_{i=1}^{n}v_i^2+n\cdot\delta L^2 \quad\left(因2\delta L\sum_{i=1}^{n}v_i^2=0\right) \tag{3—13}$$

将式（3—12）平方后代入式（3—13），经整理后得：

$$\sigma=\sqrt{\frac{\sum\limits_{i=1}^{n}v_i^2}{n-1}} \quad\left(因\frac{1}{n^2}\sum_{i,j=1}^{n}\delta_i\delta_j=0,而\delta_i\neq\delta_j\right) \tag{3—14}$$

即 $\sigma$（单次测量的标准偏差）等于系列测量结果的残余误差的平方和，除以测量次数减1的商的平方根。此式又称贝塞尔公式。

在生产实践中，测量次数 $n$ 是有限的，由贝塞尔公式算出的标准偏差用 $s$ 表示，称为实验标准偏差，实验标准偏差是标准偏差的无偏差估计。

$$s = \sqrt{\frac{\sum\limits_{i=1}^{n} v_i^2}{n-1}}$$

或
$$s = \sqrt{\frac{\sum\limits_{i=1}^{n} (l_i - \bar{L})^2}{n-1}} \tag{3—15}$$

### 3. 随机误差的分布界限

由正态分布可知，理论上随机误差的分布是在 $-\infty$ 到 $+\infty$ 之间，这在实际应用中是无意义的。那么实际应用中随机误差的分布范围如何？这点和它相对应的概率有关。若概率用 $p$ 表示，则当随机误差分布在 $-\infty$ 到 $+\infty$ 之间时，$p=1$，如式（3—16）所示：

$$p = \int_{-\infty}^{+\infty} y \cdot \mathrm{d}\delta = \int_{-\infty}^{+\infty} \frac{1}{\sigma\sqrt{2\pi}} e^{-\frac{\delta^2}{2\sigma^2}} \mathrm{d}\delta = 1 \tag{3—16}$$

如果讨论误差落在区间 $(-\delta, +\delta)$ 之间的概率时，则：

$$p = \int_{-\delta}^{+\delta} y \mathrm{d}\delta = \int_{-\delta}^{+\delta} \frac{1}{\sigma\sqrt{2\pi}} e^{-\frac{\delta^2}{2\sigma^2}} \mathrm{d}\delta \tag{3—17}$$

将式（3—17）进行变量置换，设 $t = \frac{\delta}{\sigma}$，$\mathrm{d}t = \frac{\mathrm{d}\delta}{\sigma}$，则：

$$p = \frac{1}{\sqrt{2\pi}} \int_{-t}^{+t} e^{-\frac{t^2}{2}} \mathrm{d}t \tag{3—18}$$

式（3—18）变成了标准正态分布的形式，其积分值可查概率函数积分值表。由于函数是对称的，因此表中列出的积分值是由 $0\sim t$ 的区间的积分值 $\phi(t)$，而 $-t$ 到 $+t$ 区间的积分 $p = 2\phi(t)$。当 $t$ 值给定时，$\phi(t)$ 值可由概率函数积分表中查出。

表3—3列出了 $t=1$，2，3 和 4 等几个特殊的积分值。并求出误差 $\delta$ 不超出的界限和相应的概率 $p$，误差 $\delta$ 超出的界限和相应的概率 $p'=1-p$。从表中列出的数据可得到下列结果：若在重复性条件下进行 $n$ 次测量，获得了随机误差的正态分部和分布特征参数标准偏差 $\sigma$ 时，那么，当 $t=1$，即 $\delta=\sigma$ 时（界限值为 $-\sigma\sim+\sigma$），有 68% 的测量次数落在界限内；当 $t=2$，即 $\delta=2\sigma$ 时（界限值为 $-2\sigma\sim+2\sigma$），有 95.4% 的测量次数落在界限内；当 $t=3$，即 $\delta=3\sigma$ 时（界限值为 $-3\sigma\sim+3\sigma$），有 99.73% 的测量次数落在界限内，如图3—20所示。由此可知 $t$ 和误差出现的概率 $p$ 有关，常将 $t$ 称为置信系数或置信度。当置信系数 $t=3$，$\delta=3\sigma$ 时，置信概率 $p$ 已接近于 1，因此常将 $\delta=\pm3\sigma$ 称为随机误差的极限误差 $\delta_{\lim}$。

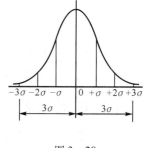

图3—20

根据上面对随机误差的统计分析，可近一步理解不确定度 $u$ 的含义。按§3—3节所述，不确定度是指表征合理地赋予被测量之值的分散性，与测量结果相联系的参数。此参数可以用诸如标准偏差 $\sigma$ 或其倍数（如 $2\sigma$，$3\sigma$），或说明了置信水准的区间（如 $+t\sigma$）的半宽度（如 $t\sigma$）来表示。这就是说，如果我们对某一个量进行测量时，若测得的量值为 $l$，那么它的不确定度 $u$ 是多少？我们可以对这个被测量进行重复条件下的重复测量，获得测量列 $l_1$，

表 3—3

| 1 | 2 | 3 | 4 | 5 |
|---|---|---|---|---|
| $t$ | $\delta = t\sigma$ | $\phi(t)$ | 不超出 $\delta$ 的概率 $p$ | 超出 $\delta$ 的概率 $p' = 1 - p$ |
| 1 | $\sigma$ | 0.341 3 | 0.682 6 | 0.317 4 |
| 2 | $2\sigma$ | 0.477 2 | 0.954 4 | 0.045 6 |
| 3 | $3\sigma$ | 0.498 65 | 0.997 3 | 0.002 7 |
| 4 | $4\sigma$ | 0.499 968 | 0.999 36 | 0.000 64 |

$l_2$，$\cdots$，$l_n$。然后按统计分析的方法算出它的实验标准偏差 $s$，则该被测量 $l$ 的标准不确定度 $u_{68.26} = s$，其扩展不确定度 $u_p = ts$，式中角标 $p$ 为概率值，$t$ 为置信系数。如 $U_{95.44} = 2s$，$U_{99.73} = 3s$。这种用统计分析的方法来评定不确定度称为 A 类评定。如果我们在测量某一个量值时，无法进行上述统计分析，但在查阅手册（或资料）中，获得这种测量方法的极限误差 $\pm \delta_{\text{lim}}$。则我们可以获得标准不确定度 $U_{68.26} = \delta_{\text{lim}}/3$，或扩展不确定度 $U_{99.73} = \delta_{\text{lim}}$。这种评定不确定度的方法称不确定度的 B 类评定。

**4. 算术平均值**

对某被测量在重复条件下，进行 $n$ 次测量时，由于有随机误差存在，其获得的测量结果不完全相同，此时应以算术平均值作为最后的测量结果，即：

$$\overline{L} = \frac{1}{n}(l_1 + l_2 + \cdots + l_n) = \frac{1}{n}\sum_{i=1}^{n} l_i \tag{3—19}$$

由正态分布的基本性质可知，当测量次数 $n$ 增大时，算术平均值越趋近于真值。因此，用算术平均值作为最后测量结果比用其他任一测量值作为测量结果更可靠。若算术平均值的实验标准偏差用 $s_{\overline{L}}$ 表示，单次测量的实验标准偏差用 $s$ 表示，则两者有下列关系（其证明见下述函数误差）：

$$s_{\overline{L}} = \frac{s}{\sqrt{n}} \tag{3—20}$$

由上式可知：$n$ 总是大于 1 的，因此 $s_{\overline{L}}$ 总比 $s$ 小，这说明用重复测量取平均值作测量结果，可减少测量结果分散性提高测量的精密度。

# 三、系统误差

系统误差是指在重复测量中保持不变或按可预见方式变化的测量误差的分量。这就是说系统误差是测量误差中去除了随机误差的那一部分误差分量。按理说这部分误差的大小和正负都是可能求得的，但由于条件的限制，有的系统误差还是不能完全知道。为了提高测量的准确度，减少测量误差中系统误差分量，实践中常采用误差修正法、误差抵偿法和误差分离法来消除或减小系统误差对测量结果的影响。

**1. 误差修正法**

如果知道测量结果（即未修正的结果）中包含的系统误差大小和符号，则可用测量结果减去已知的系统误差值，从而获得不含（或少含）系统误差的测量结果（已修正结果）。当然，也可将已知系统误差取相反的符号，变为修正值，并用代数法将此修正值与未修正测量结果相加，从而算出已修正的结果。

例如，用比较测量法（相对测量法）测量零件的尺寸。此时，比较仪的零位是用量块尺寸来调整的，而测量结果是由量块尺寸加比较仪的读数而求得。由于量块尺寸存在误差，零件尺寸测量结果中就包含有由此量块的误差而引入的系统误差。为了修正此系统误差，可用高一等级的量块（作约定真值），对此量块尺寸进行检定，获得量块尺寸误差，将此误差取相反的符号获得修正值，并用代数法将此修正值加到零件测量结果中，从而获得已修正的测量结果。

误差修正法在高准确度测量中，应用比较广泛，此时所使用的测量仪器（如各类坐标测量机）的示值，均有误差修正表，以便在测量时对误差进行修正。

**2. 误差抵偿法**

实践中，有的误差修正值难于获得。但通过分析发现，在有的测量结果中包含的系统误差值和另一个测量结果中包含的系统误差值的大小相等，符号则相反。因此可用此两测量结果相加取平均值，可抵消其系统误差。

例如，在度盘测量中，由于度盘安装偏心的存在，使度分度值的测量产生系统误差，此系统误差值随度盘转过角度的不同而成周期变化。此时，如果在度盘相距 $180°$ 的转角位置上，装上两个读数头，由两个读数头读出的角度值相加取平均，则能抵消由偏心引起的系统误差。设测量开始时，第一个读数头对准度盘的 $0°$，第二个读数头对准度盘的 $180°$。当度盘转过 $\varphi$ 角时，第一个读数头的读数为 $0° + \varphi_0$，第二个读数头的读数为 $180° + \varphi_{180°}$。两次读数之差分别为 $\varphi_0$ 和 $\varphi_{180°}$，由于偏心的存在 $\varphi_0 = \varphi + \Delta\varphi$（$\Delta\varphi$ 为系统误差），$\varphi_{180°} = \varphi - \Delta\varphi$，将两者相加取平均则得转角 $\varphi$，从而抵消了系统误差。误差抵偿法还常用在螺纹测量中，当测量螺纹时，被测螺纹在安装中，其轴心与仪器纵向导轨移动方向不平行，则在测量螺纹的中径、螺距和牙形半角时均可能出现系统误差。为了消除这些误差，可采用在螺牙的左、右牙侧上进行测量或在轴线两侧螺牙的左、右牙侧上进行测量，取相应的测量值的平均值，则可抵消其系统误差（详见实验指导书）。

**3. 误差分离法**

误差分离法常用在形状误差测量中。例如在圆度仪上测量零件的圆度误差或在大型加工机床上在位测量大型轴类零件的圆度误差。此时，圆度仪的主轴的回转轴系或机床回转主轴的轴系的误差，均可带入被测零件的测量结果而产生测量的系统误差。这种系统误差可采用误差分离法（例如：反向法、多步法和多测头法）将测量结果中的回转轴系误差分离开，从而获得准确的测量结果。

消除和减少系统误差是提高测量准确度的有效方法。

# 四、函数误差

在某些零件的几何参数测量中，采用直接测量法比较困难，常采用间接测量法，如图 3—21 所示的大圆弧的直径测量就只能采用间接测量法进行测量。我们可以通过测量弧长 $L$ 和测量弓高 $h$ 经过计算来得到直径 $D$。同样的例子还有第八章中所述的螺纹中径的三针测量，以及圆锥锥角的正弦尺测量等。图 3—21 中，直径 $D$、弦长 $L$、弓高 $h$ 三者有如下函数关系：

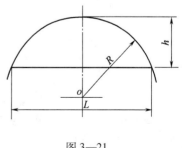

图 3—21

$$D = \frac{L^2}{4h} + h \tag{3—21}$$

由于在测量 $L$ 和 $h$ 时，它们均会产生系统误差和随机误差，那么函数 $D$ 的系数误差和随机误差应如何确定？

**1. 函数的系统误差**

设函数的一般表达式为：

$$y = f(x_1, x_2, \cdots, x_t) \tag{3—22}$$

当自变量有增量 $\Delta x_1$，$\Delta x_2$，$\cdots$，$\Delta x_t$ 时，函数的增量为 $\Delta y$，则：

$$y + \Delta y = f(x_1 + \Delta x_1, x_2 + \Delta x_2, \cdots, x_t + \Delta x_t)$$

由高等数学可知，多元函数的增量，可用函数的全微分表示，即：

$$dy = \frac{\partial f}{\partial x_1} dx_1 + \frac{\partial f}{\partial x_2} dx_2 + \cdots + \frac{\partial f}{\partial x_t} dx_t$$

由于测量的系统误差值：$\delta_{x_1}$，$\delta_{x_2}$，$\cdots$，$\delta_{x_t}$ 均较小，可用来近似替代上式中的微分量 $d_{x_1}$，$d_{x_2}$，$\cdots d_{x_t}$，

则得：

$$\delta_y = \frac{\partial f}{\partial x_1} \delta_{x_1} + \frac{\partial f}{\partial x_2} \delta_{x_2} + \cdots + \frac{\partial f}{\partial x_t} \delta_{x_t} \tag{3—23}$$

式（3—23）即为函数的系统误差表达式，即函数的系统误差等于该函数对各自变量的偏导数与其相应直接测量量的系统误差的乘积之和。

式中的偏导数 $\frac{\partial f}{\partial x_i}$ 又称灵敏系数或误差传递系数（$i = 1$，$2$，$\cdots$，$t$）。

**2. 函数的随机误差**

从式（3—22）得到了函数误差的表达式：

$$\delta_y = \frac{\partial f}{\partial x_1} \delta_{x_1} + \frac{\partial f}{\partial x_2} \delta_{x_2} + \cdots + \frac{\partial f}{\partial x_t} \delta_{x_t}$$

若此时 $\delta_{x_1}$，$\delta_{x_2}$，$\cdots$，$\delta_{x_t}$ 是随机误差（即随机变量），那么函数与直接测量量之间的数字特征——方差如何确定。

由概率论可知，当随机变量（直接测量量）是独立的，彼此不相关，则函数的方差为：

$$\sigma_y^2 = \left(\frac{\partial f}{\partial x_1}\right)^2 \sigma_{x_1}^2 + \left(\frac{\partial f}{\partial x_2}\right)^2 \sigma_{x_2}^2 + \cdots + \left(\frac{\partial f}{\partial x_t}\right)^2 \sigma_{x_t}^2 \tag{3—24}$$

如果直接测量量的随机误差是相关的，则上式后面应加上相关矩那一项。这里不再叙述。则函数的标准偏差为：

$$\sigma_y = \sqrt{\left(\frac{\partial f}{\partial x_1}\right)^2 \sigma_{x_1}^2 + \left(\frac{\partial f}{\partial x_2}\right)^2 \sigma_{x_2}^2 + \cdots + \left(\frac{\partial f}{\partial x_t}\right)^2 \sigma_{x_t}^2}$$

式中，$\sigma_y$，$\sigma_{x_1}$，$\sigma_{x_2}$，$\cdots$，$\sigma_{x_t}$，分别为 $\delta_y$，$\delta_{x_1}$，$\delta_{x_2}$，$\cdots$，$\delta_{x_t}$ 的标准偏差。

则函数的实验标准偏差 $s_y$ 为：

$$s_y = \sqrt{\left(\frac{\partial f}{\partial x_1}\right)^2 s_{x_1}^2 + \left(\frac{\partial f}{\partial x_2}\right)^2 s_{x_2}^2 + \cdots + \left(\frac{\partial f}{\partial x_t}\right)^2 s_{x_t}^2} \tag{3—25}$$

即函数的实验标准差等于该函数对各自变量的偏导数的平方与其直接测量量的实验方差的乘积之和的平方根。

例：用弦长弓高法测量圆形零件的直径。

（1）若测得弦长 $L = 100\text{mm}$，弓高 $h = 20\text{mm}$，其系统误差分别为 $\delta_L = 5\mu\text{m}$，$\delta_h = 4\mu\text{m}$，试计算 $D$ 的直径、系统误差和已修正测量结果。

①测量结果

$$D = \frac{L^2}{4h} + h = \frac{100^2}{4 \times 20} + 20 = 145\text{mm}$$

②系统误差

$$\frac{\partial f}{\partial L} = \frac{2L}{4h} = \frac{2 \times 100}{4 \times 20} = 2.5$$

$$\frac{\partial f}{\partial h} = -\frac{L^2}{4h^2} + 1.0 = \frac{-100^2}{4 \times 20^2} + 1.0 = -5.25$$

$$\delta_y = 2.5 \times 5 + (-5.25) \times 4 = -8.5\mu\text{m}$$

修正值 $= - (-8.5)\ \mu\text{m} = 8.5\mu\text{m}$

③已修正测量结果

$$D = 145 + 0.0085 = 145.0085\text{mm}$$

（2）若 $L$ 和 $h$ 的实验标准偏差分别为：$s_L = 0.7\mu\text{m}$，$s_h = 0.3\mu\text{m}$，计算 $D$ 的实验标准偏差。按式（3—25）：

$$s_D = \sqrt{\left(\frac{\partial f}{\partial L}\right)^2 s_L^2 + \left(\frac{\partial f}{\partial h}\right)^2 s_h^2}$$

$$= \sqrt{(2.5)^2 \times 0.7^2 + (-5.25)^2 \times 0.3^2} = 2.35\mu\text{m}$$

例：求算术平均值的实验标准偏差

因算术平均值 $\overline{L} = (l_1 + l_2 + \cdots + l_n)\ \dfrac{1}{n}$

$$= \frac{1}{n}l_1 + \frac{2}{n}l_2 + \cdots + \frac{1}{n}l_n$$

将 $\overline{L}$ 作为 $l_i$ 的函数，由式（3—25）得：

$$s_{\overline{L}} = \sqrt{\left(\frac{1}{n}\right)^2 s_{L_1}^2 + \left(\frac{1}{n}\right)^2 s_{L_2}^2 + \cdots + \left(\frac{1}{n}\right)^2 s_{L_n}^2}$$

由于是重复性条件下（等精度）测量，故

$$s_{L_1} = s_{L_2} = \cdots = s_{L_n} = s$$

得

$$s_{\overline{L}} = \frac{s}{\sqrt{n}} \tag{3—26}$$

即算术平均值的实验标准偏差 $s_{\overline{L}}$ 要比单次测量的实验标准偏差小 $\sqrt{n}$ 倍，因此算术平均值测量结果比单次测量结果的精密度高，分散性小。

## 五、重复性条件下测量结果处理

下面通过例子讨论在重复性条件下（等精度）测量结果的数据处理。如在正常情况下，对同一零件某一个尺寸在重复性条件下进行系列测量，若系统误差已被消除，得测量列 $L_i$ 列于表（3—4），试写出测量结果。

（1）计算算术平均值

$$\overline{L} = \frac{1}{n} \sum_{i=1}^{n} l_i = 30.048 \text{mm}$$

（2）计算残余误差

$$v_i = l_i - \overline{L}$$

将计算结果列于表（3—4）。

（3）求单次测量的实验标准偏差

$$s = \sqrt{\frac{1}{n-1} \sum_{i=1}^{n} v_i^2} = \sqrt{\frac{0.000\ 07}{9}} = 0.002\ 8 \text{mm}$$

（4）求算术平均值的实验标准偏差

$$s_{\overline{L}} = \frac{s}{\sqrt{10}} = \frac{0.002\ 8}{\sqrt{10}} = 0.000\ 88 \text{mm}$$
$$= 0.88 \mu m$$

（5）测量结果表示

若用实验标准偏差表示标准不确定度 $u(l)$，则

单次测量表示：$L = l_i$（任一个测量结果，如 30.050），标准不确定度 $u(l) = 2.8 \mu m$

算术平均值测量结果表示：$\overline{L} = 30.048 \text{mm}$，标准不确定度 $u(\overline{L}) = 0.88 \mu m$

表 3—4            mm

| 序号 | $l_i$ | $v_i = l_i - \overline{L}$ | $v_i^2$ |
|------|-------|-----------------------------|---------|
| 1 | 30.049 | +0.001 | 0.000 001 |
| 2 | 30.047 | −0.001 | 0.000 001 |
| 3 | 30.048 | 0 | 0 |
| 4 | 30.046 | −0.002 | 0.000 004 |
| 5 | 30.050 | +0.002 | 0.000 004 |
| 6 | 30.051 | +0.003 | 0.000 009 |
| 7 | 30.043 | −0.005 | 0.000 025 |
| 8 | 30.052 | +0.004 | 0.000 016 |
| 9 | 30.045 | −0.003 | 0.000 009 |
| 10 | 30.049 | +0.001 | 0.000 001 |
| | $\overline{L} = \dfrac{\sum l_i}{n} = 30.048$ | $\sum\limits_{i=1}^{n} v_i = 0$ | $\sum\limits_{i=1}^{n} v_i^2 = 0.000\ 07$ |

# §3—6 测量误差产生的原因及其减少措施

几何量测量中，测量误差的产生与下列因素有关：基准件的误差、计量器具的误差、测量方法的误差、环境条件引起的误差、对准误差以及测量力引起的误差等。

## 一、基准件误差

任何基准都不可避免地存在误差，其误差必然会带入测量结果中。例如，在立式光学计上用 2 级量块作基准测量 $\phi20mm$ 的塞规，由于尺寸为 20mm 的 2 级量块的制造公差为 $\pm0.6\mu m$，因而测得值中就有可能带入 $0.6\mu m$ 的测量误差。又如，用比较法测量线纹尺和用齿轮综合检查仪测量齿轮，其基准线纹尺的刻线误差以及标准齿轮的误差将分别带入测量值中。因此，在选择基准件时，一般都希望基准件的准确度选高一些。但是，基准件的准确度太高也不经济，为此在生产实践中，一般取基准件的误差占总测量误差的 $1/5\sim1/3$。

## 二、计量器具的误差

计量器具的误差主要分为原理误差和制造误差。

**1. 原理误差**

在量仪设计中，经常采用近似机构代替理论上所要求的运动机构，用均匀刻度的刻度尺近似地代替理论上要求非均匀刻度的刻度尺等所造成的误差称原理误差。

**2. 仪器制造和装配调整误差**

仪器零件的制造误差和装配调整误差都会产生仪器误差。例如仪器读数装置中刻度尺、刻度盘的刻度误差和装配时的偏斜或偏心引起的误差；仪器传动装置中杠杆、齿轮副、螺旋副的制造误差以及装配误差；光学系统的制造、调整误差；导轨的直线度、平行度误差都会影响仪器的示值误差和稳定性。引起仪器制造、装配误差的因素很多，情况比较复杂、也难以消除掉。最好的方法是对仪器进行检定，掌握它的示值误差，并列出修正表，以消除其系统误差。另外，用多次重复测量取平均值的方法减小其随机误差。

## 三、测量方法误差

方法误差指测量时选用的测量方法不完善引起的误差。采用的测量方法不同，产生的测量误差也不一样。例如，测量大型零件的直径，可采用弦长弓高法进行间接测量，也可用大千分尺进行直接测量，其测量误差是不一样的。直接测量与间接测量相比较，前者的误差只取决于被测参数本身测量时的计量器具与测量环境和条件所引起的误差；而后者除取决于与被测参数有关的各个间接测量参数的计量器具与测量环境和条件所引起的误差外，还取决于它们之间的函数关系所带来的计算误差。

## 四、环境条件引起的误差

测量的环境条件包括温度、湿度、气压、振动以及灰尘等。在这些因素中，温度是主要的，其余因素只在精密测量时才考虑。例如，用光波波长作基准进行绝对测量时，若气压、湿度偏离标准状态，则光波波长将发生变化。

测量时，由于室温偏离标准温度（20℃），且基准件和被测件的温度不同，线膨胀系数也不同时，测量误差可按式（3—27）进行计算：

$$\Delta = L\left(\alpha\Delta t - \alpha_0\Delta t_0\right)$$
$$= L\left[\left(\alpha - \alpha_0\right)\Delta t + \alpha_0\left(\Delta t - \Delta t_0\right)\right] \tag{3—27}$$

式中　$L$——被测长度；

$\alpha_0$，$\alpha$——分别为基准件和被测件的线膨胀系数；

$\Delta t_0$，$\Delta t$——分别为基准件和被测件对标准温度的偏离。

为了减少温度引起的测量误差，一般高准确度测量均在恒温条件下进行，并要求被测工件与计量器具温度一致。

## 五、对准误差

测量时既要对准工件，也要对准读数装置（指刻线式读数）。

对于接触测量，对准工件的工作主要决定于测量头的正确选择。当工件为平面时，一般选用球测头；当工件为圆柱形时，一般选用刀口形测头；当工件为球形时，一般选用平面形测头。

对于非接触测量，如投影测量中的影像法对准，其对准误差与影像的清晰程度、分划板刻线的宽度、光学系统的放大倍数、工件形状、照明情况以及操作水平有关。

在接触测量中，测量力的存在也是产生测量误差的原因之一，它使仪器内部的零件产生弹性变形，使测头与被测件产生压陷，从而引起测量误差。此外，测量人员的技术熟练程度、连续工件时间长短以及心情等，都是产生测量误差的原因。

在分析误差时，应找出产生误差的主要因素，采取措施减少误差的影响，保证测量准确。

# 第 四 章

# 几何公差及检测

## §4—1 概 述

零件在加工过程中，由于机床—夹具—刀具系统存在几何误差，以及加工中出现受力变形、热变形、振动和磨损等的影响，使被加工零件的几何要素不可避免地产生误差。这些误差包括尺寸偏差、形状误差（包括宏观几何形状误差、波度和表面粗糙度）及位置误差（图4—1）。

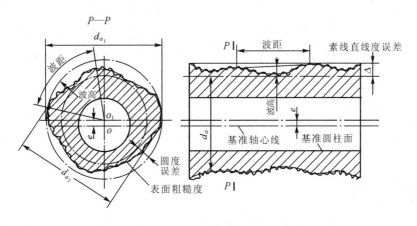

图4—1 零件的几何误差
$d_a$，$d_{a_1}$，$d_{a_2}$—提取局部尺寸；$e$—偏心

几何误差（即形状和位置误差，简称形位误差）对零件的使用性能有较大影响。例如，轴颈的圆度误差会降低轴的旋转精度；导轨的直线度误差影响运动部件的运动精度；齿轮副轴线平行度误差使齿轮工作齿面接触不均匀等。总之，零件的形位误差对机器或仪器的工作精度、联结强度、密封性、运动平稳性、噪声、耐磨性及寿命等性能均有较大影响。对精密、高速、重载、高温、高压下工作的机器或仪器的影响更为突出。因此，为满足零件装配后的功能要求，保证零件的互换性和经济性，必须对零件的形位误差予以限制，即对零件的几何要素规定必要的形状和位置公差，在新标准中称为几何公差。

### 一、几何公差标准概况

我国现行的几何公差主要标准如下：

（1）《产品几何技术规范（GPS）　几何公差形状、方向、位置和跳动公差标注》（GB/T 1182—2008）；

（2）《形状和位置公差　未注公差值》（GB/T 1184—1996）；

（3）《产品几何技术规范（GPS）　最大实体要求、最小实体要求和可逆要求》（GB/T 16671—2009）；

（4）《产品几何技术规范（GPS）　公差原则》（GB/T 4249—2009）；

（5）《产品几何量技术规范（GPS）　几何公差　位置度公差注法》（GB/T 13319—2003）；

（6）《产品几何量技术规范（GPS）　形状和位置公差　检测规定》（GB/T 1958—2004）。

## 二、几何要素概念

为了介绍几何公差，首先对几个有关术语说明如下。

通常，机械零件是由构成其几何特征的若干点、线、面所构成的。这些点、线、面统称几何要素，简称要素，如图4—2所示。

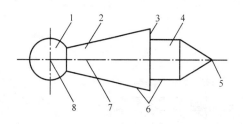

图4—2

1—球面；2—圆锥面；3—端面；4—圆柱面；
5—锥顶；6—素线；7—轴线；8—球心

按不同的角度，要素可分为以下几种。

**1. 组成要素与导出要素**

（1）组成要素（轮廓要素）

指构成零件外形的点、线、面。

由一定的定形尺寸确定其几何形状的组成要素称尺寸要素。

（2）导出要素（中心要素）

由一个或几个组成要素对称中心得到的中心点（如球心）、中心线（轴线）或中心平面（对称中心平面）。

**2. 提取要素与拟合要素**

（1）提取组成要素

按规定的方法，由实际（组成）要素提取有限数目的点所形成的要素，是实际（组成）要素的近似替代。

（2）提取导出要素

由一个或几个提取组成要素得到的中心点（提取球心）、中心线（如提取轴线）或中心面（提取中心面）。

（3）拟合组成要素

按规定的方法，由提取组成要素形成的，并具有理想形状的组成要素。

**3. 单一要素与关联要素**

按该要素与其他要素是否存在方位关系来划分。

（1）单一要素

仅对要素本身给出形状公差要求的要素。

（2）关联要素

指对其他要素有方位要求的要素，即规定位置公差的要素。

## 三、几何公差项目及其符号

几何公差是指被测提取（实际）要素的形状、方向或位置对图标上给定理论正确形状、方向或位置的允许变动量。

几何公差项目及其符号列于表4—1。

表4—1　几何公差的特征项目及其符号

| 公差类型 | 几何特征 | 符号 | 公差类型 | 几何特征 | 符号 |
|---|---|---|---|---|---|
| 形状公差 | 直线度 | — | 定位公差 | 同心度（用于中心点） | ◎ |
| | 平面度 | ▱ | | 同轴度（用于轴线） | ◎ |
| | 圆　度 | ○ | | | |
| | 圆柱度 | ⌀ | | 对称度 | = |
| | 线轮廓度 | ⌒ | | 位置度 | ⊕ |
| | 面轮廓度 | ⌓ | | | |
| 定向公差 | 平行度 | // | | 线轮廓度 | ⌒ |
| | 垂直度 | ⊥ | | 面轮廓度 | ⌓ |
| | 倾斜度 | ∠ | 跳动公差 | 圆跳动 | ↗ |
| | 线轮廓度 | ⌒ | | 全跳动 | ↗↗ |
| | 面轮廓度 | ⌓ | | | |

# §4—2　几何公差在图样上的标注方法

在技术图样中，几何公差采用代号（公差框格）标注。

## 一、公差框格

### 1. 形状公差框格

形状公差框格分为两格，从左到右依次填写公差项目符号及公差值与相关符号。当公差带为圆形或圆柱形时，在公差值前加"$\phi$"，如为球形，则加"$S\phi$"。若公差值只允许为正（负）时，则在公差值后加"＋"（"－"）。

### 2. 方位和跳动公差框格

其公差框格按需要分为 3~5 格，从左至右依次填写公差项目符号，公差值及相关符号，第3格至第5格填写基准代号及相关符号，基准代号用大写英文字母表示。

## 二、被测要素的标注方法

被测要素用带箭头的指引线与公差框格相连。

### 1. 组成（轮廓）要素的标注方法

箭头指向该要素的轮廓线或其延长线上，但必须与尺寸线错开［图4—3（a）］。对圆度公差，其指引线的箭头应垂直指向回转体的轴线。

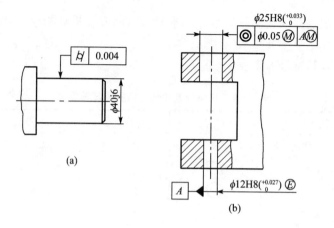

图 4—3

### 2. 导出（中心）要素的标注方法

指引线的箭头应对准尺寸线［图 4—3（b）］。指引线箭头可兼作尺寸线的一箭头。

## 三、基准要素的标注法

基准要素的标注用基准符号表示。基准符号由带方框的大写字母用细实线与一黑或白三角形相连而组成，如图 4—4所示。

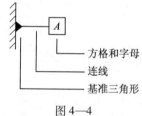

图 4—4

### 1. 组成（轮廓）要素的标注法

当基准为组成（轮廓）要素时，基准符号应放在轮廓线（面）上［图 4—5（a）］，也可放在其延长线上，但必须与尺寸线错开。

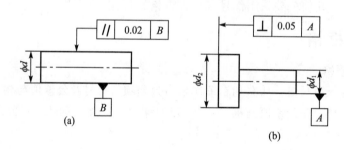

图 4—5

### 2. 导出（中心）要素的标注法

当基准为导出（中心）要素时，基准符号应对准尺寸线［图 4—5（b）］，基准符号也可代替尺寸线一箭头。

### 3. 基准为两要素组成的公共基准的标注法

当基准为两要素组成的公共基准时，用由横线隔开的两大写字母表示，且标在公差框格第 3 格［图 4—6（a）］。

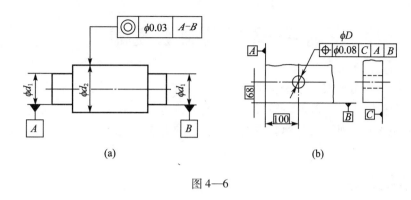

(a)                                    (b)

图 4—6

### 4. 基准为三基面体系时的标注法

基准为三基面体系时，用大写字母按优先次序标在框格第 3 格至第 5 格内 [图 4—6（b）]。

## 四、简化标注法

### 1. 在同一要素上有多项公差要求

可将多个公差项目的框格叠放在一起，用同一指引线引向被测要素，如图 4—7（a）所示。

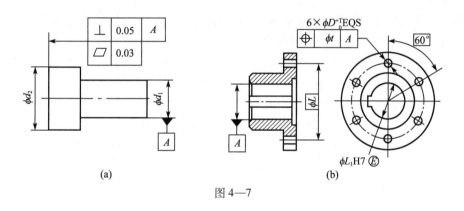

(a)                                    (b)

图 4—7

### 2. 在成组要素上有同一项公差要求

可只标注一个要素，并在公差框格上方标明要素的数量，如图 4—7（b）所示。

### 3. 在多个同类要素上有同一项公差要求

可只用一个公差框格，并在一条指引线上引出多个带箭头的指引线指向各要素上，如图 4—8所示。

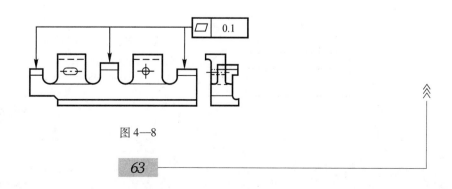

图 4—8

# §4—3 几何公差带

几何公差带是指用来限制被测提取（实际）要素变动的区域，零件提取（实际）要素在该区域内为合格。几何公差带包括形状、方向、位置和大小四要素。公差带的形状、方向及位置取决于要素的几何特征及功能要求。公差带的大小用宽度或直径表示，由给定的公差值决定。

## 一、形状公差

形状公差是指单一提取（实际）要素形状的允许变动量。因形状公差不涉及基准，故其公差带的方向和位置可随提取（实际）要素的方位在尺寸公差带变动。

尽管零件的形状种类繁多，但构成零件几何形状的组成要素不外乎是直线、曲线、平面、曲面和回转体等几种，故形状公差项目包括：直线度、平面度、圆度、圆柱度、线轮廓度和面轮廓度等 6 项。而直线度公差又可分为：在给定平面内、在给定方向上和任意方向上三种。

轮廓度公差有其特殊性，不能简单地把它列入形状公差或位置公差，要随其功能要求，是否标注基准而定。

无基准要求的轮廓度公差属形状公差，其公差带的方位是可以浮动的，即其公差带可随提取（实际）轮廓要素的方位变动可在尺寸公差带内浮动。

有基准要求的轮廓度公差属定向或定位公差，前者的公差带方向是固定的，而公差带位置可在尺寸公差带内浮动。后者的公差带位置是固定的。

各项形状公差的公差带定义及标注示例见表 4—2。

**表 4—2 形状公差带定义及标注示例**

| 项目 | 标 注 示 例 | 公差带定义 | 公差标注解释及图示 |
|---|---|---|---|
| （一）直线度 | 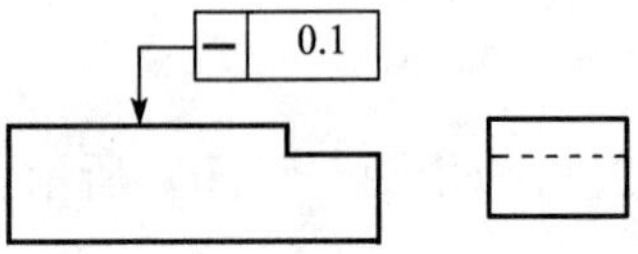 — 0.1 | 在给定平面内，公差带是距离为公差值 $t$ 的两平行直线之间的区域 | 被测提取（实际）表面的素线必须位于平行于图样所示投影面且距离为公差值 0.1 的两平行直线之间 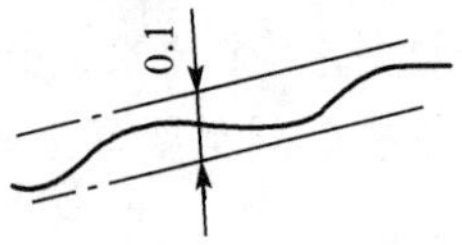 |
| | 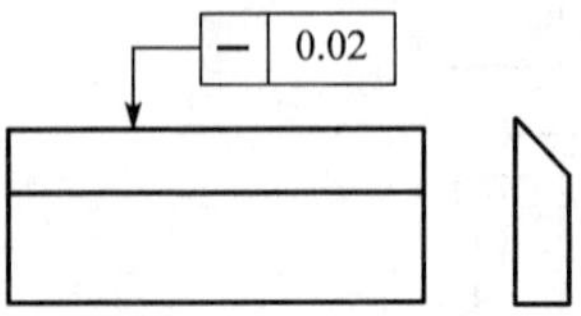 — 0.02 | 在给定方向上距离为公差值 $t$ 的两平行平面之间的区域 | 在 $y$ 方向上，被测提取（实际）棱线必须位于距离为 0.02 的两平行平面之间 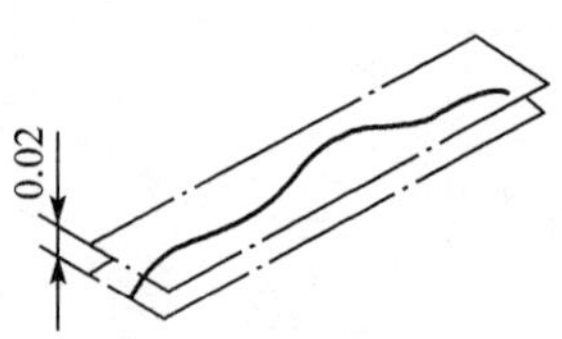 |

| 项目 | 标 注 示 例 | 公差带定义 | 公差标注解释及图示 |
|---|---|---|---|
| （一）直线度 | 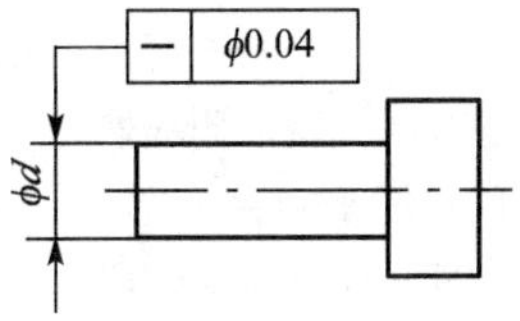 $-$ $\phi0.04$ $\phi d$ | 在公差值前加注$\phi$，则公差带是直径为$t$的圆柱内区域 | 被测外圆柱面的提取（实际）轴线必须位于直径为公差值$\phi0.04$的圆柱面内 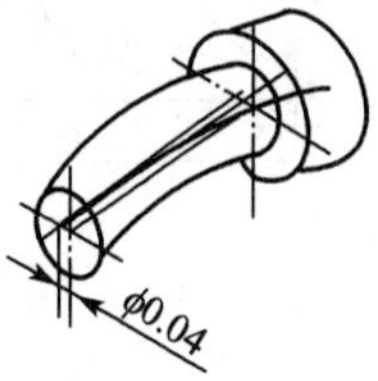 $\phi0.04$ |
| （二）平面度 | 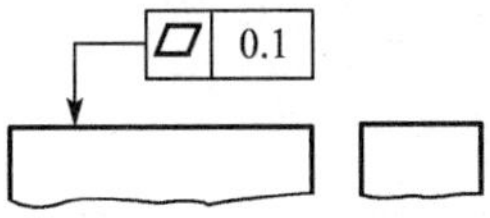 $\square$ 0.1 | 距离为公差值$t$的两平行平面之间的区域 | 被测提取（实际）表面必须位于距离为0.1的两平行平面之间 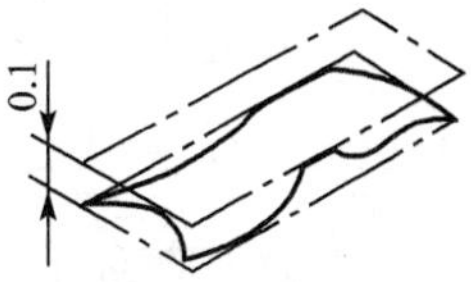 0.1 |
| （三）圆度 | 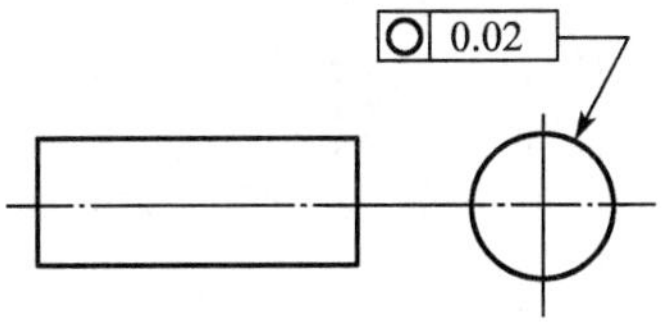 $\bigcirc$ 0.02 | 公差带是在同一正截面上的半径差为公差值$t$的两同心圆之间的区域；被测表面若为球面，则为过该球心的任一横截面上 | 被测提取（实际）圆柱任一正截面的圆周必须位于半径差为0.02的两同心圆之间 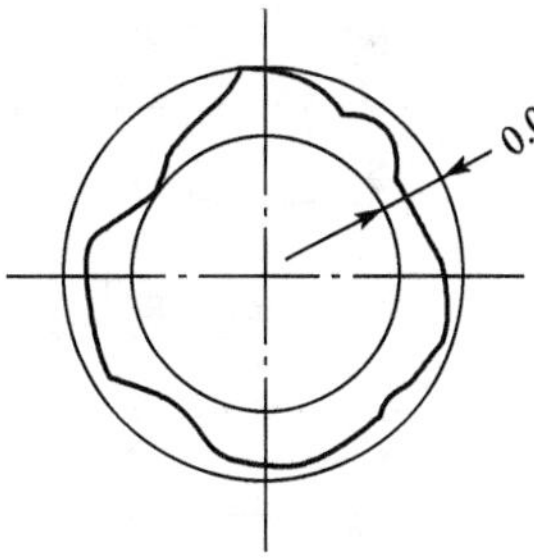 0.02 |
| （四）圆柱度 | 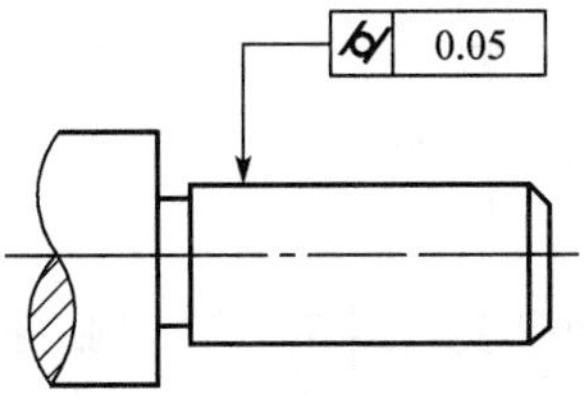 $\cancel{\bigcirc}$ 0.05 | 半径差为公差值$t$的两同轴圆柱面之间的区域 | 被测圆柱体的提取（实际）表面必须位于半径差为0.05的两同轴圆柱面之间 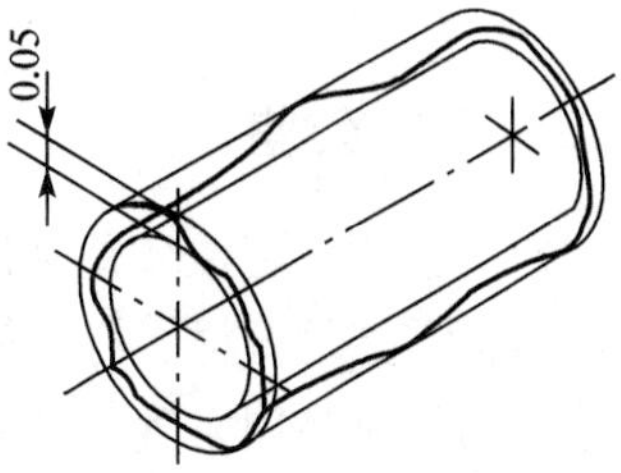 0.05 |

| 项目 | 标 注 示 例 | 公差带定义 | 公差标注解释及图示 |
|------|-----------|-----------|------------------|
| （五）线轮廓度 | 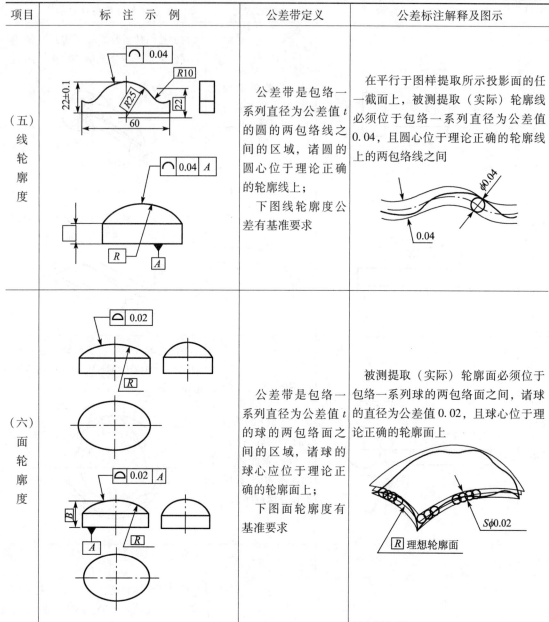 | 公差带是包络一系列直径为公差值 $t$ 的圆的两包络线之间的区域，诸圆的圆心位于理论正确的轮廓线上；<br><br>下图线轮廓度公差有基准要求 | 在平行于图样提取所示投影面的任一截面上，被测提取（实际）轮廓线必须位于包络一系列直径为公差值 0.04，且圆心位于理论正确的轮廓线上的两包络线之间 |
| （六）面轮廓度 | | 公差带是包络一系列直径为公差值 $t$ 的球的两包络面之间的区域，诸球的球心应位于理论正确的轮廓面上；<br><br>下图面轮廓度有基准要求 | 被测提取（实际）轮廓面必须位于包络一系列球的两包络面之间，诸球的直径为公差值 0.02，且球心位于理论正确的轮廓面上 |

## 二、定向公差

在定向公差、定位公差和跳动公差中，其被测要素均是关联要素，它对基准有功能要求，因而在零件的图样上必须标出基准。

基准的作用是用来确定被测关联要素的方向或（和）位置的。

随关联要素的功能不同，基准分为单一基准、公共基准和三基面体系。

定向公差分为平行度、垂直度和倾斜度三种。

定向公差是指被测关联要素的实际方向对其理论正确方向的允许变动量，而理论正确方向则由基准确定。

定向公差的方向是固定的，由基准确定，而其位置则可在尺寸公差带内浮动。

在定向公差中，被测要素和基准要素均可为线或面，故可分为线对面、面对面、线对线和面对线四种形式。

典型的定向公差项目的公差带定义和标注示例见表4—3。

表4—3　定向公差带定义及标注示例　　　　　　　　　mm

| 项目 | | 标 注 示 例 | 公差带定义 | 公差标注解释及图示 |
|---|---|---|---|---|
| （一）平行度 | 线对线 | 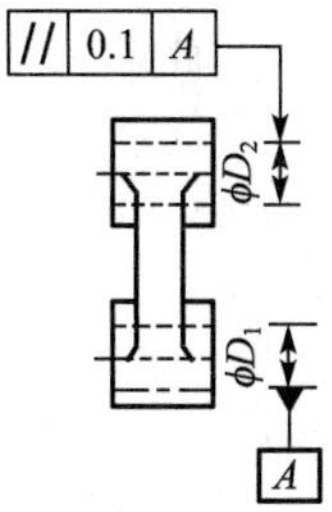 | 公差带是指距离为公差值 $t$ 且平行于基准线、位于给定方向上的两平行平面之间的区域 | 在给定的方向上，孔 $\phi D_2$ 的被测提取（实际）轴线必须位于距离为公差值0.1且平行于基准孔 $\phi D_1$ 轴线 $A$ 的两平行平面之间 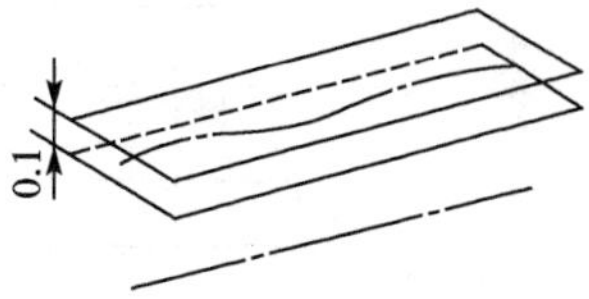 |
| | | 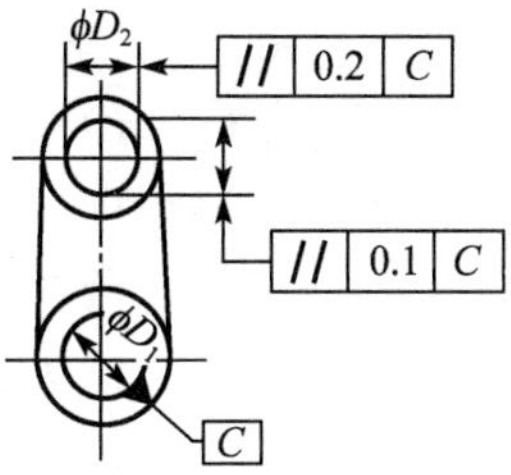 | 公差带是两互相垂直的距离分别为 $t_1$、$t_2$ 且平行于基准线的两平行平面之间的区域 | 在 $x$、$y$ 两相互垂直的方向上，被测 $\phi D_2$ 的提取（实际）轴线必须位于距离分别为0.2和0.1，且平行于基准孔 $\phi D_1$ 轴线的两组平行平面之间 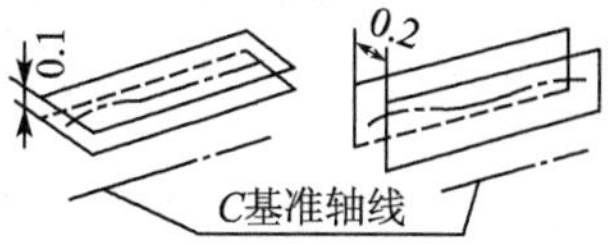 |
| | | 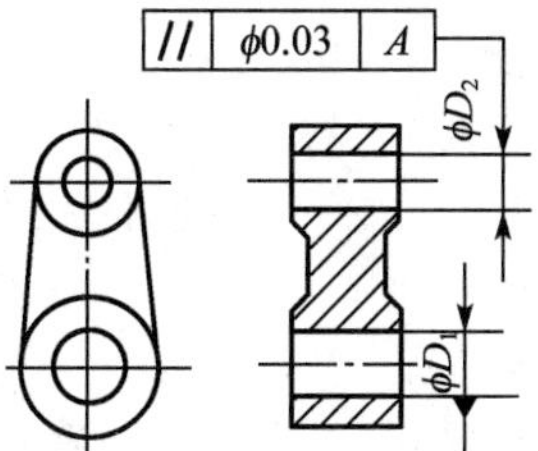 | 在公差值前加注 $\phi$，公差带是直径为公差值 $t$ 且平行于基准线的圆柱面内的区域 | 被测提取（实际）轴线必须位于直径为公差值 $\phi0.03$，且平行于基准孔 $\phi D_1$ 轴线的圆柱面内 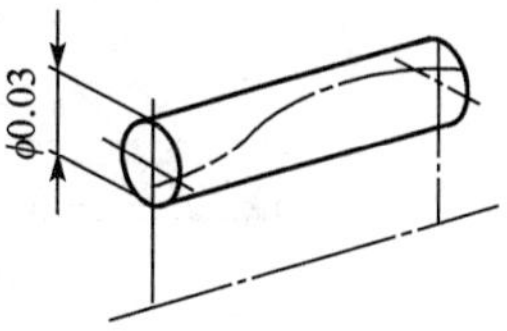 |

续表

| 项目 | | 标 注 示 例 | 公差带定义 | 公差标注解释及图示 |
|---|---|---|---|---|
| （二）垂直度 | 线对面 | 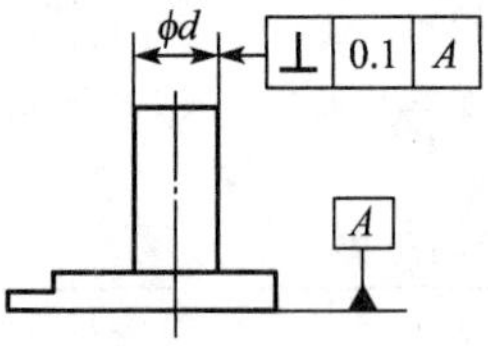 $\phi d$　⊥ 0.1 A　A | 在给定的方向上，距离为公差值 $t$ 且垂直于基准平面的两平行平面之间的区域 | 在给定的方向上被测轴线必须位于距离为公差值 0.1，且垂直于基准平面 $A$ 的两平行平面之间 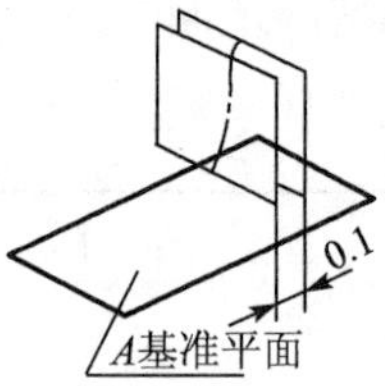 |
| | | 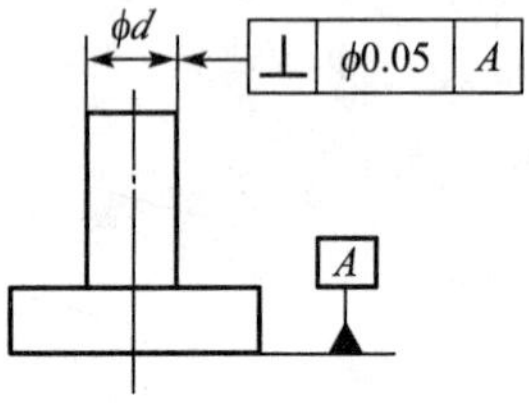 $\phi d$　⊥ $\phi 0.05$ A　A | 公差值前加注了 $\phi$，则公差带是直径为公差值 $t$ 且垂直于基准面的圆柱面内的区域 | 被测 $\phi d$ 轴线必须位于直径为公差值 $\phi 0.05$，且垂直于基准面 $A$ 的圆柱面内 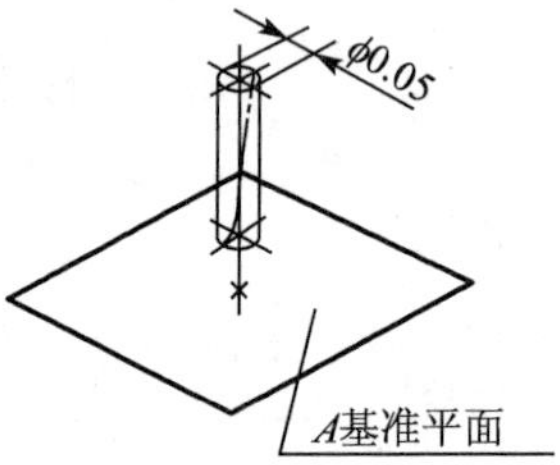 |
| （三）倾斜度 | 线对面 | 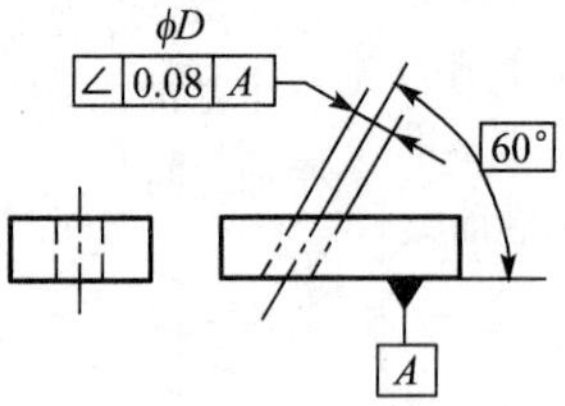 $\phi D$　∠ 0.08 A　60°　A | 距离为公差值 $t$ 且与基准成一给定角度的两平行平面之间的区域 | 被测孔 $\phi D$ 的提取（实际）轴线必须位于距离为公差值 0.08，且与基准平面 $A$ 成理论正确角度 60° 的两平行平面之间 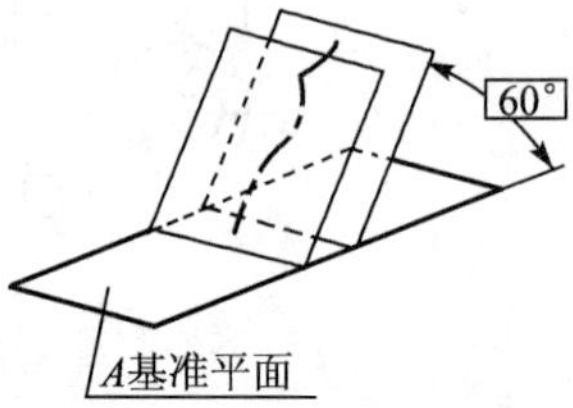 |
| | | 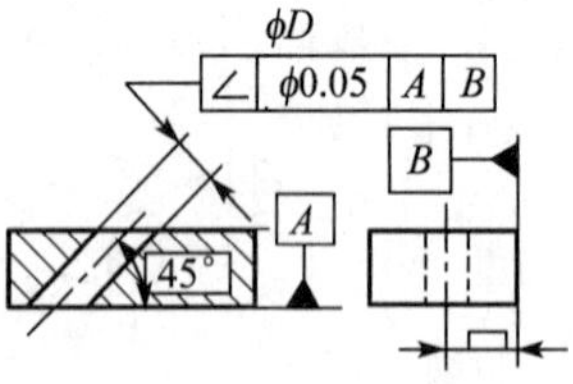 $\phi D$　∠ $\phi 0.05$ A B　B　A　45° | 公差值前加注了 $\phi$，公差带是直径为公差值 $t$ 的圆柱面内的区域，该圆柱面的轴线应与基准平面成一给定角度并平行于另一基准平面 | 被测孔 $\phi D$ 的轴线必须位于直径为公差值 $\phi 0.05$，且与基准平面 $A$ 成理论正确角度 45°、平行于基准平面 $B$ 的圆柱面内 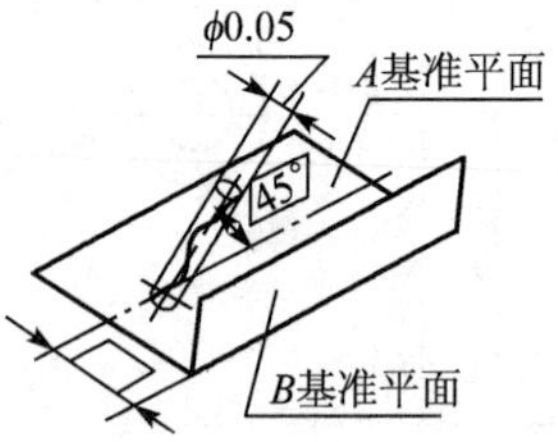 |

## 三、定位公差

定位公差是指关联提取（实际）要素对基准在位置上的允许变动全量。

定位公差带相对于基准的位置是固定的。定位公差带既控制被测提取（实际）要素的位置误差，又控制提取（实际）要素的方向和形状误差。定向公差带既控制被测提取（实际）要素的方向误差又控制其形状误差。而形状公差带只能控制提取（实际）要素的形状误差。

定位公差分为同轴度、对称度和位置度三种。

同轴度用于控制轴类零件的被测提取（实际）轴线对基准轴线的同轴度误差。

对称度用于控制被测提取（实际）要素的中心平面（或轴线）对基准中心平面（或轴线）的共面（或共线）性误差。

位置度公差用于控制被测要素（点、线、面）的实际位置对其理论正确位置的变动量。而理论正确位置则由基准和理论正确尺寸确定。

所谓"理论正确尺寸"是用来确定被测要素的理论正确位置、方向和形状的尺寸。它只表达设计时，对被测要素的理想要求，故它不附带公差，并加方框表示。该要素的形状、方向和位置误差则由给定的几何公差来控制。

根据零件的功能要求，位置度公差可分为给定一个方向、给定两个方向和任意方向三种，后者用得最多。

位置度公差通常用于控制具有孔组的零件各孔轴线位置误差。组内各孔的排列形式一般有圆周分布、链式分布和矩形分布。这种零件上的孔通常是作为安装别的零件（如螺栓）用的，为了保证装配互换性，各孔轴线的位置均有精度要求。其位置精度要求有两方面：组内各孔之间的相互位置精度；孔组相对于基准的位置精度。

当孔组内各孔轴线处于理论正确位置时，其各轴线之间及其对基准之间构成一个几何图形，这就是几何图框。所谓"几何图框"就是确定一组拟合（理想）要素〔如拟合（理想）轴线〕之间正确几何关系的图形。

如图 4—9（a）所示零件，其孔组的几何图框是由各孔轴线理论正确位置构成的，边长为理论正确尺寸 20 构成的四棱体。几何图框距基准 B，C 为理论正确尺寸 15。各孔轴线的公差带是以拟合（理想）轴线为中心，直径为 $\phi 0.2\text{mm}$ 的圆柱体。其几何图框及公差带见图 4—9（b）。这种标注法的特点是：其几何图框在零件上的位置是固定不变的。

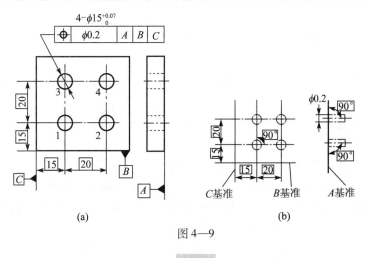

(a)　　　　　　　　　　　　　(b)

图 4—9

孔组的位置度公差还可用复合位置度标注。复合位置度是由两个位置度公差联合控制孔组各孔提取（实际）轴线的位置误差，如图4—10所示。上框格为孔组定位公差，表示孔组对基准的定位精度要求；下框格为组内各孔轴线的位置度公差，表示组内各孔轴线的位置精度要求。这种公差标注的含义为：

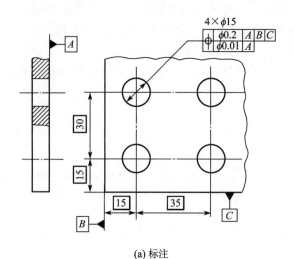

(a) 标注

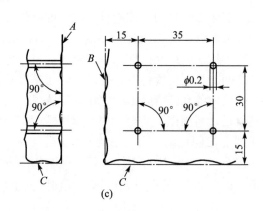

(b)                                    (c)

图4—10

（1）4孔 $\phi0.2$ 的公差带，其几何图框相对于基准 $A$，$B$，$C$ 确定的，其位置是固定的 [图4—10（c）]。

（2）4个 $\phi0.01$ 的公差带，其几何图框仅相对于基准 $A$ 定向，可相对于基准 $B$，$C$ 浮动 [图4—10（b）]。

（3）4个 $\phi15$ 孔提取（实际）轴线必须分别位于 $\phi0.2$ 和 $\phi0.01$ 两公差带重迭部分方为合格。

孔轴线位置度还可用延伸公差带标注，以保证能自由装配。

如图4—11（a）所示，当光孔和螺孔提取（实际）轴线产生较大的倾斜（但仍在公差带内），倾斜方向相反，此时，螺杆就产生"干涉"，不能自由通过光孔而实现装配。

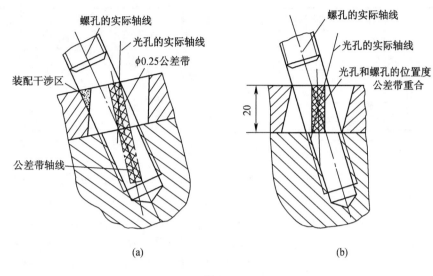

图 4—11

为了保证在这种情况下也能自由装配，可在不减小其公差值的前提下，对螺孔位置度采用"延伸公差带"。延伸公差带就是根据零件的功能要求及装配互换性，把位置度公差带延伸到被测要素的界限之外（通常是延伸到相配光孔之内），如图4—11（b）所示。

延伸公差带的标注方法如图4—12所示。延伸公差带的延伸部分用双点划线画出，并在图样中注出其相应尺寸。在延伸部分的尺寸数值前和公差框格的公差值后分别加注符号 Ⓟ。

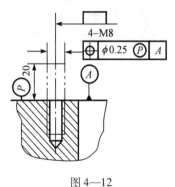

图 4—12

典型的定位公差项目的公差带定义及标注示例见表4—4。

表4—4　定位公差带定义及标注示例　　　　　　　　　　　　　mm

| 项目 | 标 注 示 例 | 公差带定义 | 公差标注解释及图示 |
|---|---|---|---|
| （一）同轴度 | ⊙ \|φ0.1\|A—B\| φd　φd | 直径为公差值 $\phi t$ 的圆柱面内的区域，该圆柱面的轴线与基准轴线同轴 | 被测 $\phi d$ 的轴线必须位于直径为公差值 $\phi 0.1$，且轴线与 $A$—$B$ 公共基准轴线同轴的圆柱面内　φ0.1　A—B公共基准轴线 |

| 项目 | 标注示例 | 公差带定义 | 公差标注解释及图示 |
|---|---|---|---|
| （二）对称度 | 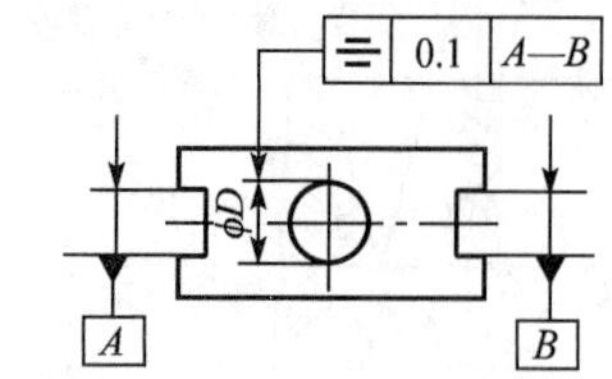 ≡ 0.1 A—B | 距离为公差值 $t$ 且相对于基准的中心平面对称配置的两平行平面之间的区域 | 被测 $\phi D$ 的轴线必须位于距离为公差值0.1，且相对 $A$—$B$ 公共基准中心平面对称配置的两平行平面之间 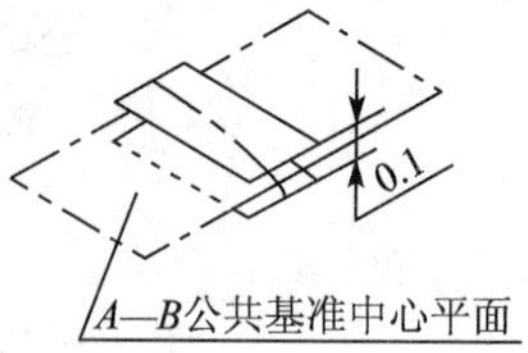 |
| （三）位置度 — 轴线给定方向 | 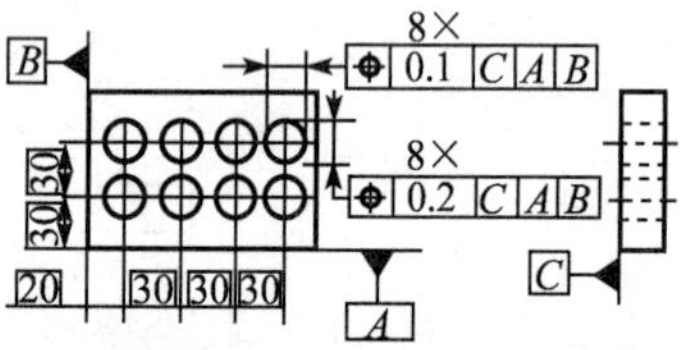 8× ⊕ 0.1 C A B 8× ⊕ 0.2 C A B | 公差带是两对互相垂直的距离分别为公差值 $t_1$ 和 $t_2$，且以轴线的理想位置为中心对称配置的两平行平面之间的区域。轴线的理想位置是由三基面体系和理论正确尺寸确定 | 8 个 $\phi D$ 被测孔的每根轴线必须位于两对互相垂直且距离分别为公差值0.1 和 0.2、以理想位置对称配置的平行平面之间。该理论位置由 $A$、$B$、$C$ 基准表面和理论正确尺寸确定 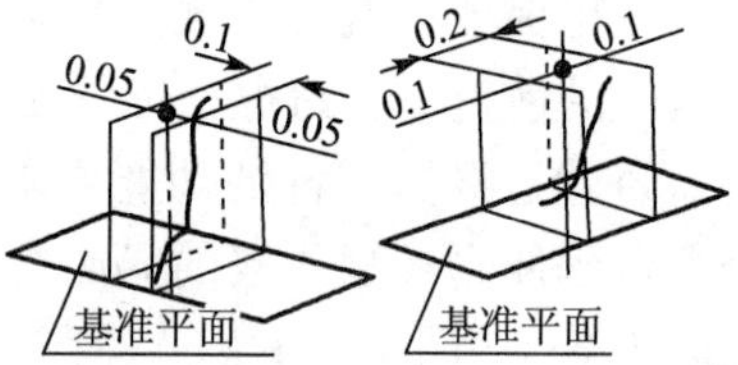 |
| （三）位置度 — 轴线任意方向 | 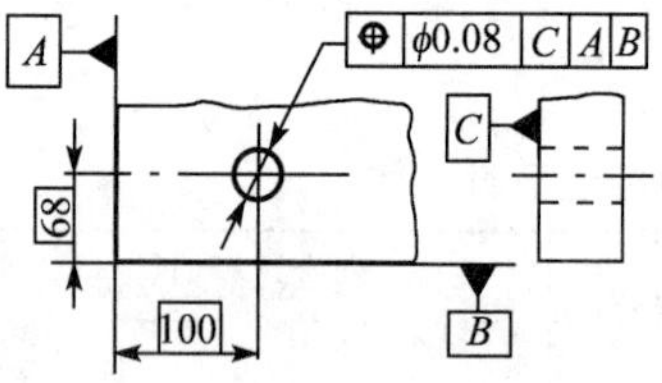 ⊕ $\phi$0.08 C A B | 如在公差值前加注 $\phi$，公差带是直径为公差值 $\phi t$ 的圆柱面内区域，公差带的轴线的位置是由三基面体系和理论正确尺寸确定（多根被测轴线也一样） | $\phi D$ 被测孔的轴线必须位于直径为公差值 $\phi$0.08、以理想位置为轴线位置的圆柱面内。该理想位置由 $A$、$B$、$C$ 基准表面和理论正确尺寸确定 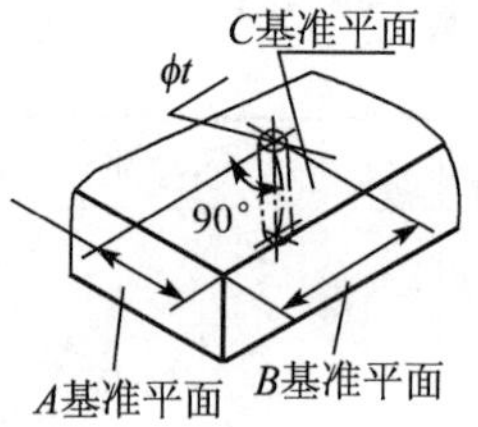 |

## 四、跳动公差

跳动公差是以特定的检测方式为依据而设定的公差项目。它的检测简单实用又具有一定的综合控制功能，能将某些几何误差综合反映在检测结果中，因而在生产中得到广泛的应用。

跳动公差分为圆跳动与全跳动两类。圆跳动又分为径向圆跳动、端面圆跳动与斜向圆跳动三项；全跳动分为径向全跳动和端面全跳动。

各项跳动公差的公差带、示例见表4—5。

表4—5　跳动公差带定义及标注示例　　　　　　　　　mm

| 项目 | | 标　注　示　例 | 公差带定义 | 公差标注解释及图示 |
|---|---|---|---|---|
| （一）圆跳动 | 径向 | 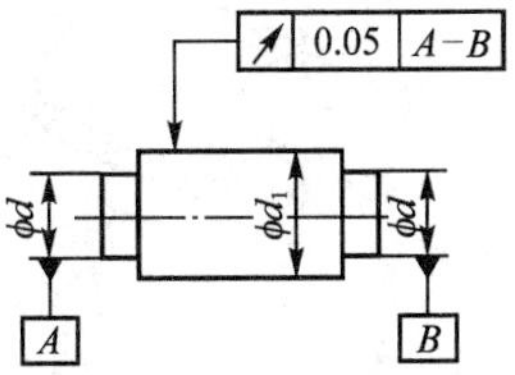 | 在垂直于基准轴线的任一测量平面内，半径差为公差值 $t$ 且圆心在基准轴线上的两个同心圆之间的区域 | 被测轮廓围绕公共基准轴线 $A—B$ 旋转一周时，任一测量平面内的径向圆跳动量均不得大于0.05 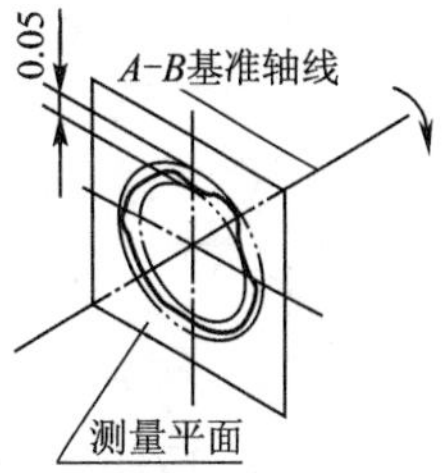<br> |
| | 端面 | 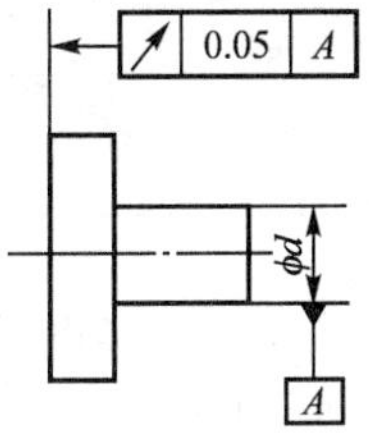 | 在与基准同轴的任一直径位置的测量圆柱面上距离为公差值 $t$ 的两圆之间的区域 | 被测端面围绕基准轴线 $A$ 旋转一周时，在任一测量圆柱面内轴向的跳动量不得大于0.05<br> 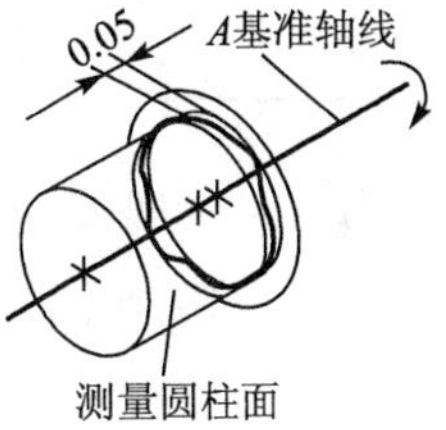 |
| | 斜向 | 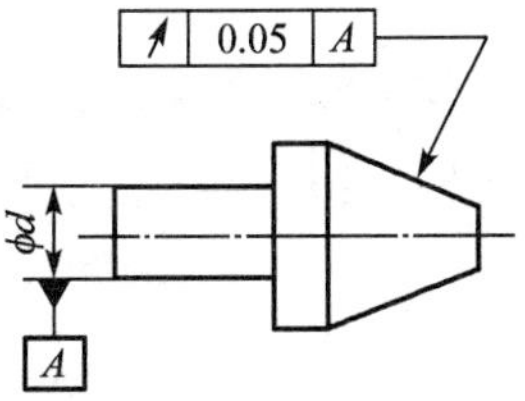 | 在与基准轴线同轴的任一测量圆锥面上距离为公差值 $t$ 的两圆之间的区域（测量方向与被测面垂直） | 被测锥面绕基准轴线旋转一周时，在任一测量圆锥面上的跳动量均不得大于0.05<br> 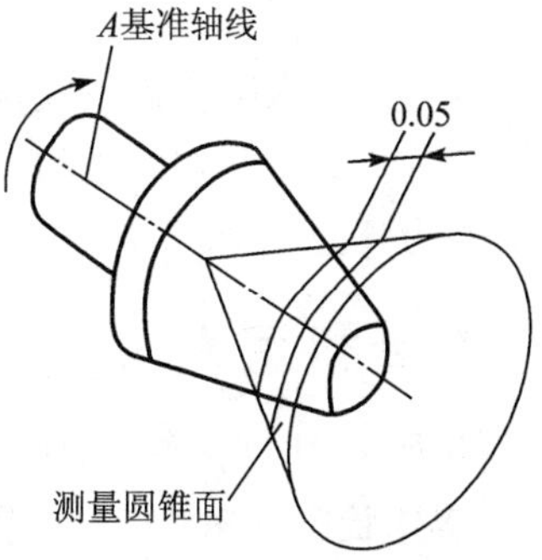 |

| 项　目 | | 标　注　示　例 | 公差带定义 | 公差标注解释及图示 |
|---|---|---|---|---|
| （二）全跳动 | 径向 | 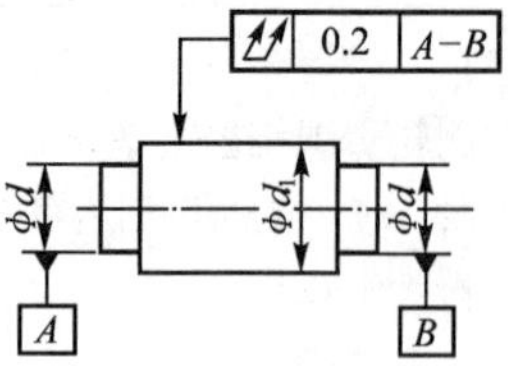 △ 0.2 A—B ⌀d ⌀d₁ ⌀d A B | 半径差为公差 $t$ 且与公共基准轴线同轴的两圆柱面之间的区域 | 被测圆柱面绕公共基准轴线 A—B 作连续旋转若干周，同时测量仪器沿基准轴线方向作轴向移动，此时被测要素上各点间的示值差均不得大于0.2 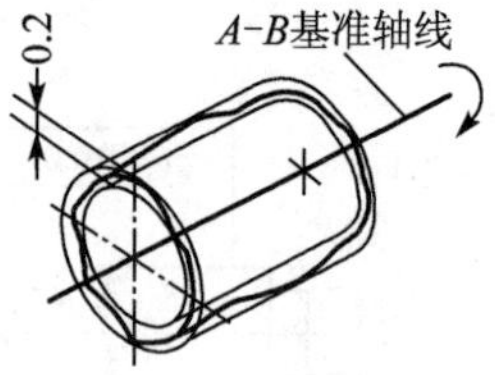 （图：A—B基准轴线，0.2） |
| | 端面 | 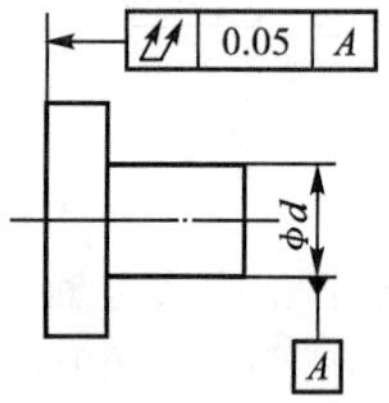 △ 0.05 A ⌀d A | 距离为公差值 $t$ 且与基准轴线垂直的两平行平面之间的区域 | 被测端面绕基准轴线 A 作连续旋转若干周，同时测量仪器沿垂直于基线轴线方向作径向移动，此时被测要素上各点间的示值差均不得大于0.05 （图：A基准轴线，0.05） 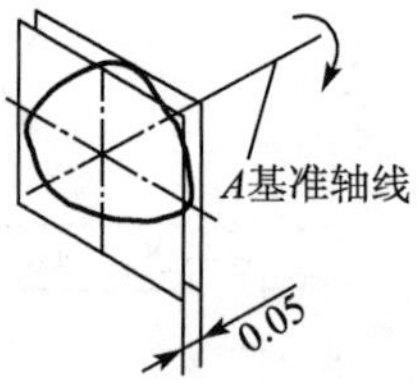 |

　　径向全跳动公差带与圆柱度公差带形状是相同的，但前者的轴线与基准轴线同轴，后者的轴线是浮动的，随圆柱度误差的形状而定。径向全跳动是被测圆柱度误差和同轴度误差的综合反映。

　　端面全跳动的公差带与端面对轴线的垂直度公差带是相同的，因而两者控制几何误差的效果也是一样的。

# §4—4　公　差　原　则

　　在设计零件时，根据零件的功能要求，对零件的重要几何要素，常需同时给定尺寸公差、几何公差等。那么，它们之间的关系如何呢？确定尺寸公差与几何公差之间相互关系所遵循的原则称为公差原则。

## 一、术语和定义

　　为了正确理解和应用公差原则，对有关术语及其定义介绍如下。
　　**1. 最大实体状态（MMC）和最大实体尺寸（MMS）**
　　提取组成（实际轮廓）要素的局部尺寸处处位于极限尺寸且具有实体为最大时的状态

为最大实体状态。

在此状态下的尺寸为最大实体尺寸，即：外尺寸要素（轴）为上极限尺寸，内尺寸要素（孔）为下极限尺寸。

**2. 最小实体状态（LMC）和最小实体尺寸（LMS）**

提取组成（实际轮廓）要素的局部尺寸处处位于极限尺寸且具有实体为最小时的状态为最小实体状态。

在此状态下的尺寸为最小实体尺寸，即：外尺寸要素（轴）为下极限尺寸，内尺寸要素（孔）为上极限尺寸。

**3. 最大实体实效状态（MMVC）和最大实体实效尺寸（MMVS）**

在给定长度上，提取（实际）要素处于最大实体状态，且其导出（中心）要素的几何误差等于给定的公差值（$t\,\text{Ⓜ}$）时的综合极限状态为最大实体实效状态。

在此状态下的尺寸为最大实体实效尺寸。

外尺寸要素（轴）：

$$d_{MV} = d_M + t\,\text{Ⓜ} \tag{4—1}$$

内尺寸要素（孔）：

$$D_{MV} = D_M - t\,\text{Ⓜ} \tag{4—2}$$

式中　$d_{MV}$，$D_{MV}$——轴、孔的最大实体实效尺寸；

　　　$d_M$，$D_M$——轴、孔的最大实体尺寸；

　　　$t\,\text{Ⓜ}$——导出（中心）要素给定的几何公差。

**4. 最小实体实效状态（LMVC）和最小实体实效尺寸（LMVS）**

在给定长度上，提取（实际）要素处于最小实体状态，且其导出（中心）要素的几何误差等于给定的公差值（$t\,\text{Ⓛ}$）时的综合极限状态为最小实体实效状态。

在此状态下的尺寸为最小实体实效尺寸。

外尺寸要素（轴）：

$$d_{LV} = d_L - t\,\text{Ⓛ} \tag{4—3}$$

内尺寸要素（孔）：

$$D_{LV} = D_L + t\,\text{Ⓛ} \tag{4—4}$$

式中　$d_{LV}$，$D_{LV}$——轴、孔的最小实体实效尺寸；

　　　$d_L$，$D_L$——轴、孔的最小实体尺寸；

　　　$t\,\text{Ⓛ}$——导出（中心）要素给定的几何公差。

**5. 作用尺寸**

（1）体外作用尺寸（$d_{fe}$，$D_{fe}$）：指被测要素在给定长度上，与实际轴体外相接触的最小理想孔的直径或与实际孔体外相接触的最大理想轴的直径（图4—13）。

对单一要素，体外作用尺寸简称作用尺寸。作用尺寸是被测要素的提取局部尺寸与几何误差的综合结果，表示其在装配时起作用的尺寸。

（2）体内作用尺寸（$d_{fi}$，$D_{fi}$）：指被测要素在给定长度上，与实际轴体内相接的最大理想孔的直径或与实际孔体内相接的最小理想轴的直径（图4—13）。

无论体外作用尺寸或体内作用尺寸，对关联要素，其理想轴（孔）的轴线或中心平面必须与基准保持图样上给定的几何关系。

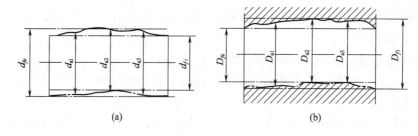

图 4—13

### 6. 理想边界

由于零件实际要素总是存在尺寸偏差和几何误差的，故其功能将取于二者的综合效果。所谓"理想边界"是指具有一定尺寸大小和正确几何形状的理想包容面，用于综合控制实际要素的尺寸偏差和几何误差。理想边界相当于一个与被测要素相偶合的理想几何要素（图 4—14）。

对于关联要素，其理想边界除具有一定尺寸大小和正确几何形状外，还必须与基准保持图样上给的几何关系［图 4—14（b）］。

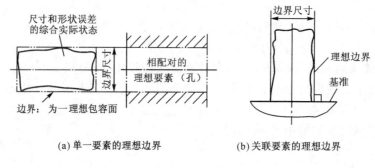

(a) 单一要素的理想边界　　　(b) 关联要素的理想边界

图 4—14

理想边界分为下列 4 种：

（1）最大实体边界（MMB）：指尺寸为最大实体尺寸，且具有正确几何形状的理想包容面；

（2）最小实体边界（LMB）：指尺寸为最小实体尺寸，且具有正确几何形状的理想包容面；

（3）最大实体实效边界（MMVB）：指尺寸为最大实体实效尺寸，且具有正确几何形状的理想包容面；

（4）最小实体实效边界（LMVB）：指尺寸为最小实体实效尺寸，且具有正确几何形状的理想包容面。

## 二、公差原则

### 1. 独立原则

独立原则是指图样上给定的尺寸和几何（形状、方向或位置）要求均是独立的，应分别满足要求。即：图样上给定的几何公差与尺寸公差是彼此独立相互无关的，并应分别满足。具体说，遵守独立原则时，尺寸公差仅控制提取（实际）要素的局部尺寸，而不控制要素的几何误差。另一方面，图样上给定的几何公差与提取（实际）要素的局部尺寸无关，不论注有公差的提取（实际）要素的局部尺寸如何，提取（实际）要素均应在给定的几何公差带内，并且其几何误差允许达到最大值。

图 4—15（a）所示零件为遵循独立原则的示例。

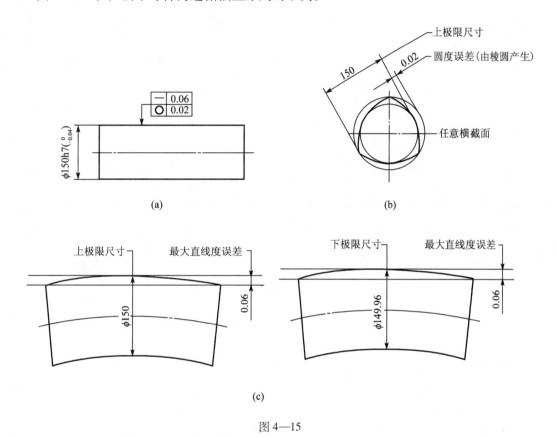

图 4—15

要求该零件的提取（实际）圆柱面的局部尺寸必须在上极限尺寸（φ150mm）和下极限尺寸（φ149.96mm）之间，其形状误差应在相应给定的形状公差带内，不论提取（实际）圆柱面的局部尺寸如何，其形状误差均允许达到给定的最大值（图 4—15）。

**2. 相关要求**

相关要求是指图样上给定的几何公差与尺寸公差相互有关的要求。根据提取（实际）要素遵守理想边界的不同，分为下列4种。

（1）包容要求

包容要求是指提取组成（实际轮廓）要素不得超越最大实体边界（MMB），其提取局部尺寸不得超出最小实体尺寸。

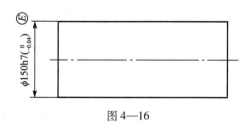

图 4—16

采用包容要求时，应在其尺寸极限偏差或公差带代号后加注符号 Ⓔ（图 4—16）。

图4—16所示零件为采用包容要求示例。要求该零件的提取（实际）圆柱面应在最大实体边界（MMB）之内，该边界尺寸为最大实体尺寸（$\phi$150mm），其提取局部尺寸不得小于最小实体尺寸（$\phi$149.96mm）（图4—17）。

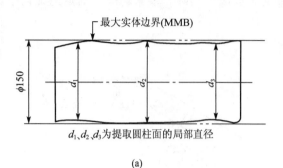

$d_1$、$d_2$、$d_3$为提取圆柱面的局部直径

(a)

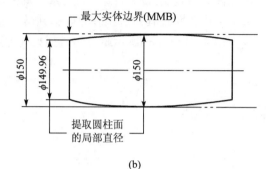

(b)

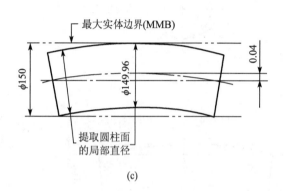

(c)

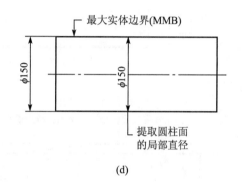

(d)

图4—17

包容要求仅用于形状公差，主要应用于有配合要求，其极限间隙或极限过盈必须严格得到保证的场合。

（2）最大实体要求（MMR）

零件要素应用最大实体要求时，要求提取组成（实际轮廓）要素遵守最大实体实效边界（MMVB），要求其提取组成要素处处不得超越该边界。

图样上给定的几何公差（$t$ Ⓜ）为最大实体尺寸时的公差值，当其提取（实际）局部尺寸偏离最大实体尺寸时，允许其几何误差超出图样上给定的公差值，尺寸偏差可补偿给几何公差，而提取（实际）局部尺寸则应在最大实体尺寸与最小实体尺寸之间。

应用最大实体要求的有关要素，应在其相应的几何公差框格内加注符号Ⓜ。

最大实体要求可应用于被测要素，基准要素或同时应用于被测要素与基准要素。

①最大实体要素应用于被测要素

图4—18（a）所示零件为被测要素应用最大实体要求的示例。

对该零件的要求：

a. 该轴的提取（实际）要素不得超越其最大实体实效边界（MMVB）。该边界的直径 = $d_{MV} = \phi35.1$mm，$d_{MV} = d_M$（$\phi$35mm）＋轴线给定的直线度公差（$\phi0.1$mm）＝$\phi35.1$mm。

b. 轴的提取（实际）局部尺寸应在 $d_M$（$\phi$35mm）和 $d_L$（$\phi$34.9mm）之间。

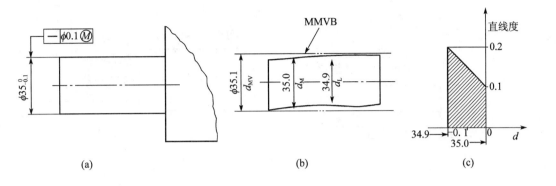

图 4—18

　　图中给定的轴线直线度公差（$\phi 0.1$mm）是该轴为最大实体状态时给定的；当轴提取（实际）局部尺寸偏离最大实体尺寸时，允许其直线度误差增大。当该轴为最大实体状态与最小实体状态之间，轴线直线度公差在 $\phi 0.1$mm ~ $\phi 0.2$mm 之间变化，如图 4—18（c）所示。当该轴为最小实体状态时，轴线直线度公差可达最大值 $\phi 0.2$mm（等于该轴直线度公差给定值 $\phi 0.1$mm 加轴的尺寸公差 $\phi 0.1$mm）。

　　②最大实体要求应用于基准要素

　　最大实体要求应用于基准要求时，应在基准字母之后加注符号Ⓜ（图 4—19）。

　　基准要素所遵循的边界分为下列两种情况：

　　a. 基准要素自身采用最大实体要求时，其边界为最大实体实效边界；

　　b. 基准要素自身采用独立原则或包容要求时，其边界为最大实体边界。

　　图 4—19（a）所示为一阶梯轴。其被测轴和基准轴均应用最大实体要求，故被测轴遵守最大实体实效边界（$d_{MV} = \phi 12.04$mm），而基准轴自身遵守最大实体边界（$d_M = \phi 25$mm）。

　　ⓐ当被测轴与基准轴均为 $d_M$ 时，其同轴度公差为 $\phi 0.04$mm［图上给定值，见图 4—19（b）］。

　　ⓑ当基准轴为 $d_M$，而被测轴为 $d_{1L}$ 时，此时被测轴提取（实际）局部尺寸偏离 $d_{1M}$，其偏差量为 $\phi 0.05$mm（$\phi 12$mm－$\phi 11.95$mm），该偏差量可补偿给同轴度，此时同轴度允许误差可达 $\phi 0.09$mm［$\phi 0.04$mm＋$\phi 0.05$mm，见图 4—19（c）］。

　　ⓒ当被测轴与基准轴均为 $d_L$ 时，由于基准提取（实际）尺寸偏离 $d_M$。因而基准轴线可有一浮动量，它等于 $\phi 0.03$mm（$\phi 25$mm－$\phi 24.97$mm），即基准轴线可在 $\phi 0.03$mm 范围内浮动［图 4—19（d）］。

　　最大实体要求仅用于导出（中心）要素。应用最大实体要求的目的是保证装配互换。

　　③最大实体要求的零几何公差

　　关联要素要求遵守最大实体边界时，可应用最大实体要求的零几何公差。

　　关联要素应用最大实体零公差时，要求提取（实际）要素遵守最大实体边界，要求其提取（实际）轮廓处处不得超越最大实体边界，且该边界应与基准保持图样上给定的几何关系，而提取（实际）要素的提取局部尺寸不得超越最小实体尺寸。

　　图 4—20（a）所示零件是应用最大实体要求的零几何公差，其理想边界是直径为 $\phi 50$mm（$d_M$）且与基准平面 $A$ 垂直的最大实体边界。

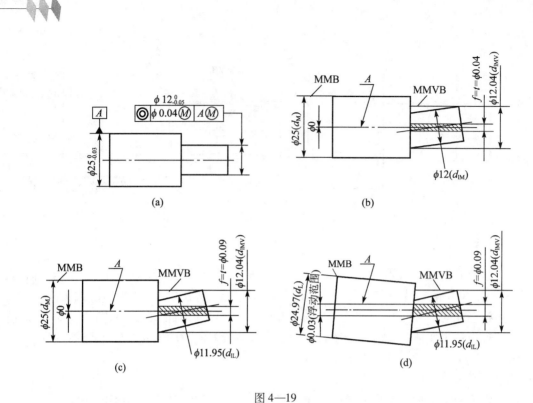

图 4—19

a. 当被测轴为 $\phi50$mm（$d_M$）时，其垂直度公差为 0。

b. 当被测轴提取（实际）尺寸偏离 $d_M$ 时，允许有一定的垂直度误差，允许的垂直度误差等于被测轴的尺寸偏差。当被测轴为 $\phi49.975$mm（$d_L$）时，其垂直度公差为 $\phi0.025$mm（轴的尺寸公差）［图 4—20（b）］。

（3）最小实体要求（LMR）

零件要素应用最小实体要求时，要求提取（实际）要素遵守最小实体实效边界，即要求被测要素提取（实际）轮廓处处不得超出该边界，要求其体内作用尺寸不应超出最小实体实效尺寸（$d_{LV}$），当其提取（实际）尺寸偏离最小实体尺寸时，允许其几何误差超出图样上给定的公差值，而其提取局部尺寸必须在最大实体尺寸和最小实体尺寸之间。

最小实体要求可应用于被测要素（在几何公差值后加注符号Ⓛ），也可应用于基准要素（在基准字母代号后加注符号Ⓛ），也可两者同时应用最小实体要求。

图 4—21（a）所示零件为了保证侧面与孔外缘之间的最小壁厚，孔 $\phi8^{+0.25}_0$ 轴线相对于零件侧面的位置度公差采用了最小实体要求。

a. 当孔径为 $\phi8.65$mm（$D_L$）时，允许的位置度误差为 $\phi0.4$mm（给定值），其最小实体实效边界是直径为 $\phi8.65$mm（$D_{LV}$）的理想圆［见图 4—21（b）］。

b. 当提取（实际）孔径偏离 $D_L$ 时，孔的提取（实际）轮廓与控制边界（最小实体实效边界）之间会产生一间隙量，从而允许位置度公差增大。当提取（实际）孔径为 $\phi8$mm（$D_M$）时，位置度公差可增大至 $\phi0.65$mm（$\phi0.4$mm + $\phi0.25$mm）［见图 4—21（c）］。

最小实体要求仅用于导出（中心）要素。应用最小实体要求的目的是保证零件的最小壁厚和设计强度。

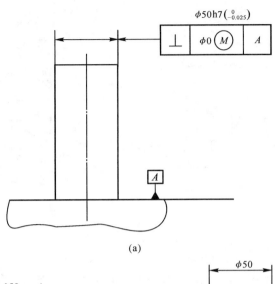

$\phi 50h7(^{\ 0}_{-0.025})$

| ⊥ | $\phi 0$ Ⓜ | A |

(a)

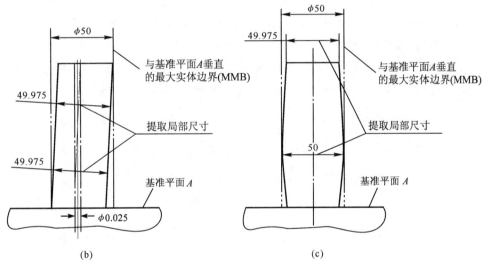

(b)                    (c)

图 4—20

（4）可逆要求（RPR）

可逆要求是一种反补偿要求。上述的最大实体要求与最小实体要求均是提取（实际）尺寸偏离最大实体尺寸或最小实体尺寸时，允许其几何误差值增大，即可获得一定的补偿量，而提取（实际）尺寸受其极限尺寸控制，不得超出。而可逆要求则表示，当几何误差值小于其给定公差值时，允许其提取（实际）尺寸超出极限尺寸。但两者综合所形成提取（实际）轮廓，仍然不允许超出其相应的控制边界。

可逆要求可用于最大实体要求，也可用于最小实体要求。前者在符号Ⓜ后加注符号Ⓡ，后者在符号Ⓛ后加注符号Ⓡ。

图 4—22（a）所示零件，其轴线对端面 $D$ 的垂直度采用最大实体要求及可逆要求。其最大实体实效边界是直径为 $\phi 20.2mm$（$d_{MV}$）并与基准 $D$ 垂直的理想孔。

a. 当被测轴为 $\phi 20mm$（$d_M$）时，其垂直度公差为 $\phi 0.2mm$［给定值，见图 4—22（b）］。

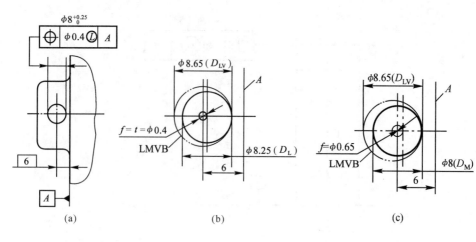

图 4—21

　　b. 提取（实际）尺寸偏离 $d_M$ 时，允许其垂直度误差增大。当被测轴为 $\phi19.9\mathrm{mm}$（$d_L$）时，垂直度允许误差可达 $\phi0.3\mathrm{mm}$ ［$0.2+0.1$，见图 4—22（c）］。

　　c. 当几何误差小于给定值时，也允许轴的提取（实际）尺寸超出 $d_M$。当垂直度误差为零时，提取（实际）尺寸可达 $\phi20.2\mathrm{mm}$（$d_{MV}$）［见图 4—22（d）］。

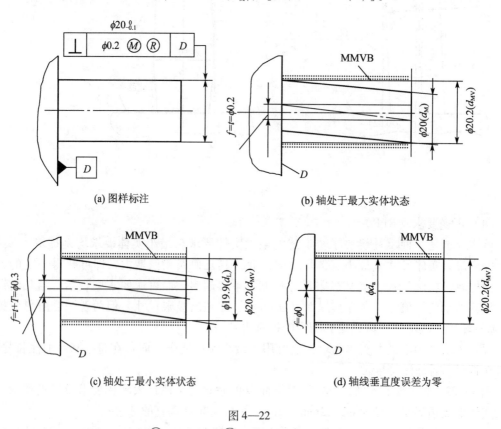

图 4—22

Ⓣ—尺寸公差；ⓣ—轴线给定的垂直度公差

最大实体要求用可逆要求主要应用于对尺寸公差及配合无严格要求，仅要求保证装配互换的场合。

可逆要求很少应用于最小实体要求，故从略。

# §4—5 几何公差的选择

零、部件的几何误差对机器或仪器的正常工作有很大的影响，因此，合理、正确地确定几何公差值，对保证机器与仪器的功能要求、提高经济效益是十分重要的。

确定几何公差值的方法有类比法和计算法。通常多按类比法确定其公差值。所谓类比法就是参考现有手册和资料，参照经过验证的类似产品的零、部件，通过对比分析，确定其公差值。总的原则是：在满足零件功能要求的前提下选取最经济的公差值。

按"几何公差"标准的规定：零件所要求的几何公差值若用一般机床加工就能保证时，则不必在图纸上注出，而按 GB/T 1184—1996《形状和位置公差 未注公差值》中的规定确定其公差值，且生产中一般也不需检查。若零件所要求的几何公差值高于或低于未注公差值时，应在图纸上注出。其值应根据零件的功能要求，并考虑加工经济性和零件结构特点按相应的公差表选取。

各种几何公差值分为 1～12 级，其中圆度、圆柱度公差值，为了适应精密零件的需要，增加了一个 0 级。各公差项目的公差值见表 4—10～表 4—13。

按类比法确定几何公差值时，应考虑下列因素。

（1）在同一要素上给定的形状公差值应小于位置公差值。如同一平面上，平面度公差值应小于该平面对基准的平行度公差。

（2）圆柱形零件的形状公差值（轴线直线度除外）一般情况下应小于其尺寸公差值。

（3）平行度公差值应小于其相应的距离公差值。

（4）对于下列情况，考虑到加工难易程度和除主参数外其他参数的影响，在满足零件功能要求下，适当降低 1～2 级选用。

①孔相对于轴。

②细长比较大的轴或孔。

③距离较大的轴或孔。

④宽度较大（一般大于1/2长度）的零件表面。

⑤线对线和线对面相对于面对面的平行度。

⑥线对线和线对面相对于面对面的垂直度。

位置度常用于控制螺栓或螺钉连接中孔距的位置精度要求，其公差值决定于螺栓与光孔之间的间隙。设螺栓（或螺钉）的最大直径为 $d_{max}$，光孔最小直径为 $D_{min}$，则位置度公差值（$T$）按式（4—5）、式（4—6）计算：

$$螺栓连接：T \leq K(D_{min} - d_{max}) \tag{4—5}$$

$$螺钉连接：T \leq 0.5K(D_{min} - d_{max}) \tag{4—6}$$

式中，$K$ 为间隙利用系数。考虑到装配调整对间隙的需要，一般取 $K$ 为 0.6～0.8，若不需调整，则取 $K$ 为 1。

按式（4—5）、式（4—6）算出的公差值，经圆整后应符合国标推荐的位置度数系(表4—14)。

# §4—6 几何误差的检测

## 一、几何误差及其评定

### 1. 形状误差及其评定

形状误差是指被测提取要素对其拟合要素的变动量。拟合要素的位置应符合最小条件。

在被测提取要素与拟合要素作比较以确定其变动量时，由于拟合要素所处位置的不同，得到的最大变动量也会不同。因此，评定提取要素的形状误差时，拟合要素相对于提取要素的位置必须有一个统一的评定准则，这个准则就是最小条件。

"最小条件"可分为组成要素和导出要素两种情况。

（1）组成要素（线、面轮廓度除外）

"最小条件"就是拟合要素位于零件实体之外与提取要素接触，并使被测要素对拟合要素的最大变动量为最小（图4—23）。图中，$h_1$，$h_2$，$h_3$是对应于拟合要素处于不同位置得到的最大变动量，且 $h_1 < h_2 < h_3$，若 $h_1$ 为最小值，则拟合要素在 $A_1 \sim B_1$ 处符合最小条件。

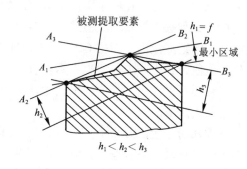

图4－23

（2）导出要素

"最小条件"就是拟合要素应穿过提取导出要素并对拟合要素的最小变动量为最小（图4—24）。图中拟合轴线 $L_1$，其最大变动量 $\phi d_1$ 为最小，符合最小条件。

形状误差用最小包容区域的宽度或直径表示。所谓"最小包容区域"是指包容被测提取要素且具有最小宽度或直径的区域［图4—25（a）、（b）］。

最小包容区域的形状与形状公差带相同，而其大小、方向及位置则随提取要素而定。

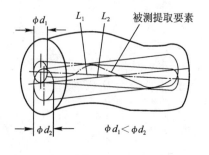

图4－24

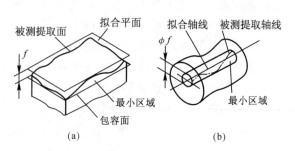

(a)　　　　　　　(b)

图4—25

按最小包容区域评定形状误差的方法，称为最小区域法。在实际测量时，只要能满足零件功能要求，也允许采用近似的评定方法。例如，常以两端点连线作为评定直线度误差的基准。按近似方法评定的误差值通常大于最小区域法评定的误差值，因而更能保证质量。当采用不同的评定方法所获得的测量结果有争议时，应以最小区域法作为评定结果的仲裁依据。若图纸上已给定检测方案，则按给定的方案进行仲裁。

**2．位置误差及其评定**

（1）定向误差

定向误差是指被测提取要素对一具有确定方向的拟合要素的变动量，拟合要素的方向由基准确定。

定向误差值用定向最小包容区域的宽度或直径表示。定向最小包容区域是指按拟合要素的方向来包容被测提取要素，且具有最小宽度或直径的包容区域（图4—26）。

必须指出，确定形状误差值的最小包容区域，其方向随被测提取要素的状况而定，而确定定向误差值的定向最小包容区域的方向则由基准确定，其方向是固定的。因而，定向误差是包含形状误差的。因此，当零件上某要素既有形状精度要求，又有定向精度要求时，则设计时对该要素所给定的形状公差应小于或等于定向公差，否则会产生矛盾。

（2）定位误差

定位误差是被测提取要素对一具有确定位置的拟合要素的变动量，拟合要素的位置由基准和理论正确尺寸确定。

定位误差值用定位最小包容区域的宽度或直径表示。定位最小包容区域是指以拟合要素定位来包容提取要素，且具有最小宽度或直径的包容区域（图4—27）。

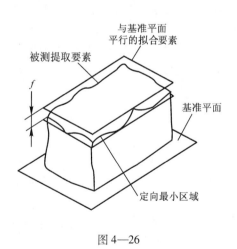

图4—26

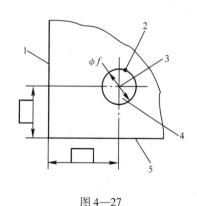

图4—27

1，5—基准；2—在提取位置上的点；
3—在拟合位置上的点；4—定位最小区域

应注意最小区域、定向最小区域和定位最小区域三者的差异。最小区域的方向、位置一般可随被测提取要素的状态变动；定向最小区域的方向是固定的（由基准确定），而其位置则可随提取要素状态变动；而定位最小区域，除个别情况外，其位置是固定不变的（由基准及理论正确尺寸确定）。因而定位误差包含定向误差。若零件上某要素同时有方向和位置精度要求，则设计时所给定的定向公差应小于或等于定位公差。

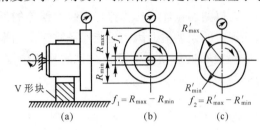

（a）　　　　（b）　　　　（c）

$$f_1 = R_{max} - R_{min}\qquad f_2 = R'_{max} - R'_{min}$$

图 4—28

（3）跳动误差

圆跳动误差为被测提取要素绕基准轴线做无轴向移动旋转一周时，由位置固定的指示器在给定方向上测得的最大与最小读数之差（图 4—28）。

全跳动误差为被测提取要素绕基准轴线做无轴向移动回转，同时指示器沿理想素线连续移动（或被测提取要素每回转一周，指示器沿理想要素做间断移动），由指示器在给定方向上测得的最大与最小读数之差。

## 二、基准的建立和体现

在位置公差中，基准是指拟合基准要素，被测要素的方向或（和）位置由基准确定。因此，在位置公差中，基准具有十分重要的作用。但基准提取要素也是有形状误差的。因此，在位置误差测量中，为了正确反映误差值，基准的建立和体现是十分重要的。

由基准提取要素建立基准时，应以该基准拟合要素为基准，而拟合要素的位置应符合最小条件。由基准提取平面建立基准时，基准平面为处于实体之外与基准提取表面相接触，并符合最小条件的拟合平面（图 4—26）；同理，由基准提取直线建立基准直线时，是以处于实体之外与提取直线接触，且符合最小条件的拟合直线作为基准直线；由提取轴线或中心线建立基准时，应以穿过该提取轴线，且提取轴线到该线的最大偏离量为最小的拟合直线为基准轴线或基准中心线［图 4—25（b）］。公共基准轴线则为包容两条或两条以上基准提取轴线，且直径为最小的圆柱面的轴线，即为这些基准提取轴线所公共的拟合轴线（图 4—29）。

在位置公差中，有时往往需要用多个基准才能确定被测拟合要素的方位。如图 4—30（a）所示，被测孔轴线的拟合位置，就要用三个相互垂直的基准平面 A，B，C 定位。这三个相互垂直的平面就构成一个基面体系，称为三基面体系。

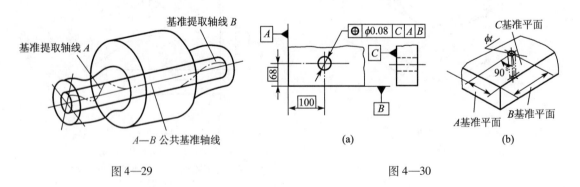

图 4—29　　　　　　　　　　　　　　图 4—30

在三基面体系里，基准平面按功能要求有顺序之分，C 为第一基准平面，A 为第二基准平面，B 为第三基准平面。

在三基面体系中，由基准提取面建立基准时，第一基准平面按最小条件建立，即以位于第一基准提取面实体之外并与之接触，且提取面对其最大变动量为最小的拟合平面为第一基准平面；第二基准平面按定向最小条件建立，即在保持与第一基准平面垂直的前提下，在第二基准提取面实体之外与之接触，且提取面对其最大变动量为最小的理想平面为第二基准平面；以同时垂直于第一基准平面和第二基准平面，位于第三基准提取表面体外与该表面至少有一点接触的理想平面为第三基准平面。

在实际应用中，三基面体系不仅可由三个相互垂直的平面构成，也可由一根轴线和与其垂直的平面所构成，如图4—31（a）所示。图中，基准 $A$（端面）为第一基准平面，基准轴线 $B$ 为第二与第三基准平面的交线［图4—31（b）］。

在位置误差测量中，基准要素可用下列四种方法来体现。

**1．模拟法**

此法就是采用形状精度足够高的精密表面来体现基准（见图4—32）。

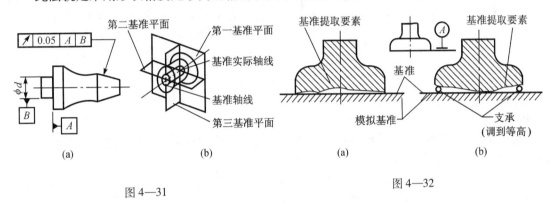

图4—31

图4—32

**2．分析法**

此法是通过对基准提取要素进行测量，然后经过数据处理求出符合最小条件的拟合要素作为基准。

**3．直接法**

当基准提取要素形状精度足够高时，就以其自身为基准，其误差对测量结果的影响可忽略不计。

**4．目标法**

该法就是以基准提取要素上规定的若干点、线和面构成基准。它主要用于铸、锻或焊接等粗糙表面或不规则表面，以保证基面的统一。

# 三、几何误差检测原则

几何公差共有19项，而每个公差项目随着被测零件的精度要求、结构形状、尺寸大小和生产批量的不同，其检测方法和设备也不同，所以检测方法种类很多。在《检测规定》标准里，把生产实际中行之有效的检测方法做了概括，归纳为5种检测原则，并列出了100余种检测方案，以供参考。我们可以根据被测对象的特点和有关条件，参照这些检测原则、检测方案，设计出最合理的检测方法。下面对每种检测原则，列举若干种具有代表性的典型检测方法进行介绍。

**1．与拟合要素比较原则**

"与拟合要素比较原则"就是将被测提取要素与其拟合要素相比较，从而测出提取要素的几何误差值。误差值可直接或间接测得。在生产实际中，这种方法获得了广泛的应用。

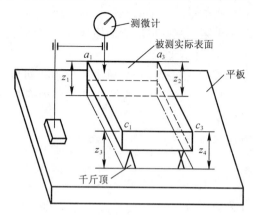

图4—33 用打表法测量平面度误差

拟合要素通常用模拟方法获得，如用一束光线体现拟合直线，一个平板体现拟合平面，回转轴系与测量头组合体现一个拟合圆。

（1）平面度误差的测量

按"与拟合要素比较原则"检测平面度误差就是以精密平板模拟拟合平面，通过调整支撑被测零件的千斤顶，把被测面调整到大致与平板平行，并按被测面某一角点把指示表的读数调零，然后，用指示表测出被测面各测点的量值（图4—33），再按基面转换原理，进行基面旋转，即可求得平面度误差。

平面度误差的评定方法有下列三种。

①最小区域法

作符合"最小条件"的包容被测提取面的两平行平面，这两包容面之间的距离就是平面度误差。

最小区域的判别准则：两平行平面包容被测提取面时，与提取面至少应有三点或四点接触，接触点属下列三种形式之一者，即为最小区域。

a. 三角形准则：两包容面之一通过提取面最高点（或最低点），另一包容面通过提取面上的三个等值最低点（或最高点），而最高点（或最低点）的投影落在三个最低点（或最高点）组成的三角形内（极限情况，可位于三角形某一边线上），如图4—34（a）所示。

b. 交叉准则：上包容面通过提取面上两等值最高点，下包容面通过提取面上两等值最低点，两最高点连线应与两最低点连线相交［图4—34（b）］。

c. 直线准则：包容面之一通过提取面上的最高点（或最低点），另一包容面通过提取面上的两等值最低点（或两等值最高点），而最高点（或最低点）的投影位于两最低点（或两最高点）的连线上［图4—34（c）］。

②对角线法

基准平面通过被测提取面的一条对角线，且平行于另一条对角线，提取面上距该基准平面的最高点与最低点之代数差为平面度误差。

③三点法

基准平面通过被测提取面上相距最远且不在一条直线上的三等值点（通常为三个角点），提取面上距此基准平面的最高点与最低点之代数差即为平面度误差。

由于三点法有误差值不唯一的缺点，故一般采用对角线法，若有争议，或误差值处于公差值边缘时，则用最小区域法做仲裁。

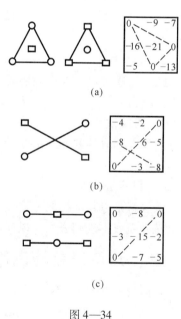

图4—34

根据被测提取面测得的原始数据，可按基面转换原理进行基面旋转，求得被测面的平面度误差值。

（2）圆度误差的测量

圆度误差可在圆度仪上测量。圆度仪有转轴式和转台式两种。转台式（图4—35）是将被测工件放在精密转台4上，并调整工件，使其中心与转台旋转中心重合，测量时，工件随转台4转动，此时，测量头3相对转台中心的运动轨迹即为模拟的理想圆，工件被测提取轮廓与该理想圆相比较，其半径变动量由传感器测头3测出，经电子系统处理后，在圆扫描示波器的显示屏6上显示出被测提取轮廓，并在数字显示器7上以数字直接显示出某一评定方法评定的圆度误差值，也可由记录器9描绘被测提取轮廓。

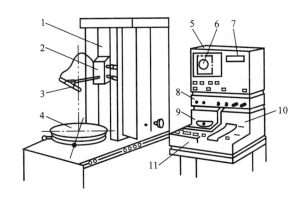

图4—35

1—仪器主体；2—直线测量架；3—电测头；4—精密转台；5—分析显示器；6—显示屏幕；
7—数字显示器；8—放大滤波器；9—记录器；10—直角坐标记录器；11—操纵台

简易的圆度仪则不带自动处理数据的电子系统，只记录出被测提取轮廓的轮廓图（图4—36）。此时需用透明同心圆板按圆度误差定义评定工件的圆度误差。

根据被测提取轮廓的记录图评定圆度误差的方法有下列四种。

①最小区域法

包容被测提取轮廓、且半径差为最小的两同心圆之间的区域即构成最小区域，此两同心圆的半径差即为圆度误差值。

最小区域的判别准则：由两同心圆包容被测提取轮廓时，至少有4个实测点内外相间地位于两个包容圆的圆周上，如图4—37（a）所示。

②最小外接圆法

作包容提取轮廓、且直径为最小的外接圆，再以该圆的圆心为圆心作提取轮廓的内切圆，两圆的半径差为圆度误差值［图4—37（b）］。

③最大内切圆法

作提取轮廓最大内切圆，再以该圆圆心为圆心作包容提取轮廓的外接圆，两圆的半径差为圆度误差［图4—37（c）］。

④最小二乘圆法

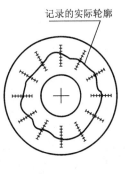

记录的实际轮廓

图4—36

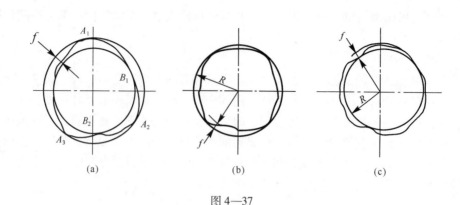

图 4—37

从最小二乘圆圆心做包容提取轮廓的内、外包容圆，两圆的半径差为圆度误差值（图 4—38）。

最小二乘圆定义为：从提取轮廓上各点到该圆的距离平方和为最小，此圆即为最小二乘圆。

$$\sum_{i=1}^{n}(r_i - R)^2 = \min(i = 1,2,3,\cdots,n) \tag{4—7}$$

式中　$r_i$——提取轮廓上第 $i$ 点到最小二乘圆圆心 $o'$ 的距离；

　　　$R$——最小二乘圆半径。

**2．测量坐标值原则**

按这种原则测量几何误差时，是利用三坐标测量机或其他坐标测量装置（如万能工具显微镜），对被测提取要素测出一系列坐标值，再经过数据处理，以求得几何误差值。

图 4—39 是一种带电子计算机的三坐标测量机。测头 5 可沿 $z$ 轴 4 上的 $z$ 导轨上下移动，$z$ 导轨可沿导轨 2（$x$ 轴）左右移动，导轨 2 可沿导轨 3（$y$ 轴）前后移动，因而测头 5 可在 $x$，$y$，$z$ 三个坐标轴的空间移动。在测头下端装上测杆即可测出放在工作台 1 上的工件被测提取要素各测点的空间坐标值。经电子系统处理后，可用数字形式显示出来，或由记录纸记录下来。

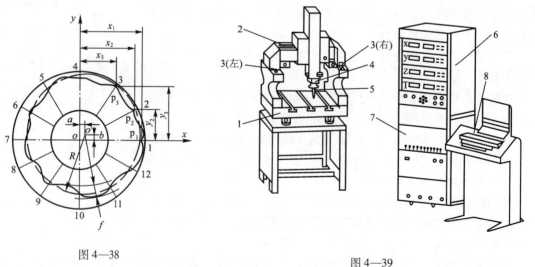

图 4—38

图 4—39

1—工作台；2—$x$ 导轨；3—左、右 $y$ 导轨；4—$z$ 轴（$z$ 导轨）；5—测头；

6—$x$，$y$，$z$ 轴及分度头（T）显示器；7—电子计算机；8—打字机

孔组位置度误差就是按此原则测量的。以图 4—40 所示的零件为例，以 $A$、$B$、$C$ 面为基准，测出各孔提取轴线的坐标尺寸，然后算出各坐标尺寸的偏差值 $f_x$ 和 $f_y$，按式（4—8）计算各孔提取轴线的位置度误差值 $f$。即：

$$f = 2\sqrt{f_x^2 + f_y^2} \qquad\qquad (4—8)$$

测量和计算结果如表 4—6 所列。

表 4—6

| 孔号 | $x$ 向 | | | $y$ 向 | | | 位置度误差 $f$ |
|---|---|---|---|---|---|---|---|
| | 测得值 $x$ | 理论值 $x$ | 偏差 $f_x$ | 测得值 $y$ | 理论值 $y$ | 偏差 $f_y$ | |
| 1 | 15.08 | 15 | +0.08 | 14.92 | 15 | −0.08 | 0.226 |
| 2 | 34.98 | 35 | −0.02 | 15.02 | 15 | +0.02 | 0.056 |
| 3 | 15.09 | 15 | +0.09 | 35.03 | 35 | +0.03 | 0.190 |
| 4 | 34.95 | 35 | −0.05 | 34.93 | 35 | −0.07 | 0.172 |

也可以用图解法进行数据处理。由图可知，孔组是用理论正确尺寸定位的，其位置度公差带见图 4—9（b），特点是孔组几何图框在零件上的位置是固定的（相对于基准 $B$，$C$ 确定）。此时，在坐标纸上以任一点为圆心，以公差值 $\phi 0.2$ 放大 $M$ 倍后为直径做出公差圆（图 4—41），此圆表示各孔位置度的重叠公差带。此公差圆是经过如下处理求出：以 1 孔位置度公差带为准，其余各孔公差带向 1 孔各移动其理论正确尺寸，移动后各孔位置度公差带重叠为一，然后再放大 $M$ 倍，即可画出此公差圆。此时，各孔提取轴线对其拟合位置的变动量，相当于对公差圆坐标原点的变动量。然后，以公差圆的圆心为坐标原点，根据测得的各孔坐标偏差值 $f_x$，$f_y$，在坐标纸上找误差点，当误差点落在公差圆内，就算合格。但是，当应用最大实体原则时，如某点已超出公差圆，此时是否真正超差，还需进一步分析，因为孔偏离最大实体状态时，其尺寸偏差可补偿给位置度公差。如本例中 1 孔提取轴线已落在公差圆外，若该零件第 1 孔直径已偏离最大实体状态，设其提取直径为 $\phi 15.04\text{mm}$，此时，可以第 1 点为圆心，以位置度公差补偿值 $\phi 0.04$ 放大 $M$ 倍为直径做圆，此圆称为补偿圆，若补偿圆与公差圆相交，说明第 1 孔位置度超差部分已获得补偿，故 1 孔位置度仍合格。

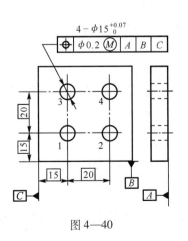

图 4—40

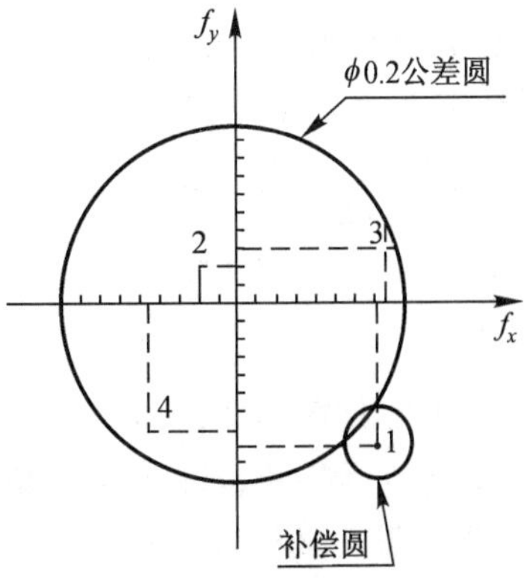

图 4—41

### 3. 测量特征参数原则

按"测量特征参数原则"，就是测量被测提取要素上具有代表性的参数（即特征参数）来评定几何误差。所谓特征参数，是指被测提取要素上能反映几何误差、具有代表性的参数。如圆形零件半径的变动量可反映圆度误差，因此，可以半径为圆度误差的特征参数。

用两点、三点法测量圆度误差。

两点量法就是在对径上对置的一个固定支承和一个可动测头之间所进行的测量。

三点量法就是在两个固定支承和一个可动测头之间所进行的测量。

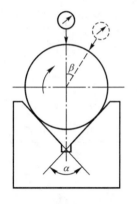

图 4—42

具体方法如图 4—42 所示。被测零件放在 V 形块上，指示表在正中位置或偏离正中 $\beta$ 角的位置上安装。V 形块组成两固定支撑点，指示表测头为可动测点，故名三点法。

三点法又可分为顶式测量法、鞍式测量法、对称三点法和非对称三点法。

（1）顶式测量法

测头位于固定支承夹角 $\alpha$ 之外进行的测量。

（2）鞍式测量法

测头位于固定支承夹角 $\alpha$ 之内进行的测量。

（3）对称三点法

测量方向与两固定支承夹角 $\alpha$ 平分线重合，即 $\beta = 0°$。

（4）非对称三点法

测量方向与两固定支承夹角 $\alpha$ 平分线不重合，即 $\beta \neq 0°$。

在三点法中，采用下列代号表示测量方法：2—两点法；3—三点法；S—顶式测量法；R—鞍式测量法。

【例 4—1】 3 S 60°/30°——非对称顶式三点法，$\alpha = 60°$，$\beta = 30°$。当 $\beta = 0$ 时，不写出，此时就成为对称三点法了。

测量方法是：在工件旋转一周中，读出指示表的最大读数差 $\Delta$，由式（4—9）计算出圆度误差值 $f$：

$$f = \frac{\Delta}{F} \tag{4—9}$$

式中，$F$ 为反映系数。

反映系数 $F$ 反映指示表的测得值 $\Delta$ 对圆度误差值 $f$ 的放大（缩小）程度，经理论推导求出反映系数 $F$ 为（证明从略）：

$$F = \sqrt{\left[\cos n\beta + \frac{\cos \beta}{\sin \frac{\alpha}{2}} \cos \frac{n}{2}(\pi + \alpha)\right]^2 + \left[\frac{\sin \beta}{\cos \frac{\alpha}{2}} \sin \frac{n}{2}(\pi + \alpha) - \sin n\beta\right]^2}$$

$$\tag{4—10}$$

式中　$n$——被测零件棱边数；

　　　$\alpha$——固定支承夹角，即 V 形块角度；

　　　$\beta$——测量角（又称偏角）。

从式（4—10）可知，$F$ 是 $\alpha$，$\beta$，$n$ 的函数，所以 V 形块的夹角 $\alpha$，测量角 $\beta$ 和棱数 $n$

对反映系数 $F$ 均有影响。给定一组 $\alpha$，$\beta$ 角，按不同的棱数 $n$，可算出不同的反映系数 $F$，选择其中部分较佳者列于表4—7。

表4—7　顶式测量法的反映系数 $F$（摘录）

| 棱数 $n$ | 两点法 | 三　点　法 | | | | | | |
|---|---|---|---|---|---|---|---|---|
| | | 对称安置 | | | | | 非对称安置 | |
| | | 3 S 72° | 3 S 108° | 3 S 90° | 3 S 120° | 3 S 60° | 3 S 120°/60° | 3 S 60°/30° |
| 2 | 2 | 0.47 | 1.38 | 1.00 | 1.58 | — | 2.38 | 1.41 |
| 3 | — | 2.62 | 1.38 | 2.00 | 1.00 | 3 | 2.00 | 2.00 |
| 4 | 2 | 0.38 | — | 0.41 | 0.42 | — | 1.01 | 1.41 |
| 5 | — | 1.00 | 2.24 | 2.00 | 2.00 | — | 2.00 | 2.00 |
| 6 | 2 | 2.38 | — | 1.00 | 0.16 | 3 | 0.42 | 0.73 |
| 7 | — | 0.62 | 1.38 | — | 2.00 | — | 2.00 | 2.00 |
| 8 | 2 | 1.53 | 1.38 | 2.41 | 0.42 | — | 1.01 | 1.41 |
| 9 | — | 2.00 | — | — | 1.00 | 3 | 2.00 | 2.00 |
| 10 | 2 | 0.70 | 2.24 | 1.00 | 1.58 | — | 2.38 | 1.41 |
| 11 | — | 2.00 | — | 2.00 | — | — | — | — |

测量时分为下列两种情况。

（1）棱数 $n$ 已知

根据棱数 $n$ 查表4—7，选择反映系数 $F$ 为最大的测量方案。

【例4—2】　检测一棱数 $n=3$ 的圆孔的圆度误差。已知圆度公差值 $t=7\mu m$。

**解：** 由表4—7查得测量方案应选用 3 S 60°，$F=3$。

设指示表测得值 $\Delta=18\mu m$。则圆度误差 $f$ 为：

$$f=\frac{\Delta}{F}=\frac{18}{3}=6\mu m$$

故该孔合格。

（2）棱数 $n$ 未知

一般情况下被测零件的棱数是未知的，此时无法直接从表4—7选择测量方案和反映系数 $F$。为了解决此矛盾，可采用组合测量方案，即用两点法与三点法或两个不同角度的三点法进行组合测量，取各测量方案中测得值的最大值 $\Delta_{max}$，按式（4—11）计算圆度误差值，即：

$$f=\frac{\Delta_{max}}{F} \tag{4—11}$$

组合测量方案的反映系数见表4—8和表4—9。按这两表选择平均反映系数 $F_{av}$ 最大的组合测量方案。

表4—8　对称安置组合测量的反映系数

| 棱数 $n$ | 2+3S90°+3S120° | 2+3R90°+3R120° | 2 | 3S90°+3S120° | 3R90°+3R120° | 2+3S72°+3S108° | 2+3R72°+3R108° | 3S72°+3S108° | 3R72°+3R108° |
|---|---|---|---|---|---|---|---|---|---|
| | 反映系数 $F$ | | | | | | | | |
| $n$ 未知 $2 \leq n \leq 22$ | 最大 2.41 平均 $(F_{av})$ 1.95 最小 1.00 | 最大 2.41 平均 $(F_{av})$ 1.98 最小 1.00 | — | — | — | 最大 2.62 平均 $(F_{av})$ 2.09 最小 1.38 | 最大 2.70 平均 $(F_{av})$ 2.11 最小 1.38 | — | — |
| $n$ 为未知的偶数 $2 \leq n \leq 22$ | — | — | 2.00 | — | — | — | — | — | — |
| $n$ 为未知的奇数 $3 \leq n \leq 21$ | — | — | — | 最大 2.00 平均 $(F_{av})$ 1.80 最小 1.00 | 最大 2.00 平均 $(F_{av})$ 1.8 最小 1.00 | — | — | 最大 2.62 平均 $(F_{av})$ 2.06 最小 1.38 | 最大 2.62 平均 $(F_{av})$ 2.06 最小 1.38 |

表4—9　非对称安置组合测量的反映系数

| 棱数 $n$ | 2+3S60°/30° | 2+3S90°+3S60°/30° | 2+3S120°/60° | 2+3S90°+3S120°/60° | 2 | 3S60°/30° | 3S120°/60° | 3S90°+3S60°/30° | 3S90°+3S120°/60° |
|---|---|---|---|---|---|---|---|---|---|
| | 反映系数 $F$ | | | | | | | | |
| $n$ 未知 $2 \leq n \leq 10$ | 2.00 | — | 最大 2.38 平均 $(F_{av})$ 2.08 最小 2.00 | — | — | — | — | — | — |
| $n$ 未知 $2 \leq n \leq 22$ | — | 最大 2.73 平均 $(F_{av})$ 2.07 最小 2.00 | — | 最大 2.41 平均 $(F_{av})$ 2.11 最小 2.00 | — | — | — | — | — |
| $n$ 为未知的偶数 $2 \leq n \leq 22$ | — | — | — | — | 2.00 | — | — | — | — |
| $n$ 为未知的奇数 $3 \leq n \leq 9$ | — | — | — | — | — | 2.00 | 2.00 | — | — |
| $n$ 为未知的奇数 $3 \leq n \leq 21$ | — | — | — | — | — | — | — | 2.00 | 2.00 |

　　[例4—3]　　检查无心磨磨削的零件，棱数 $n$ 为未知的奇数，且 $3 \leq n \leq 21$，圆度公差 $t$ 为 $4\mu m$。

　　解：由表4—9查得应选用 3S60°/30° + 3S90°组合测量方案，其平均反映系数 $F_{av} = 2$。用两测量方案测量的最大测得值 $\Delta_{max} = 5.2\mu m$，故圆度误差 $f$ 为：

$$f = \frac{\Delta_{max}}{F_{av}} = \frac{5.2}{2} = 2.6\mu m$$

故该零件合格。

| | 3 S 60°/30° | 3 S 90° |
|---|---|---|
| 测得值 $\Delta/\mu m$ | 4.5 | 5.2 |

#### 4. 测量跳动原则

此原则主要用于跳动误差测量，因为跳动公差就是按检查方法定义的。其测量方法是：被测提取要素（圆柱面、圆锥面或端面）绕基准轴线回转过程中，沿给定方向（径向、斜向或轴向）测出其对某参考点或线的变动量（即指示表最大与最小读数之差）。图4—28 为径向圆跳动的测量示例。

#### 5. 控制实效边界原则

此原则适用于采用最大实体要求的场合。用综合量规检验，把被测提取要素控制在最大实体实效边界内。

综合量规模拟被测零件的最大实体实效边界，它由测量要素和定位要素两部分组成。量规测量要素的形状与被测要素的最大实体实效边界一致，其基本尺寸应等于被测要素的最大实体实效尺寸，其定位尺寸则等于被测要素相应的理论正确尺寸。若被测要素遵守包容要求，就应以最大实体边界代替最大实体实效边界，其基本尺寸等于最大实体尺寸。

例如，图4—43（a）所示的综合量规为检验图4—43（b）所示零件用的。量规测量要素的形状为与6个被测孔的最大实体实效边界相一致的6个圆柱销，其基本尺寸等于孔的最大实体实效尺寸 $\phi14.8mm$，6个圆柱销的定位尺寸等于6孔定位的理论正确尺寸 $\phi175mm$ 和60°。

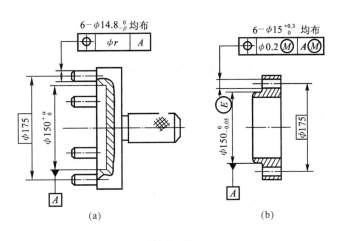

图 4—43

综合量规的定位要素与被测件的基准要素相对应。其基本尺寸的确定原则是：当基准要素应用最大实体要求，而基准要素本身又要求遵守包容要求时，量规定位要素的基本尺寸等于基准要素的最大实体尺寸。当基准要素应用最大实体要求，基准要素本身不要求遵守包容要求时，量规定位要素的基本尺寸等于基准要素的最大实体实效尺寸。当基准要素应用独立原则时，则量规定位要素应采用尺寸可变化的结构，如锥形、可涨式、楔块式等。

图4—43（b）所示零件的6孔位置度，其基准要素应用最大实体要求，而基准要素本身又要求遵守包容要求，因而量规定位要素的基本尺寸等于基准要素的最大实体尺寸 $\phi150mm$。

检验位置误差用的综合量规的设计、计算及量规公差可参阅 GB/T 8069—1998《功能量规》。

随着生产和科学技术的发展，误差分离技术在几何误差测量中也逐步得到应用。特别是在大型零件的测量中。由于缺乏大型仪器，此时，常将完工后的零件在机床上进行在位测量，即将机床作为测量仪器本体，再装上多个传感器，利用机床的轴系回转或导轨上滑板的移动进行测量。然后用误差分离的方法分离机床误差，从而获得零件的精确测量结果。

表 4—10　直线度、平面度公差值

| 主参数 L /mm | 公差 等 级 | | | | | | | | | | | |
|---|---|---|---|---|---|---|---|---|---|---|---|---|
| | 1 | 2 | 3 | 4 | 5 | 6 | 7 | 8 | 9 | 10 | 11 | 12 |
| | 公 差 值/μm | | | | | | | | | | | |
| ≤10 | 0.2 | 0.4 | 0.8 | 1.2 | 2 | 3 | 5 | 8 | 12 | 20 | 30 | 60 |
| >10～16 | 0.25 | 0.5 | 1 | 1.5 | 2.5 | 4 | 6 | 10 | 15 | 25 | 40 | 80 |
| >16～25 | 0.3 | 0.6 | 1.2 | 2 | 3 | 5 | 8 | 12 | 20 | 30 | 50 | 100 |
| >25～40 | 0.4 | 0.8 | 1.5 | 2.5 | 4 | 6 | 10 | 15 | 25 | 40 | 60 | 120 |
| >40～63 | 0.5 | 1 | 2 | 3 | 5 | 8 | 12 | 20 | 30 | 50 | 80 | 150 |
| >63～100 | 0.6 | 1.2 | 2.5 | 4 | 6 | 10 | 15 | 25 | 40 | 60 | 100 | 200 |
| >100～160 | 0.8 | 1.5 | 3 | 5 | 8 | 12 | 20 | 30 | 50 | 80 | 120 | 250 |
| >160～250 | 1 | 2 | 4 | 6 | 10 | 15 | 25 | 40 | 60 | 100 | 150 | 300 |
| >250～400 | 1.2 | 2.5 | 5 | 8 | 12 | 20 | 30 | 50 | 80 | 120 | 200 | 400 |
| >400～630 | 1.5 | 3 | 6 | 10 | 15 | 25 | 40 | 60 | 100 | 150 | 250 | 500 |

表 4—11　圆度、圆柱度公差值

| 主参数 d（D） /mm | 公差 等 级 | | | | | | | | | | | | |
|---|---|---|---|---|---|---|---|---|---|---|---|---|---|
| | 0 | 1 | 2 | 3 | 4 | 5 | 6 | 7 | 8 | 9 | 10 | 11 | 12 |
| | 公 差 值/μm | | | | | | | | | | | | |
| ≤3 | 0.1 | 0.2 | 0.3 | 0.5 | 0.8 | 1.2 | 2 | 3 | 4 | 6 | 10 | 14 | 25 |
| >3～6 | 0.1 | 0.2 | 0.4 | 0.6 | 1 | 1.5 | 2.5 | 4 | 5 | 8 | 12 | 18 | 30 |
| >6～10 | 0.12 | 0.25 | 0.4 | 0.6 | 1 | 1.5 | 2.5 | 4 | 6 | 9 | 15 | 22 | 36 |
| >10～18 | 0.15 | 0.25 | 0.5 | 0.8 | 1.2 | 2 | 3 | 5 | 8 | 11 | 18 | 27 | 43 |
| >18～30 | 0.2 | 0.3 | 0.6 | 1 | 1.5 | 2.5 | 4 | 6 | 9 | 13 | 21 | 33 | 52 |
| >30～50 | 0.25 | 0.4 | 0.6 | 1 | 1.5 | 2.5 | 4 | 7 | 11 | 16 | 25 | 39 | 62 |
| >50～80 | 0.3 | 0.5 | 0.8 | 1.2 | 2 | 3 | 5 | 8 | 13 | 19 | 30 | 46 | 74 |
| >80～120 | 0.4 | 0.6 | 1 | 1.5 | 2.5 | 4 | 6 | 10 | 15 | 22 | 35 | 54 | 87 |
| >120～180 | 0.6 | 1 | 1.2 | 2 | 3.5 | 5 | 8 | 12 | 18 | 25 | 40 | 63 | 100 |
| >180～250 | 0.8 | 1.2 | 2 | 3 | 4.5 | 7 | 10 | 14 | 20 | 29 | 46 | 72 | 115 |
| >250～315 | 1.0 | 1.6 | 2.5 | 4 | 6 | 8 | 12 | 16 | 23 | 32 | 52 | 81 | 130 |
| >315～400 | 1.2 | 2 | 3 | 5 | 7 | 9 | 13 | 18 | 25 | 36 | 57 | 89 | 140 |
| >400～500 | 1.5 | 2.5 | 4 | 6 | 8 | 10 | 15 | 20 | 27 | 40 | 63 | 97 | 155 |

表4—12 平行度、垂直度、倾斜度公差值

| 主参数 L, d (D) /mm | 公差 等 级 | | | | | | | | | | | |
|---|---|---|---|---|---|---|---|---|---|---|---|---|
| | 1 | 2 | 3 | 4 | 5 | 6 | 7 | 8 | 9 | 10 | 11 | 12 |
| | 公 差 值/μm | | | | | | | | | | | |
| ≤10 | 0.4 | 0.8 | 1.5 | 3 | 5 | 8 | 12 | 20 | 30 | 50 | 80 | 120 |
| >10~16 | 0.5 | 1 | 2 | 4 | 6 | 10 | 15 | 25 | 40 | 60 | 100 | 150 |
| >16~25 | 0.6 | 1.2 | 2.5 | 5 | 8 | 12 | 20 | 30 | 50 | 80 | 120 | 200 |
| >25~40 | 0.8 | 1.5 | 3 | 6 | 10 | 15 | 25 | 40 | 60 | 100 | 150 | 250 |
| >40~63 | 1 | 2 | 4 | 8 | 12 | 20 | 30 | 50 | 80 | 120 | 200 | 300 |
| >63~100 | 1.2 | 2.5 | 5 | 10 | 15 | 25 | 40 | 60 | 100 | 150 | 250 | 400 |
| >100~160 | 1.5 | 3 | 6 | 12 | 20 | 30 | 50 | 80 | 120 | 200 | 300 | 500 |
| >160~250 | 2 | 4 | 8 | 15 | 25 | 40 | 60 | 100 | 150 | 250 | 400 | 600 |
| >250~400 | 2.5 | 5 | 10 | 20 | 30 | 50 | 80 | 120 | 200 | 300 | 500 | 800 |
| >400~630 | 3 | 6 | 12 | 25 | 40 | 60 | 100 | 150 | 250 | 400 | 600 | 1000 |

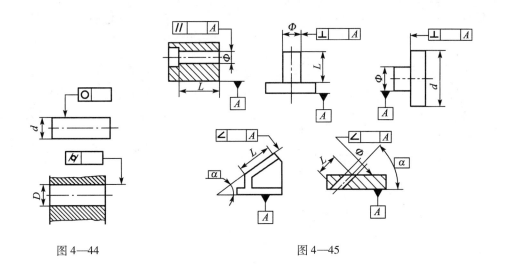

图4—44　　　　　　　　图4—45

表4—13 同轴度、对称度、圆跳动和全跳动公差值

| 主参数 L, B, d (D) /mm | 公差 等 级 | | | | | | | | | | | |
|---|---|---|---|---|---|---|---|---|---|---|---|---|
| | 1 | 2 | 3 | 4 | 5 | 6 | 7 | 8 | 9 | 10 | 11 | 12 |
| | 公 差 值/μm | | | | | | | | | | | |
| ≤1 | 0.4 | 0.6 | 1.0 | 1.5 | 2.5 | 4 | 6 | 10 | 15 | 25 | 40 | 60 |
| >1~3 | 0.4 | 0.6 | 1.0 | 1.5 | 2.5 | 4 | 6 | 10 | 20 | 40 | 60 | 120 |
| >3~6 | 0.5 | 0.8 | 1.2 | 2 | 3 | 5 | 8 | 12 | 25 | 50 | 80 | 150 |
| >6~10 | 0.6 | 1 | 1.5 | 2.5 | 4 | 6 | 10 | 15 | 30 | 60 | 100 | 200 |

| 主参数 $L$, $B$, $d$ $(D)$ /mm | 公差等级 | | | | | | | | | | | |
|---|---|---|---|---|---|---|---|---|---|---|---|---|
| | 1 | 2 | 3 | 4 | 5 | 6 | 7 | 8 | 9 | 10 | 11 | 12 |
| | 公差值/μm | | | | | | | | | | | |
| >10~18 | 0.8 | 1.2 | 2 | 3 | 5 | 8 | 12 | 20 | 40 | 80 | 120 | 250 |
| >18~30 | 1 | 1.5 | 2.5 | 4 | 6 | 10 | 15 | 25 | 50 | 100 | 150 | 300 |
| >30~50 | 1.2 | 2 | 3 | 5 | 8 | 12 | 20 | 30 | 60 | 120 | 200 | 400 |
| >50~120 | 1.5 | 2.5 | 4 | 6 | 10 | 15 | 25 | 40 | 80 | 150 | 250 | 500 |
| >120~250 | 2 | 3 | 5 | 8 | 12 | 20 | 30 | 50 | 100 | 200 | 300 | 600 |
| >250~500 | 2.5 | 4 | 6 | 10 | 15 | 25 | 40 | 60 | 120 | 250 | 400 | 800 |

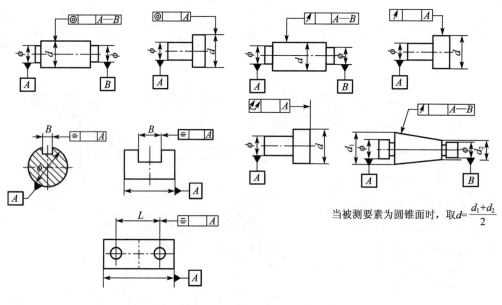

当被测要素为圆锥面时，取 $d = \dfrac{d_1 + d_2}{2}$

图 4—46

表 4—14  位置度公差值数系
μm

| 1 | 1.2 | 1.5 | 2 | 2.5 | 3 | 4 | 5 | 6 | 8 |
|---|---|---|---|---|---|---|---|---|---|
| $1 \times 10^n$ | $1.2 \times 10^n$ | $1.5 \times 10^n$ | $2 \times 10^n$ | $2.5 \times 10^n$ | $3 \times 10^n$ | $4 \times 10^n$ | $5 \times 10^n$ | $6 \times 10^n$ | $8 \times 10^n$ |

# 第五章

# 表面粗糙度及其检测

表面粗糙度（过去曾经称为表面光洁度）是一种微观几何形状误差。它是在机械加工中，由于切削时的切削刀痕、表面撕裂、振动和摩擦等原因在被加工表面上所产生的间距较小的高低不平的几何形状。零件表面粗糙程度直接影响零件的配合性质、疲劳强度、耐磨性、抗腐蚀性以及密封性等。此外，表面粗糙度对零件检测的可靠性以及外形美观也有影响。因此，表面粗糙度是评定机器零件和产品质量的重要指标。我国现行的有关粗糙度国家标准是：GB/T 3505—2009《产品几何技术规范（GPS）　表面结构　轮廓法　术语、定义及表面结构参数》；GB/T 1031—2009《产品几何技术规范（GPS）　表面结构　轮廓法　表面粗糙度参数及其数值》；GB/T 131—2006《产品几何技术规范（GPS）》技术产品文件中表面结构的表示法。

## §5—1　表面粗糙度评定参数及其数值

### 一、基本术语及定义

**1. 表面轮廓**

平面与实际表面相交的轮廓，如图 5—1 所示。图中所示为一个零件加工后的实际表面（放大后的图），被一个平面（该平面垂直于实际表面，且垂直于刀痕方向）相切，则获得它们的交线，即表面轮廓。这条轮廓曲线实际上包含了好多个波的组合，为了获得不同波段的信息（量值），因此在测量时就会应用滤波器。

**2. 轮廓滤波器**

把轮廓分成长波和短波成分的滤波器，在测量粗糙度、波纹度和原始轮廓的仪器中，相对应地使用了三种滤波器，其波长分别为 $\lambda_c$，$\lambda_f$ 和 $\lambda_s$，它们的传输特性相同，但截止波长不同。

**3. $\lambda_c$ 滤波器**

确定粗糙度与波纹度成分之间相交界限的滤波器。当测量信号通过 $\lambda_c$ 滤波器后将抑制波纹度的影响（即滤掉波纹度）。

**4. 原始轮廓**

在应用短波长滤波器 $\lambda_s$ 之后的总轮廓，原始轮廓是评定原始轮参数的基础。

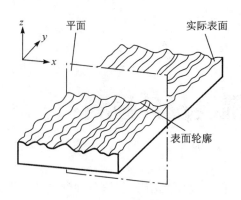

图 5—1 表面轮廓

**5. 粗糙度轮廓**

对原始轮廓采用 $\lambda_c$ 滤波器抑制长波成分（如波纹度）以后形成的轮廓。

**6. 原始轮廓中线**

用标称形式的线穿过原始轮廓，按最小二乘法拟合所确定的中线。即轮廓上各点到该线的距离 $Z(x)$ 的平方和为最小（$\sum\limits_{i=1}^{n} Z\ (x)^2 = \min$）。

**7. 粗糙度中线**

用轮廓滤波器 $\lambda_c$ 抑制了长波轮廓成分相对应的中线。

**8. 取样长度**

用于判别被评定轮廓特征的一段基准长度（$x$ 轴向）。粗糙度取样长度、波纹度取样长度分别用 $lr$、$lw$ 表示。$lr$ 和 $lw$ 在数值上分别与轮廓滤波器 $\lambda_c$ 和 $\lambda_f$ 的标志波长相等。

**9. 评定长度 $ln$**

用于判别被评定轮廓在 $x$ 轴向上的长度。它包含一个或几个取样长度。

## 二、评 定 参 数

评定表面粗糙度的参数共有 4 个，其中高度参数 2 个，间距参数 1 个，综合参数 1 个。

**1. 高度参数**

（1）轮廓算术平均偏差 $Ra$

在取样长度内，轮廓偏距 $Z(x)$ 的绝对值的算术平均值，如图 5—2 所示。用公式表示为：

$$Ra = \frac{1}{lr}\int_0^{lr} \left| Z(x) \right| \mathrm{d}x$$

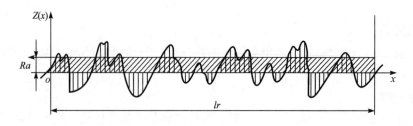

图 5—2

或近似地
$$Ra = \frac{1}{n}\sum_{i=1}^{n}\left|Z(x)_i\right| \qquad (5-1)$$

式中　$n$——在取样长度内所测点的数目。

（2）轮廓的最大高度 $Rz$

在一个取样长度内，最大轮廓高度 $Z_p$ 和最大轮廓谷深 $Z_v$ 之和的高度，如图 5—3 所示 $Z_{p6}$ 为 $Z_{p\max}$，$Z_{V2}$ 为 $Z_{v\max}$

则
$$Rz = Z_{p6} + Z_{v2} \qquad (5-2)$$

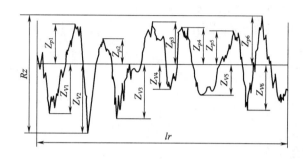

图 5—3

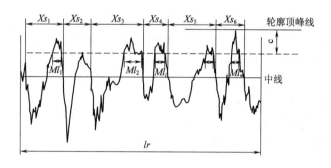

图 5—4

在评定表面粗糙度高度参数时，可以在上述两个参数中选取。标准推荐优先选用 $Ra$。

从生产实践中得知，只有高度参数还不能完全反映出零件表面粗糙度的特性。如图 5—5（a）、（b）所示，此两表面粗糙度的高度参数差异很小，但疏密度不同，因此表面特性（如密封性）也不同；又如图 5—6（a）、（b）和（c）所示，此三表面的形状不同，因此它们的耐磨性也不同。为了满足生产中的不同要求，标准又规定了下述两个辅助参数。

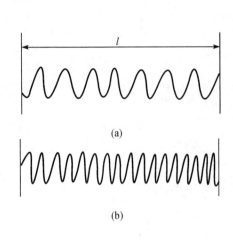

图 5—5

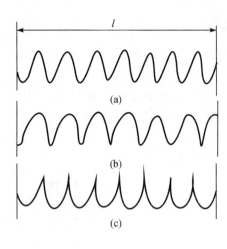

图 5—6

## 2. 间距参数

轮廓单元的平均宽度 $Rsm$

含有一个轮廓峰（与中线有交点的峰）和相邻轮廓谷（与中线有交点的谷）的一段中线长度 $X_s$，称为轮廓单元宽度。在取样长度内，轮廓单元宽度的平均值，则称为轮廓单元的平均宽度，如图 5—4 所示。用公式表示为：

$$Rsm = \frac{1}{n} \sum_{i=1}^{n} X_{s_i} \qquad (5—3)$$

式中　$n$——在取样长度内 $X_{si}$ 的个数。

## 3. 综合参数

轮廓的支承长度率 $Rmr（c）$

在取样长度内，距峰顶线距离为 $c$（水平截距），且与中线平行的一条线，与轮廓相截所得到的各段长度 $Ml_i$ 之和，称为实体材料长度 $Ml（c）$，它与取样长度 $Lr$ 之比，称为轮廓支承长度率（图 5—4），用公式表示为：

$$Rmr（c） = \frac{Ml（c）}{ln} = （Ml_1 + Ml_2 + \cdots + Ml_m）\frac{1}{ln} \qquad (5—4)$$

我国表面粗糙度国家标准（GB/T 1031—2009）规定，表面粗糙度的要求可从上述四个参数（$Ra$，$Rz$，$Rsm$，$Rmr（c）$）中选取。其中高度参数（$Ra$，$Rz$）是基本参数，对表面粗糙度有要求的表面均需选取。当高度参数还不满足表面的功能要求（如对轮廓横向间距的疏密要求或耐磨要求）时，根据需要可再选取间距参数（$Rsm$）或综合参数（$Rmr（c）$）。

在高度参数的选取中推荐优先选用参数 $Ra$，当粗糙度要求特别高或特别低（$Ra < 0.025$ mm 和 $Ra > 0.63$ μm 时，生产中常选用参数 $Rz$，这是因为此时用光切显微镜或干涉显微镜进行测量比较方便。当表面比较小，不足一个取样长度长时，常选取参数 $Rz$，对于应力集中而导致疲劳破坏比较敏感的表面，在选取参数 $Ra$ 时可同时选取 $Rz$ 以控制波谷深度。

表面粗糙度评定参数 $Rsm$ 和 $Rmr（c）$ 不能单独使用，只有当规定高度参数还不能控制表面功能要求时，才能选取用以作为补充控制，当选取参数 $Rmr（c）$ 时，还应同时给出水平截距 $c$ 的数值。$c$ 的数值可用微米给出，也可按 $Rz$ 的百分数给出。

## 三、表面粗糙度参数的数值

表面粗糙度国家标准中各参数的数值除 $Rmr(c)$ 的数值外均分别由优先数系中的派生数系确定。

（1）$Ra$ 它的数值由派生数系 R10/3（0.012，…，100）所组成，单位为微米，共 14 个。如表 5—1 所示。

（2）$Rz$ 的数值，由派生数系 R10/3（0.025，…，1600）所组成，单位为微米，共 17 个，如表 5—2 所示。

（3）$Rsm$ 的数值，由派生数系 R10/3（0.006，…，12.5）所组成，单位为毫米，共有 12 个，如表 5—3 所示。

（4）$lr$，$ln$ 两者的数值分别由派生数系 R10/5（0.08，…，25）和 R10/5（0.4，…，40）所组成，单位为毫米，如表 5—4 所示。由于高度参数与取样长度的取值有关，在表 5—4 中同时列出了高度参数、取样长度和评定长度的对应关系。

表 5—1　　μm

| | | | | |
|---|---|---|---|---|
| | 0.012 | 0.2 | 3.2 | 50 |
| | 0.025 | 0.4 | 6.3 | 100 |
| $Ra$ | 0.05 | 0.8 | 12.5 | |
| | 0.1 | 1.6 | 25 | |

表 5—2　　μm

| | | | | | |
|---|---|---|---|---|---|
| | 0.025 | 0.4 | 6.3 | 100 | 1600 |
| | 0.05 | 0.8 | 12.5 | 200 | |
| $Rz$ | 0.1 | 1.6 | 25 | 400 | |
| | 0.2 | 3.2 | 50 | 800 | |

表 5—3　　mm

| | | | |
|---|---|---|---|
| | 0.006 | 0.1 | 1.6 |
| $Rsm$ | 0.0125 | 0.2 | 3.2 |
| | 0.025 | 0.4 | 6.3 |
| | 0.050 | 0.8 | 12.5 |

表 5—4

| $Ra/\mu m$ | $Rz/\mu m$ | $lr/mm$ | $ln/mm$ |
|---|---|---|---|
| ≥0.008 ~ 0.02 | ≥0.025 ~ 0.10 | 0.08 | 0.4 |
| >0.02 ~ 0.1 | >0.10 ~ 0.50 | 0.25 | 1.25 |
| >0.1 ~ 2.0 | >0.50 ~ 10.0 | 0.8 | 4.0 |
| >0.2 ~ 10.0 | >10.0 ~ 50.0 | 2.5 | 12.5 |
| >10.0 ~ 80.0 | >50 ~ 320 | 8.0 | 40.0 |

(5) $Rmr$ ($c$) 是一个比值，由百分数表示，共 11 个，如表 5—5 所示。

表 5—5

| $Rmr$ ($c$)（%） | 10 | 15 | 20 | 25 | 30 | 40 | 50 | 60 | 70 | 80 | 90 |
|---|---|---|---|---|---|---|---|---|---|---|---|

除表 5-1、表 5-2 和表 5-3 规定的粗糙度评定参数 $Ra$，$Rz$ 和 $Rsm$ 的数值外，在国家标准 GB/T 1031—2009 中，还规定有它们的补充系列值。

对于 $Ra$ 其补充系列值为数系 R10（0.008μm～100μm）中除去表 5—1 所列的那些数值；对于 $Rz$ 其补充系列值为数系 R10（0.025μm～1600μm）中除去表 5—2 所列的那些数值；对于 $Rsm$ 其补充系列值为数系 R10（0.002mm～12.5mm）中除去表 5—3 所列的那些数值。由于篇幅的关系，补充系列值这里不再列出。

## §5—2　表面粗糙度的标注

## 一、表面粗糙度的基本符号

$\sqrt{}$——用去除材料的方法获得的表面，如车、铣、床、电火花加工等；

$\sqrt{}$——用不去除材料的方法获得的表面，如铸、锻、冷轧等；

$\sqrt{}$——用任何方法获得的表面；

$\sqrt{}$ $\sqrt{}$ $\sqrt{}$——在上述三个符号上均可加一个小圆，表示所有表面具有相同的表面粗糙度要求。

## 二、基本符号周围有关的标注

表面粗糙度的标注如图 5—7（a）所示。图中代号 $a$ 的位置标注高度参数。当选用参数 $Ra$ 时，$Ra$ 代号可以省略，只标出参数值。当选用参数 $Rz$ 时，除标出参数值外，$Rz$ 代号也应标出。高度参数的数值只有一个时，为高度参数值的上限值，若有两个时，则分别为上、下限值；图中代号 $b$ 的位置标注加工方法、镀涂或其他表面处理等；图中代号 $c$ 的位置标注取样长度 $lr$ 的数值、若取样长度按表 5—4 选取，则标注可以省去；图中代号 $e$ 的位置标注加工余量；图中代号 $f$ 的位置标注间距参数 $Rsm$ 和综合参数 $Rmr$（$c$）；图中代号 $d$ 的位置标注加工纹理方向的符号或代号，图 5—7（b）列出了部分加工纹理方向的符号。

表面粗糙度在零件上的标注如图 5—8 所示。

## §5—3　表面粗糙度参数值的选择

零件表面粗糙度参数值的选择既要满足零件表面的功能要求，也要考虑到经济性。具体选用时可参照一些经过验证的实例，用类比法来确定。对高度参数一般按如下原则选择。

（1）在满足功能要求的情况下，尽量选用较大的表面粗糙度参数值。

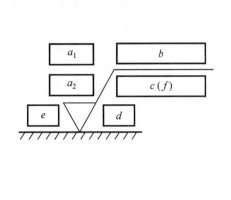

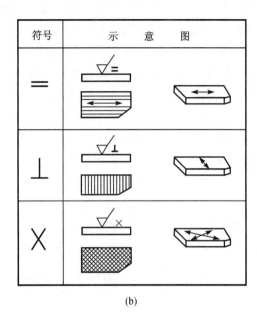

| 符号 | 示　意　图 |
|---|---|
| = | |
| ⊥ | |
| X | |

(a)　　　　　　　　　　　　(b)

图 5—7

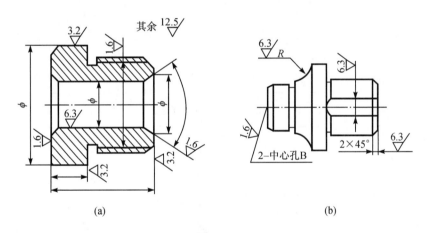

(a)　　　　　　　　　　　　(b)

图 5—8

（2）同一零件上，工作表面的粗糙度参数值小于非工作面的粗糙度参数值。

（3）摩擦表面比非摩擦表面的粗糙度参数值要小；滚动摩擦表面比滑动摩擦表面的粗糙度参数值要小；运动速度高，单位压力大的摩擦表面应比运动速度低，单位压力小的摩擦表面的粗糙度参数值要小。

（4）运动精度要求高的表面比运动精度要求低的表面的粗糙度参数值要小；接触刚度要求高的表面比接触刚度要求低的表面的粗糙度参数值要小；承受腐蚀工作环境下的零件表面比不承受腐蚀工作环境下的零件表面粗糙度参数值要小。

（5）受循环载荷的表面及易引起应力集中的部位（如圆角、沟槽），表面粗糙度参数值要小。

（6）配合性质要求高的结合表面、配合间隙小的配合表面以及要求连接可靠、受重载的过盈配合表面等，都应取较小的粗糙度参数值。

（7）配合性质相同，零件尺寸越小时，表面粗糙度参数值应越小；同一公差等级，小尺寸比大尺寸、轴比孔的表面粗糙度参数值应小。

通常尺寸公差和表面形状公差值小时，表面粗糙度参数值也小，其对应关系如下述一组表达式：

$$T \approx 0.6IT \qquad 则\ Ra \leqslant 0.05IT \qquad Rz \leqslant 0.2IT$$
$$T \approx 0.4IT \qquad Ra \leqslant 0.025IT \qquad Rz \leqslant 0.1IT$$
$$T \approx 0.25IT \qquad Ra \leqslant 0.012IT \qquad Rz \leqslant 0.05IT$$
$$T < 0.25IT \qquad Ra \leqslant 0.15T \qquad Rz \leqslant 0.6T$$

式中，IT 为尺寸公差，T 为形状公差。

表 5—6 列出了典型零件的表面粗糙度参数值，供选用时参考。

表 5—6　典型零件的表面粗糙度参数值　　　　　　　　　　　　　μm

| 表面特性 | 部　位 | 表面粗糙度 $Ra$ 值不大于 | | | |
|---|---|---|---|---|---|
| 滑动轴承的配合表面 | 表面 | 公差等级 | | 液体摩擦 | |
| | | IT7～IT9 | IT11～IT12 | | |
| | 轴 | 0.2～3.2 | 1.6～3.2 | 0.1～0.4 | |
| | 孔 | 0.4～1.6 | 1.6～3.2 | 0.2～0.8 | |
| 带密封的轴颈表面 | 密封方式 | 轴颈表面速度/（m/s） | | | |
| | | ≤3 | ≤5 | ＞5 | ≤4 |
| | 橡　胶 | 0.4～0.8 | 0.2～0.4 | 0.1～0.2 | |
| | 毛　毡 | | | | 0.4～0.8 |
| | 迷　宫 | 1.6～3.2 | | | |
| | 油　槽 | 1.6～3.2 | | | |
| 圆锥结合 | 表　面 | 密封结合 | 定心结合 | 其　他 | |
| | 外圆锥表面 | 0.1 | 0.4 | 1.6～3.2 | |
| | 内圆锥表面 | 0.2 | 0.8 | 1.6～3.2 | |

| 表面特性 | 部　位 | | 表面粗糙度 Ra 值不大于 | | |
|---|---|---|---|---|---|
| 螺　纹 | 类　别 | | 螺纹精度等级 | | |
| | | | 4 | 5 | 6 |
| | 粗牙普通螺纹 | | 0.4～0.8 | 0.8 | 1.6～3.2 |
| | 细牙普通螺纹 | | 0.2～0.4 | 0.8 | 1.6～3.2 |
| 键结合 | 结合型式 | | 键 | 轴槽 | 毂槽 |
| | 工作表面 | 沿毂槽移动 | 0.2～0.4 | 1.6 | 0.4～0.8 |
| | | 沿轴槽移动 | 0.2～0.4 | 0.4～0.8 | 1.6 |
| | | 不　动 | 1.6 | 1.6 | 1.6～3.2 |
| | 非工作表面 | | 6.3 | 6.3 | 6.3 |
| 矩形齿花键 | 定心方式 | | 外　径 | 内　径 | 键　侧 |
| | 外径 D | 内花键 | 1.6 | 6.3 | 3.2 |
| | | 外花键 | 0.8 | 6.3 | 0.8～3.2 |
| | 内径 d | 内花键 | 6.3 | 0.8 | 3.2 |
| | | 外花键 | 3.2 | 0.8 | 0.8 |
| | 键宽 b | 内花键 | 6.3 | 6.3 | 3.2 |
| | | 外花键 | 3.2 | 6.3 | 0.8～3.2 |

| | 部　位 | 齿轮精度等级 | | | | | |
|---|---|---|---|---|---|---|---|
| | | 5 | 6 | 7 | 8 | 9 | 10 |
| 齿　轮 | 齿　面 | 0.2～0.4 | 0.4 | 0.4～0.8 | 1.6 | 3.2 | 6.3 |
| | 外　圆 | 0.8～1.6 | 1.6～3.2 | 1.6～3.2 | 1.6～3.2 | 3.2～6.3 | 3.2～6.3 |
| | 端　面 | 0.4～0.8 | 0.4～0.8 | 0.8～3.2 | 0.8～3.2 | 3.2～6.3 | 3.2～6.3 |

| | 部　位 | | 蜗轮蜗杆精度等级 | | | | |
|---|---|---|---|---|---|---|---|
| | | | 5 | 6 | 7 | 8 | 9 |
| 蜗轮蜗杆 | 蜗杆 | 齿　面 | 0.2 | 0.4 | 0.4 | 0.8 | 1.6 |
| | | 齿　顶 | 0.2 | 0.4 | 0.4 | 0.8 | 1.6 |
| | | 齿　根 | 3.2 | 3.2 | 3.2 | 3.2 | 3.2 |
| | 蜗轮 | 齿　面 | 0.4 | 0.4 | 0.8 | 1.6 | 3.2 |
| | | 齿　根 | 3.2 | 3.2 | 3.2 | 3.2 | 3.2 |

# §5—4　表面粗糙度检测

测量表面粗糙度的方法有下列几种。

## 一、比 较 法

比较法是车间常用的方法。它是将被检验的表面和粗糙度标准样板进行比较，判断它与粗糙度样板中，哪一块样板相似，从而按该样板的已知参数值确定被测表面的粗糙度参数值的大小。在被检验表面和样板进行比较时，可直接用眼睛观察判断，也可借助于放大镜或比较显微镜进行比较，还可用手摸、指甲划动的感觉来判断被加工表面的状况，从而确定被测表面相应参数值。显然，为使这种测量方法更可靠，因而在选择标准样板时，应使样板的材料、表面形状以及制造方法等与被检表面一致。

## 二、光 切 法

光切法是利用"光切原理"来测量表面粗糙度，如图5—9（a）所示。若被测表面$P_1$，$P_2$是阶梯面，其阶梯高度为$h$。$A$为一束扁平光，当它从45°方向投射到阶梯表面时，就被折成$S_1$和$S_2$两段，然后沿$B$方向反射，在显微镜内可看到$S_1$和$S_2$两段光带的放大像$S''_1$和$S''_2$，如图5—9（b）所示。同样，$S_1$与$S_2$之间的高度$h$也被放大为$h''$，用测微目镜7[图5—9（c）]测出$h''$值，就可根据放大关系算出$h$值。

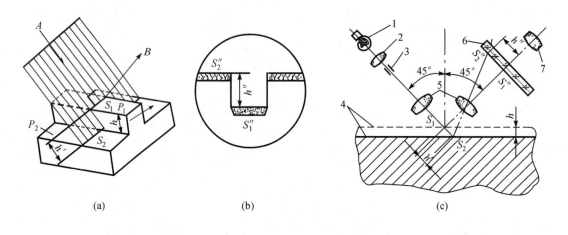

(a)　　　　　　　　(b)　　　　　　　　(c)

图5—9

双管显微镜就是根据上述原理制成的，其光路如图5—9（c）所示。显微镜由照明光管和观察光管组成，两光管互成90°。在照明光管中，光源1通过聚光镜2、狭缝3和物镜5，以45°角的方向投射到工件表面4上，形成一窄细光带。光带边缘的形状，即光束与工件表面相交的曲线，也就是工件在45°截面上的表面形状，此轮廓曲线的波峰在$S_1$点反射，波谷在$S_2$点反射，通过观察光管的物镜5，分别成像在分划板6上的$S''_1$和$S''_2$点，其峰、谷影像高差为$h''$。仪器的外形如图5—10所示，从图中目镜11可观察到图5—11所示的视场图。转动测微目镜鼓轮13，可使视场中的黑十字线依次对准被测工件表面峰、谷影像，由鼓轮13上相应地进行两次读数，其两次读数之差再乘鼓轮每格的分度值$c$则得一组峰、谷高度差。按前述标准规定进行测量和数据处理即可确定粗糙度的数值$Rz$。

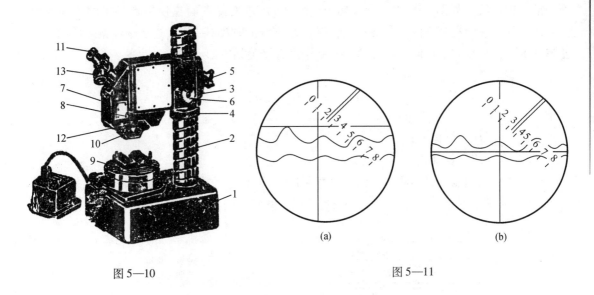

图 5—10                                              图 5—11

## 三、干　涉　法

干涉法是利用光波干涉原理来测量表面粗糙度。被测表面直接参与光路，并同另一标准反射镜比较，以光波波长来度量干涉条纹的弯曲程度，从而测得该表面的粗糙度。干涉法通常用于测定 $0.8 \sim 0.025 \mu m$ 的 $Rz$ 值。

用干涉法测量表面粗糙度的仪器是干涉显微镜。图 5—12 所示是 6JA 型干涉显微镜的光路图。图中：1 为白炽灯光源，它发出的光通过聚光镜 2，4，8（3 是滤色片），经分光镜 9 分成两束，一束经补偿板 10，物镜 11 至被测表面 18，再经原路返回至分光镜 9，反射至目镜 19。另一光束由分光镜 9 反射后通过物镜 12 射至参考镜 13（20 是遮光板），再由原路返回到分光镜 9 再到达目镜 19。两路光束相遇叠加产生干涉，通过目镜 19 可以看到在被测表

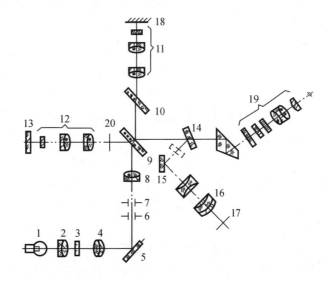

图 5—12

面上的干涉条纹，如图5—13所示。其中，图（a）是工件表面在仪器视场中的干涉条纹图。由于被测表面有微观的峰、谷存在，峰、谷处的光程就不一样，造成干涉条纹弯曲，弯曲量的大小，与相应部位峰、谷高差 $h$ 有确定的数量关系，即：

$$h = \frac{a}{b} \cdot \frac{\lambda}{2} \tag{5—5}$$

式中　$a$——干涉条纹弯曲量；

　　　$b$——干涉条纹宽度；

　　　$\lambda$——光波波长（白光≈0.54μm）。

由干涉显微镜测微目镜测出干涉条纹弯曲量 $a$、干涉条纹宽度 $b$［如图5—13（b）］，即可算出 $h$。同理，可按评定参数的定义测出数据，并经数据处理后获得粗糙度的值。

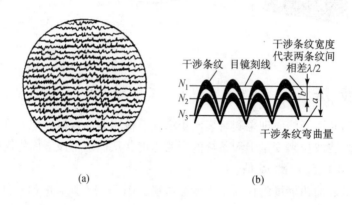

(a)　　　　　　　　　　(b)

图5—13

## 四、针描法

针描法是利用触针直接在被测表面上轻轻划过，从而测出表面粗糙度的参数值。电动轮廓仪就是利用针描法测量表面粗糙度的仪器。它由传感器、驱动箱、指示表、记录器和工作台等主要部件组成。传感器端部装有金刚石触针，如图5—14所示。测量时，将触针搭在工件上，与被测表面垂直接触，驱动箱以一定的速度拖动传感器。由于被测表面轮廓的峰、谷起伏，触针将上、下移动，通过杠杆的作用使铁心在线圈中上、下移动，因而引起线圈中电感量的变化。此微弱的信号经电路处理后推动记录器进行记录，即得到被测截面轮廓的放大图。或把信号经电路处理后送入电流表直接进行读数。

图5—15所示为我国生产的2201型表面粗糙度检查记录仪，它能由指示表读出被测工件的 $Ra$ 值，也可通过记录仪画出工件的轮廓图形。2204型表面粗糙度测量仪是在2201型的基础上进行改进、提高的，并带有数据处理机，因此可以获得包括 $Ra$，$Rz$，$Rsm$ 以及 $Rmr$（$c$）在内的9个参数值。

随着电子技术的发展，也可将电动轮廓仪用于粗糙度的三维测量。此时测量应在相互平行的多个截面上进行，并将模拟量转变成数字量，送入计算机进行数据处理，由显示屏显示出三维立体图形。

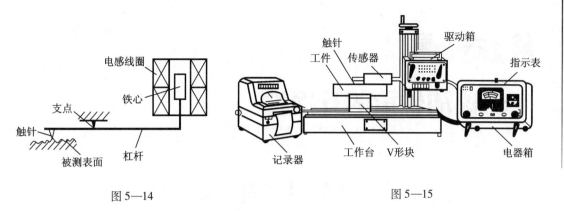

图 5—14                                        图 5—15

利用激光光斑和光电转换电压比的原理测量表面粗糙度的激光光斑法也已开始试用于生产。随着纳米测量技术的发展，更小的粗糙度参数值的测量可用隧道显微镜、原子力显微镜或光探针扫描外差干涉仪等进行。

# 第六章

# 滚动轴承的互换性

## §6—1 概 述

滚动轴承是机械中广泛使用的一种标准化部件。与滑动轴承相比，它具有摩擦力矩小、消耗功率小、起动容易和更换简便等优点（如图6—1所示）。滚动轴承通常由外圈、内圈、滚动体和保持架四部分组成，用于支承轴类零件转动。轴承外径 $D$ 和内径 $d$ 是配合的基本尺寸，分别和外壳孔及轴颈配合。滚动轴承的配合精度要求较高，制造比较困难，因此，滚动轴承生产厂在对轴承进行装配前，先将外圈内滚道尺寸、内圈外滚道尺寸和滚动体尺寸，分别进行尺寸分组，然后根据配合公差的要求按不同的尺寸组别进行装配，从而提高了滚动轴承的精度，降低了轴承的制造难度。所以，轴承生产中，零件之间的互换性属于不完全互换（组内互换）。

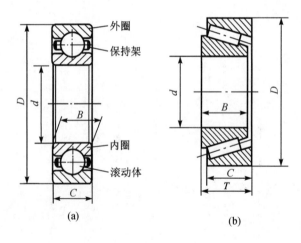

图 6—1

滚动轴承由专业化工厂生产，为了实现互换性生产，国家制定了一系列滚动轴承标准，它不仅规定了滚动轴承的尺寸精度、旋转精度、测量方法等，还规定了与轴承相配合的外壳孔和轴颈的尺寸精度、配合、形位公差和表面粗糙度等。

## §6—2 滚动轴承的精度等级及其应用

按照 GB/T 307.3—2005《滚动轴承 通用技术规则》的规定：向心滚动轴承共分为五级，分别为 0，6（或6x），5，4 和 2 级，其中 0 级精度最低，2 级精度最高，6x 级用于圆锥滚子轴承（它没有6级）；推力滚动轴承共分为四级，分别为0，6，5和4级，其中0级最低，4级最高。而向心和推力滚动轴承的各级公差值，则分别规定在GB/T 307.1—2005《滚动轴承　向心轴承　公差》和GB/T 307.4—2002《滚动轴承　推力轴承　公差》之中。滚动轴承的精度是按照滚动轴承的基本尺寸公差的大小和滚动轴承的旋转精度的高低来划分的。

滚动轴承的基本尺寸是指内圈的内径 $d$、外圈的外径 $D$、内圈宽度 $B$、外圈宽度 $C$，以及装配宽度 $T$（推力轴承为装配高度 $T$）。由于滚动轴承内、外圈均为薄壁结构，在制造和存放中易变形（常呈椭圆形），但装配到外壳孔和轴的轴颈上以后都能得到矫正。因此，为便于制造，国家标准允许内、外圈有一定的变形（允许的变形在国家标准中用单一直径变动量 $V_{d_p}$，$V_{D_p}$ 来控制）。为了保证轴承与结合件的配合性质，标准规定内、外圈的配合尺寸是单一平面内的平均直径，即 $d_{mp}$ 和 $D_{mp}$。

内径：
$$d_{mp} = (d_{s\ max} + d_{s\ min}) / 2$$

外径：
$$D_{mp} = (D_{s\ max} + D_{s\ min}) / 2$$

式中　$d_{s\ max}$，$d_{s\ min}$——测量得到的最大、最小单一内径；

　　　$D_{s\ max}$，$D_{s\ min}$——测量得到的最大、最小单一外径。

合格的轴承，其内、外圈的平均直径 $d_{mp}$，$D_{mp}$ 必须在允许的尺寸范围内。

滚动轴承在基本尺寸方面除规定有单一平面平均内径偏差 $\Delta_{d_{mp}}$、单一平面平均外径偏差外，还规定有内圈单一宽度偏差 $\Delta_{BS}$，外圈单一宽度偏差 $\Delta_{CS}$。为了控制轴承端面的平行度和内、外径的锥度，而规定了内圈宽度和外圈宽度变动量 $V_{BS}$ 和 $V_{CS}$，平均内径和平均外径变动量 $V_{d_{mp}}$ 和 $V_{D_{mp}}$。对圆锥滚子轴承还规定有成套轴承装配实际偏差 $\Delta T_s$。

滚动轴承除规定有上述基本尺寸精度外，在标准中还规定有旋转精度（即滚动轴承的工作精度），它共有六项，即：成套轴承内、外圈径向跳动 $K_{ia}$ 和 $K_{ea}$；成套轴承内、外圈轴向跳动 $S_{ia}$ 和 $S_{ea}$；内圈端面对内孔的垂直度 $S_d$ 以及外圈外表面对端面的垂直度等。

滚动轴承上述精度参数值的公差值，均可在GB/T 307.1—2005和GB/T 307.4—2002中查到，这里不一一列出，下面仅摘录有关单一平面平均直径公差于表6—1和表6—2。因为滚动轴承的所有精度参数均是由滚动轴承专业厂生产完成，而非轴承厂的其他工程技术人员重点需要了解轴承内、外圈的直径偏差，以便于设计与之相配的外壳孔和轴径的尺寸和配合公差。

表6—1　向心轴承（圆锥滚子轴承除外）内圈公差　　　　　　　　　　　　　μm

| 偏差或公差 | 精度等级 | 偏差或允许跳动 | 内 径 基 本 尺 寸 $d$/mm | | | | | |
|---|---|---|---|---|---|---|---|---|
| | | | >10 ~ 18 | >18 ~ 30 | >30 ~ 50 | >50 ~ 80 | >80 ~ 120 | >120 ~ 180 |
| 单一平面平均内径偏差 $\Delta_{d_{mp}}$ | 0 | 下偏差（上偏差为零） | − 8 | − 10 | − 12 | − 15 | − 20 | − 25 |
| | 6 | | − 7 | − 8 | − 10 | − 12 | − 15 | − 18 |
| | 5 | | − 5 | − 6 | − 8 | − 9 | − 10 | − 13 |
| | 4 | | − 4 | − 5 | − 6 | − 7 | − 8 | − 10 |
| | 2 | | − 2.5 | − 2.5 | − 2.5 | − 4 | − 5 | − 7 |

表 6—2　向心轴承（圆锥滚子轴承除外）外圈公差　　　　μm

| 偏差或公差 | 精度等级 | 偏差或允许跳动 | 外径基本尺寸 D/mm | | | | | |
|---|---|---|---|---|---|---|---|---|
| | | | >18~30 | >30~50 | >50~80 | >80~120 | >120~150 | >150~180 |
| 单一平面平均外径偏差 $\Delta_{D_{mp}}$ | 0 | 下偏差（上偏差为零） | −9 | −11 | −13 | −15 | −18 | −25 |
| | 6 | | −8 | −9 | −11 | −13 | −15 | −18 |
| | 5 | | −6 | −7 | −9 | −10 | −11 | −13 |
| | 4 | | −5 | −6 | −7 | −8 | −9 | −10 |
| | 2 | | −4 | −4 | −4 | −5 | −5 | −7 |

　　滚动轴承精度的选用，主要考虑以下两个因素：一是根据机器功能对轴承部件的旋转精度要求，例如，当机床主轴的径向跳动要求为 0.01mm 时，多选用 5 级轴承，若径向跳动要求为 0.001~0.005mm 时，多选用 4 级轴承；二是转速的高低，转速高时，由于与轴承配合的旋转轴可能随轴承的跳动而跳动，造成旋转不平稳，产生振动和噪声。因此，转速高时，应选用精度高的轴承。

　　0 级轴承在机械制造中应用最广，可以说大多数机器上都有这级轴承的应用，例如：普通机床、汽车和拖拉机的变速机构，普通电机、水泵和压缩机的旋转机构等，均选用 0 级轴承。除 0 级轴承外，其他等级轴承多用于机床、仪器和精密机器中。

　　6 级一般用于普通车床、铣床、自动车床立式车床或精密车床和铣床主轴后轴承。

　　5 级一般用于精密车床、精密铣床、精密六角车床、镗床、滚齿机、普通外圆磨床、内圆磨床和多轴车床等。

　　4 级一般用于精密丝杠车床、高精度车床、高精度磨床、齿轮磨床和丝锥磨床等。

　　2 级一般用于坐标镗床和插齿刀磨床。

# §6—3　滚动轴承内、外径的公差带及其特点

　　滚动轴承为标准化的部件，根据标准件的特点，滚动轴承内圈与轴的配合采用基孔制，外圈与外壳孔的配合应采用基轴制，以便实现完全互换性。

　　图 6—2 为轴承内、外径的公差带图。由图可见，各级轴承的单一平面平均外径 $D_{mp}$ 的公差带的上偏差均为零，与一般基轴制相同。单一平面平均内径 $d_{mp}$ 的公差带，其上偏差亦为零，而下偏差均为负值，和一般基孔制的规定不同，这样的公差带分布是考虑到轴承与轴颈配合的特殊需要，当它与一般过渡配合的轴相配时，可以获得小量的过盈，从而满足了轴承内孔与轴的配合要求，同时又可按标准偏差来加工

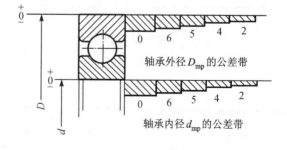

图 6—2

轴。滚动轴承单一平面平均内径、外径的允许偏差如表6—1、表6—2所示。

# §6—4　滚动轴承与轴和外壳孔的配合及选用

GB/T 275—1993 规定了与轴承内、外径相配合的轴和外壳孔的尺寸公差带、形位公差、表面粗糙度以及配合选用的基本原则。

## 一、轴和外壳孔的尺寸公差带

如上节所述，轴承内径与轴颈的配合采用基孔制，外径与外壳孔的配合采用基轴制。与轴承相配合的轴颈、外壳孔的公差带都是从极限与配合国家标准中选出来的，其配合公差带如图6—3所示。轴颈的公差等级为 5~8 级，基本偏差为 g~r，外壳孔的公差为 6~8 级，基本偏差为 G~P。它们实用于与 0 级和 6 级精度轴承相配合。

在图6—3 中，应该注意的是由于轴承内径 $d_{mp}$ 公差带在零线以下，所以同一个轴的公差带（如 m5）与轴承内径形成的配合，要比它与一般基准孔形成的配合（如 H6/m5）紧得多。有的由间隙配合变为过渡配合，有的由过渡配合变成了过盈配合。至于轴承外径与外壳

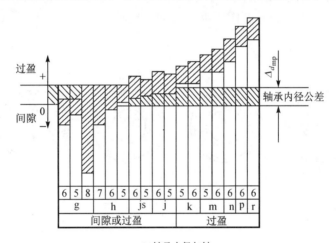

(a)轴承内径与轴

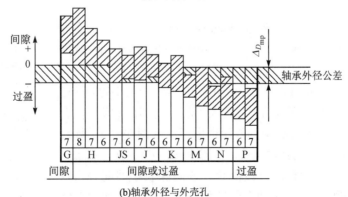

(b)轴承外径与外壳孔

图6—3　轴承与轴和外壳配合常用公差带

孔的配合，虽然轴承外径 $D_{mp}$ 的公差带位置与一般基准轴相同，但因 $D_{mp}$ 的公差值是特殊规定的，所以同一个孔的公差带（如 M6）与轴承外径形成的配合，与一般圆柱体的基轴制配合（如 M6/h5）也不完全相同。

## 二、轴承配合的选择

正确地选择轴承配合，对保证机器正常运转，提高轴承的使用寿命，充分利用轴承的承载能力关系很大。在选择轴承配合时，应综合考虑以下因素：轴承的工作条件；作用在轴承上负荷的大小、方向和性质；轴承类型和尺寸；与轴承相配的轴和外壳的材料和结构，工作温度，装卸和调整等。

**1. 负荷类型**

（1）局部负荷（定向负荷）：作用于轴承上的合成径向负荷与套圈相对静止，即负荷方向始终不变地作用在套圈滚道的局部区域上，该套圈所承受的这种负荷类型，称为局部负荷。例如轴承承受一个方向不变的径向负荷 $P_g$，此时，固定不转的套圈所承受的负荷类型即为局部负荷，如图 6—4（a）中的外圈和（b）中的内圈所示。

（2）旋转负荷：作用于轴承上的合成径向负荷与套圈相对旋转，即合成径向负荷顺次地作用在套圈的整个圆周上，该套圈所承受的这种负荷类型称为旋转负荷。例如轴承承受一个方向不变的径向负荷 $P_g$，旋转套圈所承受的即为旋转负荷，如图 6—4（a）中的内圈和（b）中的外圈所示。

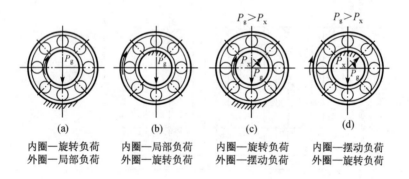

|（a）|（b）|（c）|（d）|
|内圈—旋转负荷|内圈—局部负荷|内圈—旋转负荷|内圈—摆动负荷|
|外圈—局部负荷|外圈—旋转负荷|外圈—摆动负荷|外圈—旋转负荷|

图 6—4

（3）摆动负荷：作用于轴承上的合成径向负荷与所承载的套圈在一定区域内相对摆动，即其合成负荷向量经常变动地作用在套圈滚道的部分圆周上，该套圈所承受的负荷类型，称为摆动负荷。

例如轴承承受一个方面不变的径向负荷 $P_g$ 和一个较小的旋转径向负荷 $P_x$，两者的合成径向负荷 $P$，其大小与方向都在变动。但合成径向负荷 $P$ 仅在非旋转套圈 $AB$ 一段滚道内摆动（图 6—5），该套圈所承受的负荷类型，即为摆动负荷，如图 6—4（d）、（c）所示。

承受局部负荷应选较松的过渡配合，或间隙较小的配合，以便让套圈滚道间的摩擦力矩带动套圈转位，使套圈受力均匀，延长轴承的使用寿命。承受旋转负荷应选过盈配合，或较紧的过渡

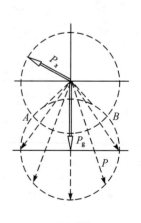

图 6—5

配合，其过盈量的大小，以不使套圈与轴或外壳孔配合表面间产生爬行现象为原则。承受摆动负荷时，其配合要求与旋转负荷相同或略松一点。

**2. 负荷的大小**

滚动轴承套圈与轴或外壳孔配合的最小过盈，按负荷的大小而定。一般将径向负荷 $P \leqslant 0.07C$ 时称为轻负荷；$0.07C < P \leqslant 0.15C$ 称为正常负荷；$P > 0.15C$ 时称为重负荷，其中 $C$ 为轴承的额定负荷。

当轴承内圈承受旋转负荷时，它与轴颈配合所需的最小过盈（$Y_{min}$）可按式（6—1）计算：

$$Y_{min} = -\frac{13Pk}{10^6 b} \quad (mm) \tag{6—1}$$

式中　$P$——轴承承受的最大径向负荷（kN）；

　　　$k$——与轴承系列有关的系数，轻系列 $k = 2.8$，中系列 $k = 2.3$，重系列 $k = 2$；

　　　$b$——轴承内圈的配合宽度（$b = B - 2r$，$B$ 为轴承内圈宽度，$r$ 为内圈倒角半径），单位为 mm。

同时，为避免套圈破裂，必须按不超出套圈允许的强度核算其最大过盈（$Y_{max}$），即：

$$Y_{max} = -\frac{11.4kd\sigma_p}{(2k-2) \ 10^3} \quad (mm) \tag{6—2}$$

式中　$\sigma_p$——允许的拉应力，单位为 $10^5 Pa$〔轴承钢的许用拉应力 $\sigma_p \approx 400 \ (10^5 Pa)$〕；

　　　$d$——轴承内圈内径，单位以 mm 计；

　　　$k$——与轴承系列有关的系数，数值同上。

根据计算所得的最小过盈量，便可从 GB/T 1801—2009 中选取最接近的轴公差带代号。但由于实际因素影响的复杂性，如工作温度、轴承的旋转速度、旋转精度、轴颈和外壳孔的材料、结构以及安装与拆卸等影响，上述计算公式未必完全可靠。因此，通常依靠经验类比法选取，表6—3、表6—4列出了国标推荐的向心轴承与轴和外壳配合的轴和外壳孔的公差带，供选择时参考。如需要也可按式（6—1）或式（6—2）进行校核计算。

表 6 – 3　向心轴承与轴的配合——轴公差带代号（GB/T 275—1993）

| 圆 柱 孔 轴 承 | | | | | |
|---|---|---|---|---|---|
| 运转状态 | | 负荷状态 | 深沟球轴承、调心球轴承和角接触球轴承 | 圆柱滚子轴承和圆锥滚子轴承 | 调心滚子轴承 | 公差带 |
| 说明 | 举例 | | 轴承公称内径/mm | | | |
| 旋转的内圈负荷及摆动负荷 | 一般通用机械、电动机、机床主轴、泵、内燃机、直齿轮传动装置、铁路机车车辆轴箱、破碎机等 | 轻负荷 | ≤18 | — | — | h5 |
| | | | >18~100 | ≤40 | ≤40 | j6[①] |
| | | | >100~200 | >40~140 | >40~100 | k6[①] |
| | | | — | >140~200 | >100~200 | m6[①] |
| | | 正常负荷 | ≤18 | — | — | j5，js5 |
| | | | >18~100 | ≤40 | ≤40 | k5[②] |
| | | | >100~140 | >40~100 | >40~65 | m5[②] |

互换性与测量技术基础

| 运转状态 | | 负荷状态 | 深沟球轴承、调心球轴承和角接触球轴承 | 圆柱滚子轴承和圆锥滚子轴承 | 调心滚子轴承 | 公差带 |
|---|---|---|---|---|---|---|
| | | | 圆柱孔轴承 | | | |
| 说明 | 举例 | | 轴承公称内径/mm | | | |
| 旋转的内圈负荷及摆动负荷 | 一般通用机械、电动机、机床主轴、泵、内燃机、直齿轮传动装置、铁路机车车辆轴箱、破碎机等 | 正常负荷 | >140~200 | >100~140 | >65~100 | m6 |
| | | | >200~280 | >140~200 | >100~140 | n6 |
| | | | — | >200~400 | >140~280 | p6 |
| | | | — | — | >280~500 | r6 |
| | | 重负荷 | | >50~140 | >50~100 | n6 |
| | | | | >140~200 | >100~140 | p6③ |
| | | | | >200 | >100~140 | r6 |
| | | | | — | >200 | r7 |
| 固定的内圈负荷 | 静止轴上的各种轮子、张紧轮绳轮、振动筛、惯性振动器 | 所有负荷 | 所有尺寸 | | | f6 |
| | | | | | | g6④ |
| | | | | | | h6 |
| | | | | | | j6 |
| 仅有轴向负荷 | | | 所有尺寸 | | | j6, js6 |
| | | | 圆锥孔轴承 | | | |
| 所有负荷 | 铁路机车车辆轴箱 | | 装在退卸套上的所有尺寸 | | | h8(IT6)④⑤ |
| | 一般机械传动 | | 装在紧定套上的所有尺寸 | | | h9(IT7)④⑤ |

注：①凡对精度有较高要求的场合，应用 j5，k5，…代替 j6，k6，…。②圆锥滚子轴承、角接触球轴承配合对游隙影响不大，可用 k6，m6 代替 k5，m5。③重负荷下轴承游隙应选大于 0 组。④凡有较高精度或转速要求的场合，应选用 h7（IT5）代替 h8（IT6）等。⑤IT6，IT7 表示圆柱度公差数值。

**表6—4 向心轴承与外壳的配合——孔公差带代号（GB/T 275—1993）**

| 运转状态 | | 负荷状态 | 其他状况 | 公差带① | |
|---|---|---|---|---|---|
| 说明 | 举例 | | | 球轴承 | 滚子轴承 |
| 固定的外圈负荷 | 一般机械、铁路机车车辆轴箱、电动机、泵、曲轴主轴承 | 轻、正常重 | 轴向易移动，可采用剖分式外壳 | H7，G7② | |
| | | 冲击 | 轴向能移动，可采用整体或剖分式外壳 | J7，JS7 | |
| 摆动负荷 | | 轻、正常 | | | |
| | | 正常、重 | | K7 | |
| | | 冲击 | | M7 | |
| 旋转的外圈负荷 | 张紧滑轮、轮毂轴承 | 轻 | 轴向不移动，采用整体式外壳 | J7 | K7 |
| | | 正常 | | K7，M7 | M7，N7 |
| | | 重 | | — | N7，P7 |

注：①并列公差带随尺寸的增大从左至右选择，对旋转精度有较高要求时，可相应提高一个公差等级。②不适用于剖分式外壳。

**例6—1**：在 C616 车床主轴后支承上，装有两个单列向心球轴承，如图6—6所示，其外形尺寸为：$d \times D \times B = 50 \times 90 \times 20$（mm）。试确定轴承的精度等级，轴承与轴和外壳孔的配合。

**解**：分析轴承的精度等级：

（1）C616 车床属轻载的普通车床，主轴承受轻载荷。

（2）C616 车床主轴的旋转精度和转速较高，选择6级精度的滚动轴承。

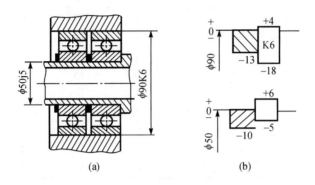

图6—6

分析确定轴承与轴和外壳孔的配合：

（1）轴承内圈与主轴一起旋转，故内圈承受旋转负荷，外圈装在外壳孔中不动，故外圈承受局部负荷。前者配合要求紧，后者配合可略松。

（2）参照表6—3、表6—4，选出轴公差带为 j5，外壳孔公差带为 H6 或 G6。

（3）机床主轴前轴承已轴向定位，若后轴承外圈与外壳孔配合太紧，则不能补偿由于温度变化引起的主轴的伸缩性；若外圈与外壳孔配合有间隙，会引起主轴跳动，从而影响了车床的加工精度。为了满足使用要求，将外壳孔公差带改用 K6（因 H6，G6 太松）。

（4）由表6—1、表6—2查得：6级轴承单一平面平均内径偏差（$\Delta_{d_{mp}}$）为 $\phi 50 \left( \begin{smallmatrix} 0 \\ -0.01 \end{smallmatrix} \right)$ mm，单一平面平均外径偏差（$\Delta_{D_{mp}}$）为 $\phi 90 \left( \begin{smallmatrix} 0 \\ -0.013 \end{smallmatrix} \right)$ mm。

根据 GB/T 1800.1—2009 查得：轴为 $\phi 50 j5 \left( \begin{smallmatrix} -0.006 \\ +0.005 \end{smallmatrix} \right)$ mm，外壳孔为 $\phi 90 K6 \left( \begin{smallmatrix} +0.004 \\ -0.018 \end{smallmatrix} \right)$ mm。

图6—6（b）所示为所选配合的公差带图解。

内圈与轴的配合性质是：$X_{max} = 5 \mu m$，$Y_{max} = -16 \mu m$，平均过盈为 $-5.5 \mu m$。

外圈与孔的配合性质是：$X_{max} = 17 \mu m$，$Y_{max} = -18 \mu m$，平均过盈为 $-0.5 \mu m$。

（5）按表6—5、表6—6查出轴和外壳孔的形位公差、表面粗糙度值，并标注在轴和孔的零件图上，如图6—7所示。

表6—5　轴和外壳孔的形位公差（摘录）

| 基本尺寸/mm | | 圆柱度 $t$ | | | | 端面圆跳动 $t_1$ | | | |
|---|---|---|---|---|---|---|---|---|---|
| | | 轴颈 | | 外壳孔 | | 轴肩 | | 外壳孔肩 | |
| | | 轴承公差等级 | | | | | | | |
| | | 0 | 6（6x） | 0 | 6（6x） | 0 | 6（6x） | 0 | 6（6x） |
| 超过 | 到 | 公差值/μm | | | | | | | |
| 6 | 10 | 2.5 | 1.5 | 4 | 2.5 | 6 | 4 | 10 | 6 |
| 10 | 18 | 3.0 | 2.0 | 5 | 3.0 | 8 | 5 | 12 | 8 |

续表

| 基本尺寸/mm | | 圆柱度 $t$ | | | | 端面圆跳动 $t_1$ | | | |
| | | 轴颈 | | 外壳孔 | | 轴肩 | | 外壳孔肩 | |
| | | 轴承公差等级 | | | | | | | |
| | | 0 | 6 (6x) | 0 | 6 (6x) | 0 | 6 (6x) | 0 | 6 (6x) |
| | | 公差值/μm | | | | | | | |
| 超过 | 到 | | | | | | | | |
| 18 | 30 | 4.0 | 2.5 | 6 | 4.0 | 10 | 6 | 15 | 10 |
| 30 | 50 | 4.0 | 2.5 | 7 | 4.0 | 12 | 8 | 20 | 12 |
| 50 | 80 | 5.0 | 3.0 | 8 | 5.0 | 15 | 10 | 25 | 15 |
| 80 | 120 | 6.0 | 4.0 | 10 | 6.0 | 15 | 10 | 25 | 15 |
| 120 | 180 | 8.0 | 5.0 | 12 | 8.0 | 20 | 12 | 30 | 20 |
| 180 | 250 | 10.0 | 7.0 | 14 | 10.0 | 20 | 12 | 30 | 20 |
| 250 | 315 | 12.0 | 8.0 | 16 | 12.0 | 25 | 15 | 40 | 25 |
| 315 | 400 | 13.0 | 9.0 | 18 | 13.0 | 25 | 15 | 40 | 25 |
| 400 | 500 | 15.0 | 10.0 | 20 | 15.0 | 25 | 15 | 40 | 25 |

表6—6 配合面的表面粗糙度

| 轴或轴承座直径/mm | | 轴或外壳配合表面直径公差等级 | | | | | | | | |
| | | IT7 | | | IT6 | | | IT5 | | |
| | | 表面粗糙度 | | | | | | | | |
| 超过 | 到 | $Rz$ | $Ra$ | | $Rz$ | $Ra$ | | $Rz$ | $Ra$ | |
| | | | 磨 | 车 | | 磨 | 车 | | 磨 | 车 |
| | 80 | 10 | 1.6 | 3.2 | 6.3 | 0.8 | 1.6 | 4 | 0.4 | 0.8 |
| 80 | 500 | 16 | 1.6 | 3.2 | 10 | 1.6 | 3.2 | 6.3 | 0.8 | 1.6 |
| 端面 | | 25 | 3.2 | 6.3 | 25 | 3.2 | 6.3 | 10 | 1.6 | 3.2 |

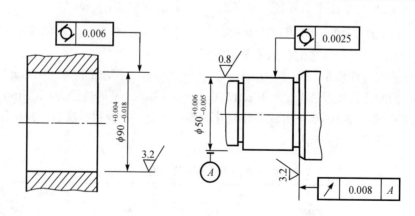

图6—7

在精密仪器中，滚动轴承常作为运动部件的导向支承，其转速低，所承受的负荷也较小，但其精度要求却较高。为了结构上的需要，有时轴承外圈外径还需磨成圆弧形，而内圈内径与轴的配合间隙或过盈都较小。例如，坐标测量机中工作台的导向轴承，有的就选用 C 级轴承（并按结构要求再加工），而轴与内圈内径的配合则选用 js6。

# 第 七 章

# 光滑工件尺寸的检测

## §7—1 尺寸误检的基本概念

从第三章可知，任何测量、检验都不可避免地存在误差。测量工件所得到的尺寸，因测量器具、测量条件、测量方法和人员的不同而异，它并不等于工件尺寸客观存在的真实值。因此，在测量、检验过程中，真实尺寸位于公差带内但接近极限偏差（公差带边缘）的合格工件，可能因测得的实际尺寸超出公差带而被误判为废品，这种现象称为误废。另一方面，对真实尺寸已超差但靠近极限偏差的废品，可能因测得的实际尺寸仍处于公差带内而被误判为合格品，这种现象称为误收。误废和误收是误检的两种形式。至于由于技术上的失误和检测人员疏忽造成的误检，不属于这里所讨论的范围。

为了讨论方便，设工件的尺寸分布为正态分布，且分布范围与公差带一致，分布中心即为公差带的中心，而测量误差也服从正态分布。

如图 7—1 所示：

（1）真实尺寸位于公差带上限 $A$ 处的合格工件，测量后所得的实际尺寸可能在 $B$，$C$ 之间，其中处于 $A$，$B$ 之间的仍为合格件，处于 $A$，$C$ 之间的造成误废。

（2）真实尺寸位于 $B$ 点处的工件，测量所得的实际尺寸可能在 $A$，$D$ 之间，没有误废。但当工件真实尺寸（$B''$）略为超过 $B$ 点（图中超过量为 $\Delta$），则开始产生误废。误废的概率将随 $\Delta$ 的增大而迅速增大。

值得注意的是，$B''$ 处工件误废的概率虽远小于 $A$ 处，但 $B''$ 处分布的工件密度比 $A$ 处大，故误废的工件数目应以位于该处（很小的 $\Delta$ 范围内）的工件数目和误废概率之乘积来计算。

（3）真实尺寸位于 $C$ 点处的废品件，测量后所得的实际尺寸可能在 $A$，$E$ 之间，没有误收。但工件真实尺寸略小于 $C$ 点的尺寸，则将开始产生误收。误收的概率变化与误废相似，也将随着工件真实尺寸越接近 $A$ 点而迅速增大。不过在正常情况下，真实尺寸超出 $A$ 点的真废件数量很少，故实际上真实尺寸位于 $A$，$C$ 之间的真废品被误收的件数，要比真实尺寸位于 $A$，$B$ 之间的合格品被误废的件数少得多。

（4）真实尺寸小于 $B$ 点或超过 $C$ 点的工件，基本上没有误检。

（5）公差带两端的情况相同，图中左方所示与右方完全对称。

（6）如要严格保证产品质量，杜绝误收工件，则需将判断工件尺寸是否合格的界限，从公差带两端点向公差带内缩至图中 $B$ 及 $B'$ 的位置。但这样做要付出经济代价，即为了避免很少数工件的误收，可能使更多的合格件被误废。

为了提高产品质量，目前国内外都考虑在验收界限"内缩"的基础上，制定检测标准。

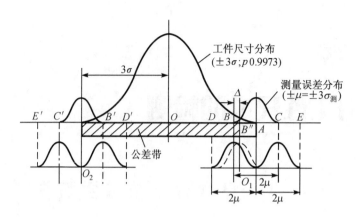

图 7—1

我国参考 ISO 国际标准，制定了《光滑工件尺寸的检验》（GB 3177—1982）和《光滑极限量规》（GB/T 1957—2006）两个国家标准，前者于 1996 年、1997 年进行了修订，新的标准代号为GB/T 3177—1997。下面将分别介绍。

# §7—2　用通用计量器具测量工件

用通用计量器具测量工件，应参照国家标准 GB/T 3177—1997 进行。该标准适用于车间用的计量器具（游标卡尺、千分尺和分度值不小于 0.5μm 的指示表和比较仪等），主要用以检测公差等级为 IT6 ~ IT18 的工件尺寸。标准规定了安全裕度和验收极限以及计量器具的具体选用方法。

## 一、安全裕度和验收极限

国家标准 GB /T 3177—1997 对用普通计量器具检测工件尺寸规定了两种验收极限（验收方式）。

### 1. 内缩方式

内缩方式是从工件的最大和最小实体尺寸分别向公差带内移动一个安全裕度 A 来确定验收极限，如图 7—2 所示。这样可减少或防止误收，以确保产品质量，但误废会略有增加。

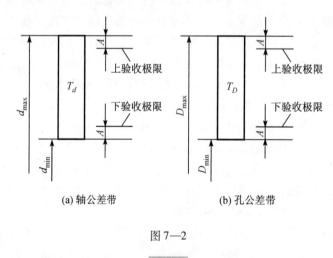

(a) 轴公差带　　　　(b) 孔公差带

图 7—2

安全裕度 $A$ 值取被测工件尺寸公差 $T$ 的十分之一，即：

$$A = T/10$$

**2. 不内缩方式**

不内缩方式是规定验收极限就是工件尺寸的两个极限尺寸，即安全裕度 $A = 0$。

验收方式可按以下原则来选择。

（1）对采用包容要求的尺寸及公差等级较高的尺寸，应选用内缩方式（如图 7—2）。

（2）当工艺能力指数 $C_p \geqslant 1$ 时（$C_p = T/6\sigma$，$T$ 为工件尺寸公差，$\sigma$ 为加工方法的标准偏差），可用不内缩方式，但当采用包容要求时，在最大实体尺寸的一侧仍用内缩方式，如图 7—3 所示。

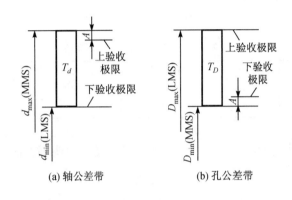

(a) 轴公差带　　　　　　(b) 孔公差带

图 7—3

（3）当工件的实际尺寸服从偏态分布时（如用试切加工，轴尺寸多偏大，孔尺寸多偏小，以免出现不可修复废品），可只对尺寸偏向的一侧选用内缩方式，另一侧不内缩，如图 7—4。

（4）对于非配合尺寸和采用一般公差的尺寸，可用不内缩方式。

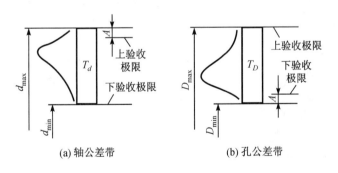

(a) 轴公差带　　　　　　(b) 孔公差带

图 7—4

# 二、计量器具的选择

用通用计量器具检测工件尺寸，其测量不确定度 $U$ 除主要包括计量器具的不确定度 $u_1$ 外，还受测量温度、工件形状误差以及因测量力而产生的工件被测处的压缩变形等实测因素的影响。统计分析表明，由这些因素而产生的测量不确定度分量 $u_2$，约为计量器具不确定度允许值 $u_1$ 的一半，即：

$$u_2 \approx 0.5u_1$$
$$U = \sqrt{u_1^2 + u_2^2}$$

由此可得：

$$U = \sqrt{u_1^2 + u_2^2} = \sqrt{u_1^2 + (0.5u_1)^2} \approx 1.1u_1$$
$$u_1 = 0.9U$$

因此，在确定测量不确定度允许值 $U$ 之后，就可以按计量器具不确定度允许值 $u_1$ 来选择计量器具，使所选计量器具的不确定度不大于 $u_1$ 值。

测量不确定度允许值 $U$ 按其与工件尺寸公差（适用于 IT6 ~ IT18）的比值分 Ⅰ，Ⅱ，Ⅲ 三挡（IT12 ~ IT18 只分 Ⅰ，Ⅱ 两挡），如表 7—1 所列。一般情况下，优先选用 Ⅰ 挡，其次为 Ⅱ 挡、Ⅲ 挡。

表 7—1　测量不确定度 $U$ 允许值

| 被测尺寸公差等级 | IT6 ~ IT11 | | | IT12 ~ IT18 | |
|---|---|---|---|---|---|
| 分挡 | Ⅰ | Ⅱ | Ⅲ | Ⅰ | Ⅱ |
| 允许值 | $T/10$ | $T/6$ | $T/4$ | $T/10$ | $T/6$ |

注：$T$ 为被测尺寸公差值。

常用计量器具不确定度的数值，可查计量器具的使用说明书，而表 7—2、表 7—3 和表 7—4 所列数值供参考。

表 7—2　千分尺和游标卡尺的不确定度　　　　　　　　　　mm

| 尺寸范围 | 计 量 器 具 类 型 | | | |
|---|---|---|---|---|
| | 分度值0.01 外径千分尺 | 分度值0.01 内径千分尺 | 分度值0.02 游标卡尺 | 分度值0.05 游标卡尺 |
| | 不　确　定　度 | | | |
| 0 ~ 50 | 0.004 | 0.008 | 0.020 | 0.50 |
| 50 ~ 100 | 0.005 | | | |
| 100 ~ 150 | 0.006 | | | |
| 150 ~ 200 | 0.007 | | | |
| 200 ~ 250 | 0.008 | 0.013 | | |
| 250 ~ 300 | 0.009 | | | |
| 300 ~ 350 | 0.010 | 0.020 | | 0.100 |
| 350 ~ 400 | 0.011 | | | |
| 400 ~ 450 | 0.012 | | | |
| 450 ~ 500 | 0.013 | 0.025 | | |
| 500 ~ 600 | | 0.030 | | |
| 600 ~ 700 | | | | |
| 700 ~ 1000 | | | | 0.150 |

注：当千分尺采用微差比较测量时，其不确定度可小于表列数值，约为60%。

表7—3　比较仪的不确定度　　　　　　　　　　　　　　　mm

| 尺寸范围 | | 所使用的计量器具 | | | |
|---|---|---|---|---|---|
| | | 分度值为 0.0005（相当于放大倍数 2000 倍）的比较仪 | 分度值为 0.001（相当于放大倍数 1000 倍）的比较仪 | 分度值为 0.002（相当于放大倍数 500 倍）的比较仪 | 分度值为 0.005（相当于放大倍数 200 倍）的比较仪 |
| 大于 | 至 | 不　确　定　度 | | | |
| | 25 | 0.0006 | 0.0010 | 0.0017 | 0.0030 |
| 25 | 40 | 0.0007 | | | |
| 40 | 65 | 0.0008 | 0.0011 | 0.0018 | |
| 65 | 90 | 0.0008 | | | |
| 90 | 115 | 0.0009 | 0.0012 | 0.0019 | |
| 115 | 165 | 0.0010 | 0.0013 | | |
| 165 | 215 | 0.0012 | 0.0014 | 0.0020 | |
| 215 | 265 | 0.0014 | 0.0015 | 0.0021 | 0.0035 |
| 265 | 315 | 0.0016 | 0.0017 | 0.0022 | |

注：测量时，使用的标准器由 4 块 4 等量块组成。

表7—4　指示表的不确定度　　　　　　　　　　　　　　　mm

| 尺寸范围 | | 所　使　用　的　计　量　器　具 | | | |
|---|---|---|---|---|---|
| | | 分度值为 0.001 的千分表（0 级在全程范围内，1 级在 0.2mm 内）分度值为 0.002 的千分表（在 1 转范围内） | 分度值为 0.001，0.002，0.005 的千分表（1 级在全程范围内，分度值为 0.01 的百分表，0 级在任意 1mm 内） | 分度值为 0.01 的百分表（0 级在全程范围内，1 级在任意 1mm 内） | 分度值为 0.01 的百分表（1 级在全程范围内） |
| 大于 | 至 | 不　确　定　度 | | | |
| | 25 | 0.005 | 0.010 | 0.018 | 0.030 |
| 25 | 40 | | | | |
| 40 | 65 | | | | |
| 65 | 90 | | | | |
| 90 | 115 | | | | |
| 115 | 165 | 0.006 | | | |
| 165 | 215 | | | | |
| 215 | 265 | | | | |
| 265 | 315 | | | | |

注：测量时，使用的标准器由 4 块 4 等量块组成。

选择计量器具除考虑首要因素测量准确度外，还要考虑其适用性及检测成本。

计量器具的使用性能，要适应被测件的尺寸、结构、被测部位、被测件的重量、材质软硬以及批量大小和检测效率等方面的要求。例如尺寸大的零件，一般要选用上置式的计量器具；仪表中的小尺寸及硬度低、刚性差的工件，宜选用非接触测量方式，即选用光学投影放大、气动、光电等原理的量仪进行测量；对大批量生产的工件，应选用量规或自动检验机检测，以提高检测效率。另外，还要考虑检测成本，在满足测量准确度的前提下，应选用价格较低廉的计量器具。

**例 7—1**：试确定轴件 $\phi50\text{p}6$ （$^{+0.042}_{+0.026}$）Ⓔ 的验收极限，并选择相应的计量器具。

**解**：对此要求高并采用包容要求的轴件尺寸，应采用内缩方式。安全裕度 $A$ 为：
$$A = T/10 = （42 - 26）/10 = 1.6\mu m$$

测量不确定度允许值 $U$ 也取 $T/10 = 1.6\mu m$（按表 7—1 取 I 挡）。

于是测量器具的不确定度允许值 $u_1 = 0.9U = 1.4\mu m$。

检测时验收极限确定如下（图 7—5）：

上验收极限 $= 50 + 0.042 - 0.0016 = 50.0404\text{mm}$

下验收极限 $= 50 + 0.026 + 0.0016 = 50.0276\text{mm}$

查表 7—3 知，可选用分度值为 0.001mm 的比较仪来测量该工件尺寸。该比较仪的不确定度为 0.0011mm，小于 $u_1 = 0.0014\text{mm}$，但又不过小。

按传统方法，还可用计量器具的极限测量误差占被测工件尺寸公差的一定比例选用计量器具。一般取计量器具极限测量误差占工件公差的 $1/10 \sim 1/3$，检测时以被测工件的极限尺寸作为验收界限。对公差值大的工件，上述比值可取 1/10 或接近 1/10。对公差值小的工件，因为公差已很小，计量器具的极限测量误差要求将更小，为了减小计量器具的制造困难及成本，宜选较大比值 $1/5 \sim 1/3$。计量器具的极限测量误差可查阅有关手册和资料。

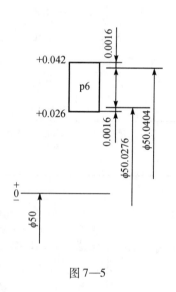

图 7—5

# §7—3 用光滑极限量规检验工件

## 一、量规的种类、用途和公差带

量规是一种无刻度量具，它只能检验工件尺寸合格与否，而不能测量出工件的实际尺寸。检验孔用的量规一般为塞规，检验轴用的量规一般为环规或卡规。量规（塞规和卡规）有通端和止端之分，如图 7—6 和图 7—7 所示。

通端量规用以控制工件的最大实体尺寸，即孔的最小极限尺寸和轴的最大极限尺寸。用通端量规检查工件时，其合格的标志是量规能顺利地通过被检工件。若通端卡规能通过被检轴，说明轴的直径尺寸小于最大极限尺寸；若通端塞规能通过被检孔，则说明孔的直径尺寸大于最小极限尺寸。

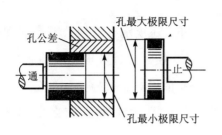 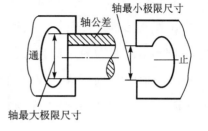

图 7—6 图 7—7

止端量规用以控制工件的最小实体尺寸，即孔的最大极限尺寸和轴的最小极限尺寸。用止端量规检查工件时，其合格的标志是量规不能通过被检工件。若止端卡规不能通过被检轴，说明轴的直径尺寸大于最小极限尺寸；若止端塞规不能通过被检孔，说明孔的直径尺寸小于最大极限尺寸。

上述量规是用以检验光滑圆柱工件的极限尺寸，故称为"光滑极限量规"。不仅光滑圆柱工件可用极限量规来检验，其他一些内、外尺寸（如槽宽、台阶高度、某些长度尺寸以及螺纹、圆锥、花键等）也可用不同形式的极限量规来检验。

由于极限量规结构简单、使用方便、检验效率高，故应用很广，特别适用于大批量生产的场合。

量规按其用途的不同可分为工作量规、验收量规和校对量规两类。

**1. 工作量规**

工人在加工工件时用来检验工件的量规称为工作量规。其通端和止端的代号分别为"T"和"Z"。

工作量规公差带与其被检工件（孔或轴）公差带的相对位置如图 7—8 所示。我国国家标准《光滑极限量规》（GB 1957—

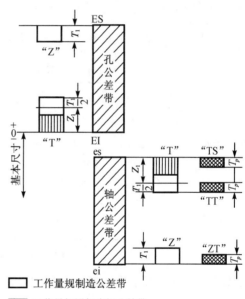

图 7—8

$T_1$—工作量规制造公差；

$Z_1$—工作量规制造公差带中心到工件

最大实体尺寸之间的距离；

$T_p$—校对量规制造公差

1981）规定通规"T"和止规"Z"都采用内缩方案，即公差带全部偏置于被检工件尺寸的公差带内，这有利于防止误收，保证产品质量。

图7—8中工作量规的"通规"除制造公差 $T_1$ 外，还规定有磨损公差带（图中标有纵向剖面线的部分）。这是因为在检验工件时，通规要经常通过被检孔或轴而产生磨损，为了保证通规的合理使用寿命，特将通规的制造公差带相对于被检工件的公差带再内移一定距离。对通规制造公差带中心到被检工件最大实体尺寸之间的距离 $Z_1$，标准做了规定（表7—6）。

新的通规的实际尺寸必须在制造公差带内，而使用磨损后的尺寸可以允许超出制造公差带，直至磨损到磨损极限（即被检工件的最大实体尺寸）时才停止使用。

**2. 校对量规**

孔用量规的尺寸可用精密的通用量仪（如光学计、测长仪、干涉仪等）来测量，但轴用量规（卡规）测量较困难，故对轴用量规规定了校对量规。检验轴用量规的校对量规是塞规，其检测比较方便。

校对量规有三种，其名称、代号、功用等见表7—5，其公差带及位置如图7—8所示。

表7—5 校 对 量 规

| 名　　称 | 代　　号 | 被　检　参　数 | 合格标志 |
|---|---|---|---|
| 校通—通 | TT | 工作卡规通端的最小极限尺寸 | 通　过 |
| 校止—通 | ZT | 工作卡规止端的最小极限尺寸 | 通　过 |
| 校通—损 | TS | 工作卡规通端的磨损极限 | 不通过 |

卡规通端和止端的制造公差带上限（即最大极限尺寸）都没有设置校对量规，这是因为工作量规的公差值很小，校对量规的公差更小，若公差带上限再设置校对量规，不仅增加成本，且会增大新工作量规的误检率（公差带重叠），故标准中只规定了TT和ZT校对量规。新工作卡规尺寸是否过大，生产中是在检验人员用TT及ZT校对量规检验卡规下限尺寸时，凭手感经验来判断，如有疑惑，可另用精密量仪来检测。

量规国家标准中规定了公称尺寸到500mm、公差等级由IT6至IT16各级孔用和轴用量规的公差值和技术条件。工作量规的公差 $T_1$ 及公差带位置要素 $Z_1$ 可由表7—6中查出。量规的形状和位置公差一般为量规尺寸公差的50%。

表 7—6　IT6～IT14 级工作量规制造公差 $T_1$ 和位置要素 $Z_1$ 值(摘录)

μm

| 工件公称尺寸 $D$/mm | IT6 | | | IT7 | | | IT8 | | | IT9 | | | IT10 | | | IT11 | | | IT12 | | | IT13 | | | IT14 | | |
|---|---|---|---|---|---|---|---|---|---|---|---|---|---|---|---|---|---|---|---|---|---|---|---|---|---|---|---|
| | IT6 | $T_1$ | $Z_1$ | IT7 | $T_1$ | $Z_1$ | IT8 | $T_1$ | $Z_1$ | IT9 | $T_1$ | $Z_1$ | IT10 | $T_1$ | $Z_1$ | IT11 | $T_1$ | $Z_1$ | IT12 | $T_1$ | $Z_1$ | IT13 | $T_1$ | $Z_1$ | IT14 | $T_1$ | $Z_1$ |
| ~3 | 6 | 1 | 1 | 10 | 1.2 | 1.6 | 14 | 1.6 | 2 | 25 | 2 | 3 | 40 | 2.4 | 4 | 60 | 3 | 6 | 100 | 4 | 9 | 140 | 6 | 14 | 250 | 9 | 20 |
| 大于3~6 | 8 | 1.2 | 1.4 | 12 | 1.4 | 2 | 18 | 2 | 2.6 | 30 | 2.4 | 4 | 48 | 3 | 5 | 75 | 4 | 8 | 120 | 5 | 11 | 180 | 7 | 16 | 300 | 11 | 25 |
| 大于6~10 | 9 | 1.4 | 1.6 | 15 | 1.8 | 2.4 | 22 | 2.4 | 3.2 | 36 | 2.8 | 5 | 58 | 3.6 | 6 | 90 | 5 | 9 | 150 | 6 | 13 | 220 | 8 | 20 | 360 | 13 | 30 |
| 大于10~18 | 11 | 1.6 | 2 | 18 | 2 | 2.8 | 27 | 2.8 | 4 | 43 | 3.4 | 6 | 70 | 4 | 8 | 110 | 6 | 11 | 180 | 7 | 15 | 270 | 10 | 24 | 430 | 15 | 35 |
| 大于18~30 | 13 | 2 | 2.4 | 21 | 2.4 | 3.4 | 33 | 3.4 | 5 | 52 | 4 | 7 | 84 | 5 | 9 | 130 | 7 | 13 | 210 | 8 | 18 | 330 | 12 | 28 | 520 | 18 | 40 |
| 大于30~50 | 16 | 2.4 | 2.8 | 25 | 3 | 4 | 39 | 4 | 6 | 62 | 5 | 8 | 100 | 6 | 11 | 160 | 8 | 16 | 250 | 10 | 22 | 390 | 14 | 34 | 620 | 22 | 50 |
| 大于50~80 | 19 | 2.8 | 3.4 | 30 | 3.6 | 4.6 | 46 | 4.6 | 7 | 74 | 6 | 9 | 120 | 7 | 13 | 190 | 9 | 19 | 300 | 12 | 26 | 460 | 16 | 40 | 740 | 26 | 60 |
| 大于80~120 | 22 | 3.2 | 3.8 | 35 | 4.2 | 5.4 | 54 | 5.4 | 8 | 87 | 7 | 10 | 140 | 8 | 15 | 220 | 10 | 22 | 350 | 14 | 30 | 540 | 20 | 46 | 870 | 30 | 70 |
| 大于120~180 | 25 | 3.8 | 4.4 | 40 | 4.8 | 6 | 63 | 6 | 9 | 100 | 8 | 12 | 160 | 10 | 18 | 250 | 12 | 25 | 400 | 16 | 35 | 630 | 22 | 52 | 1 000 | 35 | 80 |
| 大于180~250 | 29 | 4.4 | 5 | 46 | 5.4 | 7 | 72 | 7 | 10 | 115 | 9 | 14 | 185 | 12 | 20 | 290 | 14 | 29 | 460 | 18 | 40 | 720 | 26 | 60 | 1 150 | 40 | 90 |
| 大于250~315 | 32 | 4.8 | 5.6 | 52 | 6 | 8 | 81 | 8 | 11 | 130 | 10 | 16 | 210 | 14 | 22 | 320 | 16 | 32 | 520 | 20 | 45 | 810 | 28 | 66 | 1 300 | 45 | 100 |
| 大于315~400 | 36 | 5.4 | 6.2 | 57 | 7 | 9 | 89 | 9 | 12 | 140 | 11 | 18 | 230 | 14 | 25 | 360 | 18 | 36 | 570 | 22 | 50 | 890 | 32 | 74 | 1 400 | 50 | 110 |
| 大于400~500 | 40 | 6 | 7 | 63 | 8 | 10 | 97 | 10 | 14 | 155 | 12 | 20 | 250 | 16 | 28 | 400 | 20 | 40 | 630 | 24 | 55 | 970 | 36 | 80 | 1 550 | 55 | 120 |

校对量规的尺寸公差 $T_p$ 为被校对的工作量规尺寸公差的 50% ，形状与位置误差应在其尺寸公差带内。

量规按结构型式可分为尺寸可调整式和不可调整式（固定式），单头和双头等多种。图 7—9（卡规）和图 7—10（塞规）所示为常用量规的一部分。

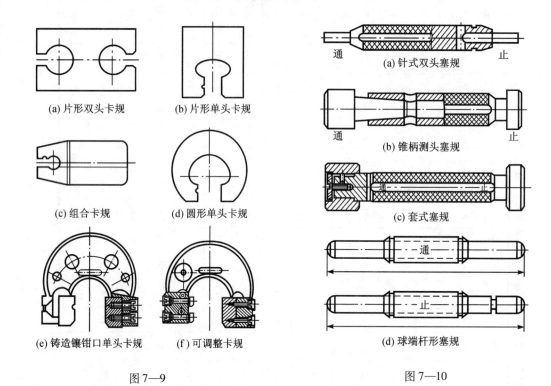

(a) 片形双头卡规　　　(b) 片形单头卡规

(c) 组合卡规　　　(d) 圆形单头卡规

(e) 铸造镶钳口单头卡规　　　(f) 可调整卡规

图 7—9

(a) 针式双头塞规

(b) 锥柄测头塞规

(c) 套式塞规

(d) 球端杆形塞规

图 7—10

## 二、量规的形状

按照"泰勒原则"（即极限尺寸判断原则，第四章中的包容要求），用于控制工件作用尺寸的是通端量规，它的测量面理论上应具有与被检孔或轴相应的完整表面（即全形量规），其尺寸应等于孔或轴的最大实体尺寸，且量规工作面的长度应等于工件的配合长度，即用以模拟最大实体边界；止端量规仅用于控制工件实际尺寸，它的测量面理论上应为点状（不全形量规），即应按两点法来检测，以避免形状误差的影响，其尺寸应等于孔或轴的最小实体尺寸。

图 7—11 为全形和不全形量规检验工件（孔）的情况。当量规不符合泰勒原则，即通端制成不全形轮廓（片状）、止端制成全形轮廓（圆柱形），显然不能剔除因形状误差（如图中为椭圆形的圆度误差）而超差的废品，即通端在纵向方位上能通过，而止端不能通过，故被误收为合格品。

在实际应用中，为了使量规的制造和使用方便，量规常偏离（不符合）上述原则：如检验轴的通规按泰勒原则应为圆形环规，但环规使用不方便，故一般都作成卡规（图 7—9）；检验大尺寸孔的通规，为了减轻重量以便使用，常作成不全形塞规或球端杆形规［图 7—10（d）］。

由于点接触容易磨损，故止规也不一定是两点接触式，一般常用小平面或圆柱面，即采

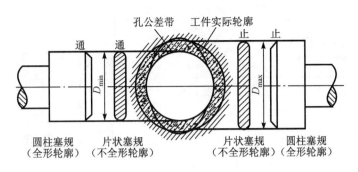

图 7—11

用线、面接触形式。检验小尺寸孔的止规为了加工方便，常做成全形（圆柱形）止规。

国家标准规定，使用偏离泰勒原则的量规的条件是应保证被检工件的形状误差不致影响配合的性质，因此检验时应在被测件的多方位上作多次检验。

## 三、量规的设计

### 1. 量规型式的选择

量规型式的选择可参照国家标准的推荐，如图 7—12 所示。图中推荐了不同尺寸范围的不同量规型式，左边纵向的"1"，"2"表示推荐顺序，推荐优先用"1"行。零线上为通规，零线下为止规。

量规的结构设计可参看工具专业标准及有关资料。

### 2. 量规工作尺寸的计算

计算量规工作尺寸时，应首先查出被检工件的上、下偏差，再从表 7—6 中查出量规的制造公差 $T_1$ 和位置要素 $Z_1$，按图 7—8 即可画出所有量规的公差带图。其中，三种校对量规的公差值 $T_p$ 均取所校对的量规制造公差的一半，即 $T_p = T/2$。

现以 $\phi25H8/f7$ 的孔用与轴用量规为例，计算各种量规的有关工作尺寸，其结果列于表 7—7，公差带图如图 7—13 所示。

表 7—7　量规工作尺寸的计算

| 被检工件 | 量规种类 | 量规公差 $T_1$（$T_p$）/μm | 位置要素 $Z_1$ /μm | 量规极限尺寸 /mm | | 量规工作尺寸 /mm |
|---|---|---|---|---|---|---|
| | | | | 最　大 | 最　小 | |
| $\phi25^{+0.033}_{0}$（$\phi25H8$） | T（通） | 3.4 | 5.0 | 25.0067 | 25.0033 | $25.0067^{0}_{-0.0034}$ |
| | Z（止） | 3.4 | — | 25.0330 | 25.0296 | $25.0330^{0}_{-0.0034}$ |
| $\phi25^{-0.020}_{-0.041}$（$\phi25f7$） | T（通） | 2.4 | 3.4 | 24.9778 | 24.9754 | $24.9754^{+0.0024}_{0}$ |
| | Z（止） | 2.4 | — | 24.9614 | 24.9590 | $24.9590^{+0.0024}_{0}$ |
| | TT | 1.2 | — | 24.9766 | 24.9754 | $24.9766^{0}_{-0.0012}$ |
| | ZT | 1.2 | — | 24.9602 | 24.9590 | $24.9602^{0}_{-0.0012}$ |
| | TS | 1.2 | — | 24.9800 | 24.9788 | $24.9800^{0}_{-0.0012}$ |

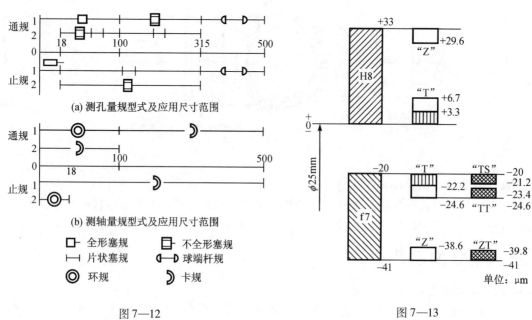

图 7—12

图 7—13

量规工作尺寸计算完后，可绘制出如图 7—14 所示的工作图。为了给量规制造工人提供方便，量规图纸上的工作尺寸也可用量规的最大实体尺寸来标注，如表 7—7 最右列。这样使上、下偏差之一为零值，便于加工。

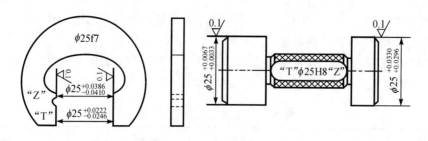

图 7—14

## 四、量规的技术要求

量规可用合金工具钢、碳素工具钢、渗碳钢及硬质合金等尺寸稳定性好且耐磨的材料来制造，也可用普通碳素钢制造，但其工作面应进行镀铬或氮化处理，其厚度应大于磨损量，以提高量规工作面的硬度。量规测量面的硬度应为 HRC58～65，并应经过稳定性处理。

量规测量面的表面粗糙度应按表 7—8 的规定。

量规的测量面不应有锈迹、毛刺、黑斑、划痕等明显影响外观和使用质量的缺陷，其他表面也不应有锈蚀和裂纹。

**表 7—8  量规测量面的表面粗糙度**

| 工作量规 | 工件公称尺寸/mm | | |
|---|---|---|---|
| | 至 120 | >120~315 | >315~500 |
| | 表面粗糙度 $Ra$ 值不大于/μm | | |
| IT6 级孔用量规 | 0.05 | 0.1 | 0.2 |
| IT7~IT9 孔用量规<br>IT6~IT9 轴用量规 | 0.1 | 0.2 | 0.4 |
| IT10~IT12 孔轴用量规 | 0.2 | 0.4 | 0.8 |
| IT13~IT16 孔轴用量规 | 0.4 | 0.8 | 0.8 |

注：校对量规测量面的表面粗糙度参数值（$Ra$）比被校对的轴用量规测量面的粗糙度参数值（$Ra$）略小一点。

# 第 八 章

# 螺纹、键、花键、圆锥结合的公差配合及检测

## §8—1 螺纹结合的公差配合及检测

### 一、概 述

**1. 螺纹的分类及使用要求**

螺纹结合在机械制造和仪器制造中应用很广，按其用途可分为三类。

（1）连接螺纹（又称紧固螺纹）

这种螺纹用于紧固和连接零件，如公制普通螺纹，这是使用最广泛的一种螺纹结合。对它的主要要求是可旋合性和连接的可靠性。

（2）传动螺纹

这种螺纹用于传递动力和位移，如机床中的丝杠螺母副，量仪中的测微螺旋副。对它的主要要求是传递动力要可靠，传动比要稳定（传动精度），有一定的保证间隙，以便传动和贮存润滑油。

（3）紧密（密封）螺纹

这种螺纹用于密封，主要要求是结合紧密，不漏水，不漏气，不漏油。

**2. 螺纹的基本牙型及主要几何参数**

公制普通螺纹的基本牙型如图 8—1 中粗实线所示（GB/T 192—2003）。该牙型的全部尺寸，都是螺纹的基本尺寸。加细实线构成的三角形，称原始三角形，其高度用 $H$ 表示。

螺纹的主要几何参数如下（图 8—1）。

（1）大径（$D$ 或 $d$，大、小写分别表示内、外螺纹，下同）

与外螺纹牙顶或内螺纹牙底相重合的假想圆柱的直径，称为大径。螺纹大径的基本尺寸为螺纹的公称尺寸。其位置在原始三角形上部 $H/8$ 削平处。

（2）小径（$d_1$ 或 $D_1$）

与外螺纹牙底或内螺纹牙顶相重合的假想圆柱的直径，称为小径。其位置在原始三角形下部 $H/4$ 削平处。

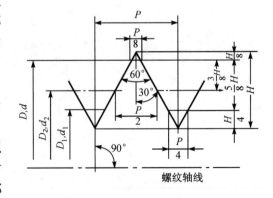

图 8—1

（3）中径（$d_2$ 或 $D_2$）

中径是一个假想圆柱的直径，该圆柱的母线通过牙型上沟槽和凸起宽度相等的地方。此假想圆柱称为中径圆柱。

中径、大径和小径与原始三角形高度 $H$ 的关系见图 8—1。螺纹中径不受大径、小径尺寸变化的影响，不是大径和小径的平均值。

（4）单一中径

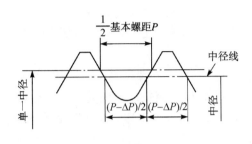

图 8—2

$P$—基本螺距；$\Delta P$—螺距误差

单一中径也是一个假想圆柱的直径，该圆柱的母线通过牙型上沟槽宽度等于螺距基本尺寸一半的地方（图 8—2）。

单一中径是按三针法测量中径（见本章四节）定义的。当螺距无误差时，中径就是单一中径，如螺距有误差，则二者不相等，见图 8—2。

（5）螺距（$P$）与导程（$L$）

螺距是指相邻两牙在中径线上对应两点间的轴向距离；导程是指在同一条螺旋线上相邻两牙在中径线上对应两点间的轴向距离。对单线螺纹，导程等于螺距；对多头（线）螺纹，导程等于螺距与线数（$n$）的乘积：$L = nP$。

（6）牙型角（$\alpha$）与牙型半角（$\alpha/2$）

牙型角是指在通过螺纹轴线剖面内的螺纹牙型上相邻两牙侧间的夹角。公制普通螺纹的牙型角 $\alpha = 60°$；牙型半角是牙侧与螺纹轴线的垂线间的夹角，$\alpha/2 = 30°$（图 8—1）。

牙型角正确时牙型半角仍可能有误差，如两半角分别为 29° 和 31°，故测量应测半角。

（7）螺纹升角（$\varphi$）

在中径圆柱上螺旋线的切线与垂直于螺纹轴线的平面的夹角为螺纹升角。它与螺距 $P$ 和中径 $d_2$ 的关系为：

$$\tan\varphi = \frac{nP}{\pi d_2} \qquad (8—1)$$

式中　$n$——螺纹头数。

（8）螺纹旋合长度

螺纹旋合长度是指两配合螺纹沿螺纹轴线方向相互旋合部分的长度。

## 二、公差原则对螺纹几何参数的应用

影响螺纹互换性的主要因素是螺距误差、牙型半角误差和中径偏差。而螺距误差和半角误差实质上是螺牙和螺牙间的形位误差，其与中径偏差（尺寸误差）之间的关系，可用公差原则来分别处理。

对精密螺纹，如丝杠、螺纹量规、测微螺纹等，为满足其功能要求，应对螺距、半角和中径分别规定较严的公差，即按独立原则对待。其中螺距误差常体现为多个螺距的螺距累积误差。

对紧固联结用的普通螺纹，主要是要求保证可旋合性和一定的连接强度，故应采用公差原则中的包容要求来处理，即对这种产量极大的螺纹，标准中只规定中径公差，而螺距及半角误差都由中径公差来综合控制。或者说，是用中径极限偏差构成的牙廓最大实体边界，来限制以螺距及半角误差形式呈现的形位误差。检测时，应采用螺纹综合量规（见后）来体现最大实体边界，控制含有螺距误差和半角误差的螺纹作用中径。当有螺距误差和半角误差时，内螺纹的作用中径小于实际中径，外螺纹的作用中径大于实际中径。如没有螺距和半角误差，即实际中径就是作用中径。这些概念和前面讲过的作用尺寸是一致的。即：

$$d_{2作用} = d_{2实际} + \left(f_p + f_{\frac{\alpha}{2}}\right) \tag{8—2}$$

$$D_{2作用} = D_{2实际} - \left(f_p + f_{\frac{\alpha}{2}}\right)$$

式中　$f_p$，$f_{\frac{\alpha}{2}}$——螺距误差和牙型半角误差在中径上造成的影响部分，即螺距误差和牙型半角误差的中径当量。

螺纹的大径和小径，主要是要求旋合时不发生干涉。标准对外螺纹大径 $d$ 和内螺纹小径 $D_1$ 规定了较大的公差值，对内螺纹大径 $D$，没有规定公差值，而只规定该处的实际轮廓不得超越按基本偏差所确定的最大实体牙型，即保证旋合时不会发生干涉。对外螺纹则规定了外螺纹小径处的最大值 $d_{3max}$，即外螺纹的小径不得超过 $d_{3max}$。

## 三、普通螺纹的公差、配合及其选用

### 1. 普通螺纹的公差带

普通螺纹国家标准（GB/T 197—2003）规定了螺纹大、中、小径公差带。

（1）公差等级

螺纹公差带的大小由公差值确定，并按公差值的大小分为若干等级，如表8—1所示。

表8—1　螺纹公差等级

| 螺　纹　直　径 | 公　差　等　级 |
| --- | --- |
| 内螺纹小径 $D_1$ | 4, 5, 6, 7, 8 |
| 内螺纹中径 $D_2$ | 4, 5, 6, 7, 8 |
| 外螺纹中径 $d_2$ | 3, 4, 5, 6, 7, 8, 9 |
| 外螺纹大径 $d$ | 4, 6, 8 |

其中，3级公差值最小，准确度最高；9级公差值最大，准确度最低。各级公差值，可参阅表8—4，表8—5。

在同一公差等级中，内螺纹中径公差比外螺纹中径公差大32%左右，这是因为内螺纹加工比较困难而从工艺等价性考虑的。

对外螺纹小径和内螺纹大径，虽没有规定公差值，但由于螺纹加工时外螺纹的中径 $d_2$ 与小径 $d_1$、内螺纹中径 $D_2$ 与大径 $D$ 是同时由刀具切出的，其尺寸由刀具保证，故在正常情况下，外螺纹小径 $d_1$ 不会过小，内螺纹大径 $D$ 不会过大。

（2）基本偏差

内、外螺纹的公差带位置如图8—3所示，螺纹的基本牙型是计算螺纹偏差的基准。所谓"基本牙型"（图8—1）是在通过螺纹轴线的剖面内，作为螺纹设计依据的理想牙型。

螺纹公差带相对于基本牙型的位置由基本偏差确定。外螺纹的基本偏差是上偏差 es，内螺纹的基本偏差是下偏差 EI。

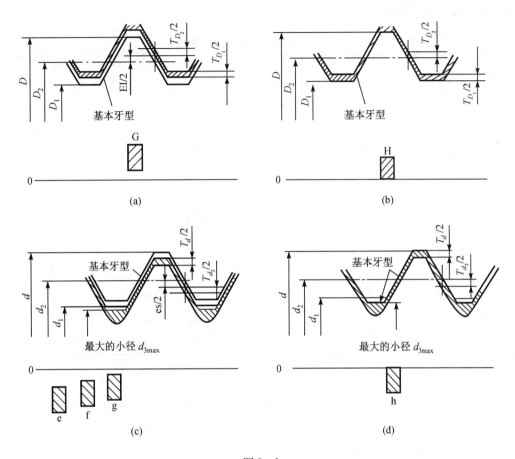

图 8—3

$T_{D_1}$—内螺纹小径公差；$T_{D_2}$—内螺纹中径公差；$T_d$—外螺纹大径公差；$T_{d_2}$—外螺纹中径公差

标准中对内螺纹规定了两种基本偏差，其代号为 G，H，如图 8—3（a）、（b）所示；对外螺纹规定了 4 种基本偏差，其代号为 e，f，g，h，如图 8—3（c）、（d）所示。

H 和 h 的基本偏差为零，G 的基本偏差值为正，e，f，g 的基本偏差值为负（见表 8—4）。

按螺纹的公差等级和基本偏差可以组成数目很多的公差带，公差带代号由表示公差等级的数字和基本偏差的字母代号组成，如 6H，5g 等。

**2. 螺纹公差带的选用**

在生产中为了减少刀具、量具的规格种类，国家标准中规定了既能满足当前需要，而数量又有限的常用公差带，如表 8—2 和表 8—3 所示。表中（下注）还规定了优先、其次和尽可能不用的选用顺次。除有特殊需要外，一般不应选择标准规定以外的公差带。

螺纹分精密、中等、粗糙 3 个等级。精密级用于要求配合性质变动较小的精密螺纹；中等级用于一般用途；粗糙级用于对精度要求不高或制造比较困难的场合。一般以中等旋合长度下的 6 级公差等级为中等精度的基准。

标准对螺纹连接规定了短、中等、长三种旋合长度，分别用代号 S，N，L 表示（见表 8—6）。一般情况应采用中等旋合长度。从表 8—2 和表 8—3 可知，在同一精度中，对不同的旋合长度（S，N，L），其中径所采用的公差等级也不同，这是考虑到不同旋合长度对螺距累积误差有不同的影响。

表8—2 内螺纹选用公差带

| 精　　度 | 公差带位置G | | | 公差带位置H | | |
|---|---|---|---|---|---|---|
| | S | N | L | S | N | L |
| 精　密 | | | | 4H | 4H5H | 5H6H |
| 中　等 | (5G) | *6G | (7G) | *5H | *6H* | *7H |
| 粗　糙 | | (7G) | (8G) | | 7H | 8H |

表8—3 外螺纹选用公差带

| 精　度 | 公差带位置e | | | 公差带位置f | | | 公差带位置g | | | 公差带位置h | | |
|---|---|---|---|---|---|---|---|---|---|---|---|---|
| | S | N | L | S | N | L | S | N | L | S | N | L |
| 精　密 | | | | | | | (4g) | (5g4g) | (3h4h) | *4h | (5h4h) |  |
| 中　等 | | *6e | (7e6e) | | *6f | | (5g6g) | *6g* | (7g6g) | (5h6h) | 6h | (7h6h) |
| 粗　糙 | | (8e) | (9e8e) | | | | | 8g | (9g8g) | | | |

注：大量生产的精制紧固螺纹，推荐采用带方框的公差带；带＊的公差带应优先选用，其次是不带＊的公差带，（　）号中的公差带尽可能不用。

内、外螺纹配合的公差带可以任意组合成多种配合，为了保证足够的接触高度，以保证联结强度以及拆装方便，建议采用H/g，H/h或G/h配合。H/h配合的最小间隙为零，应用最多；H/g和G/h具有保证间隙，多用于要求快速拆卸的场合。其他配合用于高温下工作或需要涂镀保护层（涂镀后满足H/h或H/g配合）。大量生产的精制紧固螺纹，推荐采用6H/6g配合。

**3. 普通螺纹的标记**

螺纹的完整标记由螺纹代号、螺纹公差带代号和旋合长度代号组成。螺纹公差带代号包括中径公差带代号与顶径（指外螺纹大径和内螺纹小径）公差带代号。公差带代号是由表示其大小的公差等级数字和表示其位置的基本偏差代号组成。例如6H，6g等。对细牙螺纹还要标注出螺距。旋合长度S，L加注在最后（中等旋合长度N不注出），中间用"—"号分开（见下例），必要时可注明旋合长度的数值，如M20×2—7g6g—40。

在零件图上：

外螺纹　　M 10 — 5g  6g

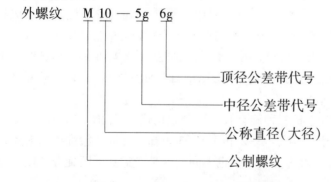

顶径公差带代号
中径公差带代号
公称直径(大径)
公制螺纹

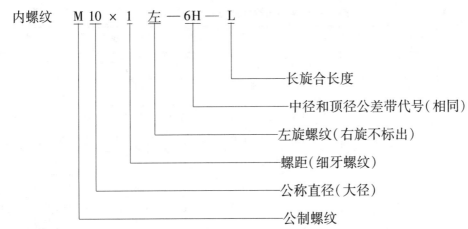

在装配图上，内、外螺纹公差带代号用斜线分开，左边表示内螺纹公差带代号，右边表示外螺纹公差带代号，如：M20×2—6H/5g6g。

表 8—4　普通螺纹的基本偏差和顶径公差（摘录）　　　　　μm

| 螺 距 $P/mm$ | 内螺纹 $D_2,D_1$ 的基本偏差 EI | | 外螺纹 $d_2,d_1$ 的基本偏差 es | | | | 内螺纹小径公差 $T_{D_1}$ 公 差 等 级 | | | | | 外螺纹大径公差 $T_d$ 公 差 等 级 | | |
|---|---|---|---|---|---|---|---|---|---|---|---|---|---|---|
| | G | H | e | f | g | h | 4 | 5 | 6 | 7 | 8 | 4 | 6 | 8 |
| 1 | +26 | | −60 | −40 | −26 | | 150 | 190 | 236 | 300 | 375 | 112 | 180 | 280 |
| 1.25 | +28 | | −63 | −42 | −28 | | 170 | 212 | 265 | 335 | 425 | 132 | 212 | 335 |
| 1.5 | +32 | | −67 | −45 | −32 | | 190 | 236 | 300 | 375 | 475 | 150 | 236 | 375 |
| 1.75 | +34 | | −71 | −48 | −34 | | 212 | 265 | 335 | 425 | 530 | 170 | 265 | 425 |
| 2 | +38 | 0 | −71 | −52 | −38 | 0 | 236 | 300 | 375 | 475 | 600 | 180 | 280 | 450 |
| 2.5 | +42 | | −80 | −58 | −42 | | 280 | 355 | 450 | 560 | 710 | 212 | 335 | 530 |
| 3 | +48 | | −85 | −63 | −48 | | 315 | 400 | 500 | 630 | 800 | 236 | 375 | 600 |
| 3.5 | +53 | | −90 | −70 | −53 | | 355 | 450 | 560 | 710 | 900 | 265 | 425 | 670 |
| 4 | +60 | | −95 | −75 | −60 | | 375 | 475 | 600 | 750 | 950 | 300 | 475 | 750 |

表 8—5　普通螺纹中径公差（摘录）　　　　　　　　　　　　　　μm

| 公称直径 D/mm | | 螺距 | 内螺纹中径公差 $T_{D_2}$ | | | | | 外螺纹中径公差 $T_{d_2}$ | | | | | | |
|---|---|---|---|---|---|---|---|---|---|---|---|---|---|---|
| | | | 公差等级 | | | | | 公差等级 | | | | | | |
| > | ≤ | P/mm | 4 | 5 | 6 | 7 | 8 | 3 | 4 | 5 | 6 | 7 | 8 | 9 |
| 5.6 | 11.2 | 0.75 | 85 | 106 | 132 | 170 | — | 50 | 63 | 80 | 100 | 125 | — | — |
| | | 1 | 95 | 118 | 150 | 190 | 236 | 56 | 71 | 90 | 112 | 140 | 180 | 224 |
| | | 1.25 | 100 | 125 | 160 | 200 | 250 | 60 | 75 | 95 | 118 | 150 | 190 | 236 |
| | | 1.5 | 112 | 140 | 180 | 224 | 280 | 67 | 85 | 106 | 132 | 170 | 212 | 295 |
| 11.2 | 22.4 | 1 | 100 | 125 | 160 | 200 | 250 | 60 | 75 | 95 | 118 | 150 | 190 | 236 |
| | | 1.25 | 112 | 140 | 180 | 224 | 280 | 67 | 85 | 106 | 132 | 170 | 212 | 265 |
| | | 1.5 | 118 | 150 | 190 | 236 | 300 | 71 | 90 | 112 | 140 | 180 | 224 | 280 |
| | | 1.75 | 125 | 160 | 200 | 250 | 315 | 75 | 95 | 118 | 150 | 190 | 236 | 300 |
| | | 2 | 132 | 170 | 212 | 265 | 335 | 80 | 100 | 125 | 160 | 200 | 250 | 315 |
| | | 2.5 | 140 | 180 | 224 | 280 | 355 | 85 | 106 | 132 | 170 | 212 | 265 | 335 |
| 22.4 | 45 | 1 | 106 | 132 | 170 | 212 | — | 63 | 80 | 100 | 125 | 160 | 200 | 250 |
| | | 1.5 | 125 | 160 | 200 | 250 | 315 | 75 | 95 | 118 | 150 | 190 | 236 | 300 |
| | | 2 | 140 | 180 | 224 | 280 | 355 | 85 | 106 | 132 | 170 | 212 | 265 | 335 |
| | | 3 | 170 | 212 | 265 | 335 | 425 | 100 | 125 | 160 | 200 | 250 | 315 | 400 |
| | | 3.5 | 180 | 224 | 280 | 355 | 450 | 106 | 132 | 170 | 212 | 265 | 335 | 425 |
| | | 4 | 190 | 236 | 300 | 375 | 475 | 112 | 140 | 180 | 224 | 280 | 355 | 450 |
| | | 4.5 | 200 | 250 | 315 | 400 | 500 | 118 | 150 | 190 | 236 | 300 | 375 | 475 |

表 8—6　螺 纹 旋 合 长 度（摘录）　　　　　　　　　mm

| 公称直径 D, d | | 螺距 P | 旋 合 长 度 | | | |
|---|---|---|---|---|---|---|
| | | | S | N | | L |
| > | ≤ | | ≤ | > | ≤ | > |
| 5.6 | 11.2 | 0.75 | 2.4 | 2.4 | 7.1 | 7.1 |
| | | 1 | 3 | 3 | 9 | 9 |
| | | 1.25 | 4 | 4 | 12 | 12 |
| | | 1.5 | 5 | 5 | 15 | 15 |
| 11.2 | 22.4 | 1 | 3.8 | 3.8 | 11 | 11 |
| | | 1.25 | 4.5 | 4.5 | 13 | 13 |
| | | 1.5 | 5.6 | 5.6 | 16 | 16 |
| | | 1.75 | 6 | 6 | 18 | 18 |
| | | 2 | 8 | 8 | 24 | 24 |
| | | 2.5 | 10 | 10 | 30 | 30 |

## 四、螺纹的检测

螺纹的检测方法可分为综合检验和单项（分项）测量两类。

**1. 综合检验**

前已述及，对大量生产的用于紧固联结的普通螺纹，只要求保证可旋合性及一定的连接强度，其螺距误差及半角误差，是由中径公差综合控制，而不单独规定公差。因此，检测时应按泰勒原则（极限尺寸判断原则）用螺纹量规（综合极限量规）来检验。即以牙型完整的通规模拟被测螺纹牙廓的最大实体边界来控制包括螺距误差和半角误差在内的螺纹作用中径，而用牙型不完整的止规模拟两点法检验实际中径。

综合检验时，被检螺纹合格的标志是通端量规能顺利地与被检螺纹在被检全长上旋合，而止端量规不能完全旋合或不能旋入。螺纹量规有塞规和环规，分别用以检验内、外螺纹（螺母和螺栓）。

螺纹量规也分工作量规、验收量规和校对量规，其功用、区别与光滑圆柱极限量规相同。

外螺纹的大径尺寸和内螺纹的小径尺寸是在加工螺纹之前的工序完成的，它们分别用光滑极限卡规和塞规来检验。因此，螺纹量规主要是检验螺纹的中径，同时还要限制内螺纹的大径（不能过小）和外螺纹的小径（不能过大），否则螺纹不能旋合使用。

图8—4 表示检验外螺纹（螺栓）的情况，通端螺纹环规控制外螺纹的作用中径及小径最大尺寸，而止端螺纹环规只用来控制外螺纹的实际中径。外螺纹大径用卡规另行检验。

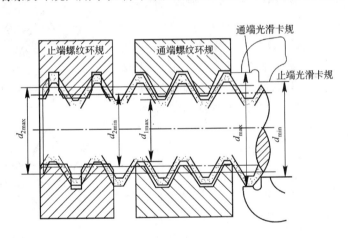

图 8—4

图8—5 表示检验内螺纹（螺母）的情况。通端螺纹塞规控制内螺纹的作用中径及大径最小尺寸，而止端螺纹塞规只用来控制内螺纹的实际中径。内螺纹小径由光滑塞规另行检验。

通端螺纹量规（塞规和环规）主要用来控制被检螺纹的作用中径，故采用完整的牙型，且量规长度应与被检螺纹的旋合长度相同，这样可按包容要求来控制被检螺纹中径的最大实体尺寸（边界）；止端螺纹量规要求控制被检螺纹中径的最小实体尺寸，判断其合格的标志是不能完全旋合或不能旋入被检螺纹。为避免螺距误差和牙型半角误差对检验结果的影响，

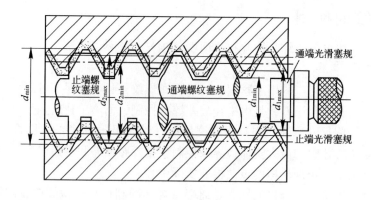

图 8—5

止端螺纹量规应作成截短牙型，其螺纹圈数也很少（理论上应采用两点法检测，但不可能做到）。

普通螺纹产量很大，用量规进行综合检验非常方便。螺纹量规准确度很高，在相应的标准中对其中径、螺距、牙型半角的公差都有严格规定。

**2. 单项测量**

对精密螺纹，除可旋合性及连接可靠外，还有其他精度要求和功能要求，故按公差原则中的独立原则对其中径、螺距和牙型半角等参数都分别规定公差，相应地要求分项进行测量。

分项测量螺纹的方法很多，最典型的是用万能工具显微镜测量中径、螺距和牙型半角，工具显微镜是一种应用很广泛的光学计量仪器，测量螺纹是其主要用途之一。具体测法见实验指导书及仪器说明书。

测量外螺纹单一中径，生产中多用"三针法"。

三针法方法简便、测量准确度高，故生产中应用很广。如图 8—6 所示，将成套供应的三根精密量针放在螺纹的牙槽中，再用精密量仪（如杠杆千分尺、光学计、测长仪等）测出 $M$ 值，按公式计算出被测单一中径值 $d_2$。

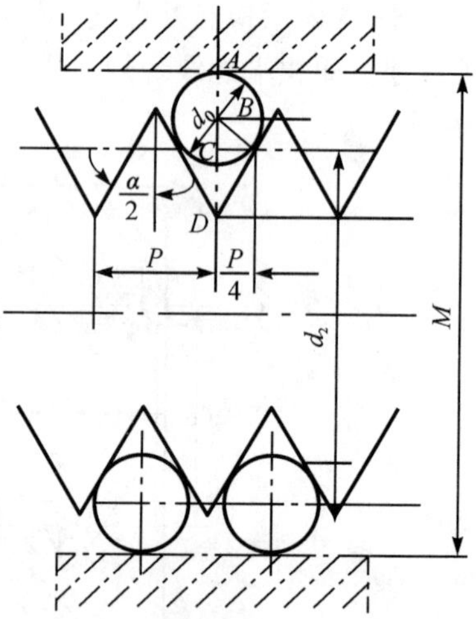

图 8—6

由图 8—6 可知：

$$d_2 = M - 2AC = M - 2\,(AD - CD)$$

$$AD = AB + BD = \frac{d_0}{2} + \frac{d_0}{2\sin\frac{\alpha}{2}} = \frac{d_0}{2}\left(1 + \frac{1}{\sin\frac{\alpha}{2}}\right)$$

$$CD = \frac{P}{4}\cot\frac{\alpha}{2}$$

代入得：
$$d_2 = M - d_0\left(1 + \frac{1}{\sin\frac{\alpha}{2}}\right) + \frac{P}{2}\cot\frac{\alpha}{2} \qquad (8—3)$$

对公制螺纹 　　　　　$(\alpha = 60°)$：$d_2 = M - 3d_0 + 0.866P$

对梯形螺纹 　　　　　$(\alpha = 30°)$：$d_2 = M - 4.863d_0 + 1.866P$

式中　$d_0$——量针直径，$d_0$ 值保证量针在被测螺纹单一中径处接触，计算公式亦循此导出；

　　$d_2 , P , \frac{\alpha}{2}$——被测螺纹的中径、螺距和牙型半角。

对低精度外螺纹中径，还常用螺纹千分尺测量。

内螺纹的分项测量比较困难，具体方法可参阅有关资料，这里不多介绍。

## 五、机床丝杠、螺母公差

丝杠螺母副常用牙型角 $\alpha = 30°$ 的梯形螺纹，基本牙型如图 8—7 所示。其特点是丝杠与螺母的大径和小径的公称直径不相同，两者结合后，在大径、中径及小径上均有间隙。

我国对机床中传动用的丝杠、螺母制定有机械行业标准 JB/T 2886—1992。其特点是精度要求高，特别是对丝杠螺旋线（或螺距 $P$）规定有较严格的公差。

按 JB/T 2886—1992 规定，丝杠及螺母的精度分 3，4，5，6，7，8，9 共七级，其精度依次降低。3，4 级精度最高，目前应用相对较少；5 级用于螺丝磨床、坐标镗床及没有校正装置的分度机构和测量仪器；6 级用于大型螺纹磨床、齿轮磨床、坐标镗床、刻线机及没有校正装置的分度机构和测量仪器；7 级用于铲床、精密螺纹车床及精密齿轮机床；8 级用于普通螺丝车床及螺丝铣床；9 级用于没有分度盘的进给机构。其他机械装置的丝杠精度，可参考使用。

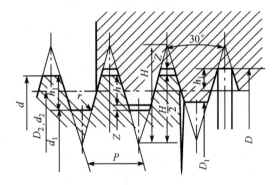

图 8—7

$d$—外螺纹大径；$D$—内螺纹大径；$H$—原始三角形高度；$d_2$—外螺纹中径；$D_2$—内螺纹中径；$d_1$—外螺纹小径；$D_1$—内螺纹小径；$h_1$—外（内）螺纹牙高；$P$—螺距；$Z$—牙顶（或牙底）间隙

**1. 对丝杠的精度要求**

（1）螺旋线轴向公差

螺旋线轴向误差是指在中径线上，实际螺旋线相对于理论螺旋线在轴向的偏差的最大代数差。图 8—8 是其误差曲线。

螺旋线轴向误差较全面地反映了丝杠的传动精度，但由于测量螺旋线误差的动态丝杠测量仪目前尚未普及，故标准中只对 3，4，5，6 四级丝杠规定了螺旋线轴向公差。

（2）螺距公差及螺距累积公差

螺距公差可视为螺旋线轴向公差的代用项目，螺距误差直接影响丝杠的传动精度。标准中对以下两个不同范围的螺距误差规定有螺距公差。

①螺距误差（$\Delta P$）

在丝杠的螺纹全长上，任意单个实际螺距与公称螺距之最大差，即取多个 $\Delta P$ 中的最大

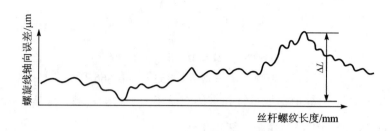

图 8—8

值为测量结果。

②螺距累积误差（$\Delta P_L$）

在螺纹全长上（$\Delta P_L$），实际的累积螺距对其公称值的最大差，即任意两个同侧螺旋面间实际长度对公称长度的最大差。

（3）牙型半角公差

牙型半角误差影响丝杠的位移精度和与螺母的接触的好坏，以及耐磨性等，故应规定公差。标准对 3，4，5，6，7，8 级丝杠，规定有牙型半角极限偏差。对 9 级丝杠，标准未作规定，和普通螺纹一样，半角误差由中径公差综合控制。

（4）丝杠大径、中径和小径公差

为了储存润滑油和转动灵活，在丝杠与螺母副的大、中、小径之间都有间隙。从理论上讲，大、中、小径的公差（主要是中径公差），只影响配合的松紧程度，不影响传动精度，因此标准中对 3～9 级丝杠的大、中、小径都只规定了一种公差带，公差值也较大。

（5）丝杠有效长度上中径尺寸的一致性

中径尺寸变动会影响丝杠与螺母配合间隙的均匀性及丝杠左、右两侧螺旋面的一致性，故应规定公差，且规定在同一轴向剖面内测量。可用公法线千分尺和量针在同一轴向截面内测量。

（6）丝杠螺纹的大径对螺纹轴线的径向跳动公差

丝杠的此项跳动公差用以防止丝杠弯曲变形过大，控制丝杠与螺母的配合偏心，以提高其位移精度。此项跳动误差主要反映在径向剖面内。

**2. 对丝杠螺母的精度要求**

（1）非配制螺母螺纹中径的极限偏差

螺母的螺距和牙型半角很难测量，故标准未单独规定公差，而是由中径公差来综合控制，故其中径公差是限制作用中径的综合公差。

非配制螺母的中径下偏差为零，上偏差为正值。

对高精度的丝杠螺母副，在生产中主要按丝杠配作螺母，按一定的径向间隙配作，标准推荐了配作的径向平均间隙值。

（2）大径和小径公差

由于丝杠螺母副在大径和小径处都有较大间隙，对尺寸精度无高要求，故对螺母的大径和小径只规定了一种公差，且公差值较大。

以上各项公差值均可从 JB/T 2886—1992 行业标准及有关手册资料中查得，标准还规定了丝杠和螺母牙型侧面和大径、小径的表面粗糙度要求。

丝杠、螺母公差的图纸标注如下：

在丝杠、螺母的零件图上，应画出牙型工作图，图上标注出大径、中径及小径的尺寸及公差值、单个螺距公差、牙型半角公差、大径跳动公差及表面粗糙要求等。此外，还应根据其精度等级而在技术条件中写出各项技术要求，如螺旋线轴向公差、螺距累积公差、中径尺寸的一致性公差及跳动量公差等。

# §8—2 键和花键结合的公差配合及检测

## 一、键 联 结

键联结用于齿轮、皮带轮、联轴器等轴上零件与轴的结合，以传递扭矩，并可作导向用。它属于可拆卸联结，应用很广。

键的类型有平键、半圆键、楔键和切向键等多种，一般统称单键（表8—7）。其中，以普通平键和半圆键用得最多。

表8—7　键的类型

| 类　型 | | 图　形 | 类　型 | 图　形 |
|---|---|---|---|---|
| 平　键 | 普通平键 | 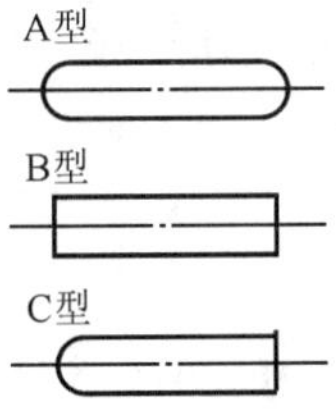 A型<br>B型<br>C型 | 半 圆 键 |  |
| | 导向平键 | A型<br>B型 | 楔　键 | 普通楔键（斜度1:100）<br>钩头楔键（斜度1:100） |

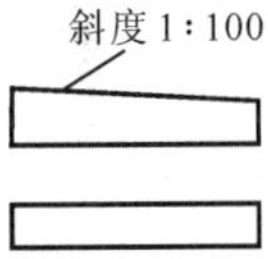

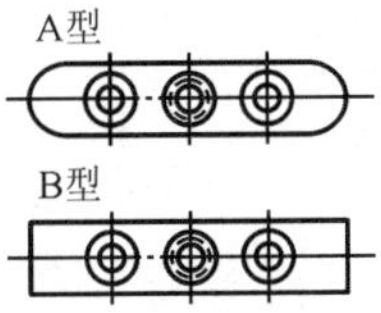

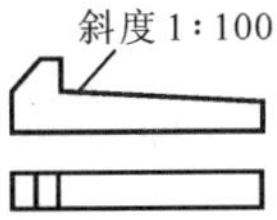

### 1. 键联结的公差与配合

这里只介绍普通平键和半圆键的公差与配合（GB/T 1095—2003 和 GB/T 1099—1979，1990 年确认），其配合尺寸都是键宽和键槽宽 $b$（图8—9），具体配合分三类，即松联结、正常联结和紧密联结。相配件的公差带代号及各配合的性质和适用场合如表8—8所列。键联结是键与轴及轮毂三个零件的结合，配合为基轴制，其中键是标准件，只有一种公差带h8。

表8—8所列的是各公差带代号，其偏差值是以尺寸 $b$ 为基本尺寸，查国标极限与配合表，即前面的表2—5、表2—7与表2—8。图8—10为公差带图的示例，图中基本尺寸 $b = 2mm$。

其他非配合尺寸的公差，列于表8—9和表8—10，表中各主要参数见图8—9。

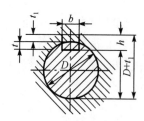 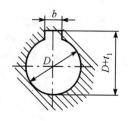 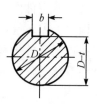

图 8—9

键与键槽的形位误差将使装配困难，影响联结的松紧程度，使工作面负荷不均匀，对中性不好，因此需要给予限制。国标中对键和键槽的形位公差有以下规定：

（1）键槽（轴槽及轮毂槽）对轴及轮毂轴线的对称度，一般可根据不同的功能要求和键宽基本尺寸 $b$，按 GB/T 1184—1996《形状和位置公差 未注公差值》中的对称度公差 7～9 级选取。

（2）当键长 $L$ 与键宽 $b$ 之比大于或等于 8 时，键宽 $b$ 的两侧面在长度方向的平行度应符合 GB/T 1184—1996《形状和位置公差 未注公差值》的规定；当 $b \leqslant 6mm$ 时按 7 级；$b \geqslant 8$ 至 36mm 时按 6 级；$b \geqslant 40mm$ 时按 5 级选用。

键和键槽配合面的表面粗糙度参数 $Ra$ 值一般取 $1.6 \sim 6.3 \mu m$，非配合面的 $Ra$ 值取 $6.3 \mu m$。

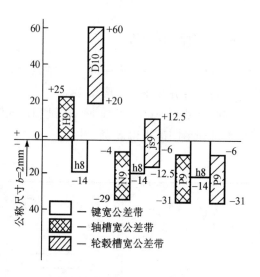

图 8—10

表 8—8　键宽与轴槽宽及轮毂槽宽的公差与配合

| 键的类型 | 配合种类 | 尺寸 $b$ 的公差带 | | | 配合性质及应用范围 |
| --- | --- | --- | --- | --- | --- |
| | | 键 | 轴槽 | 毂槽 | |
| 平　键 | 松联结 | h8 | H9 | D10 | 键在轴上或轮毂中均能相对滑动。主要用于导向平键，轮毂可在轴上作轴向移动 |
| | 正常联结 | | N9 | Js9 | 键在轴上及轮毂中均固定。用于传递不大的载荷，一般机械制造中应用广泛 |
| | 紧密联结 | | P9 | P9 | 键在轴上及轮毂中均固定，且较一般联结更紧。主要用于传递重载、冲击载荷及双向传递扭矩的场合 |
| 半圆键 | 正常联结 | h8 | N9 | Js9 | 定位及传递扭矩 |
| | 紧密联结 | | P9 | P9 | |

表 8—9　普通平键联结轴槽深及轮毂槽深尺寸及极限偏差　　　　　　mm

| 轴 | 键 | 轴　槽 | | | 轮　毂　槽 | | |
|---|---|---|---|---|---|---|---|
| 基本尺寸 $d$ | 基本尺寸 $b \times h$ | $t$ | | $d-t$ | $t_1$ | | $d+t_1$ |
| | | 基本尺寸 | 极限偏差 | | 基本尺寸 | 极限偏差 | |
| 6 ~ 8 | 2 × 2 | 1.2 | | | 1 | | |
| >8 ~ 10 | 3 × 3 | 1.8 | +0.1  0 | 0  −0.1 | 1.4 | +0.1  0 | +0.1  0 |
| >10 ~ 12 | 4 × 4 | 2.5 | | | 1.8 | | |
| >12 ~ 17 | 5 × 5 | 3.0 | | | 2.3 | | |
| >17 ~ 22 | 6 × 6 | 3.5 | | | 2.8 | | |
| >22 ~ 30 | 8 × 7 | 4.0 | +0.2  0 | 0  −0.2 | 3.3 | +0.2  0 | +0.2  0 |
| >30 ~ 38 | 10 × 8 | 5.0 | | | 3.3 | | |
| >38 ~ 44 | 12 × 8 | 5.0 | | | 3.3 | | |
| >44 ~ 50 | 14 × 9 | 5.5 | | | 3.8 | | |
| >50 ~ 58 | 16 × 10 | 6.0 | | | 4.3 | | |

表 8—10　半圆键联结键槽深及轮毂槽深尺寸及极限偏差　　　　　　mm

| 轴的基本尺寸 $d$ | | 键 | 轴　槽 | | | 轮　毂　槽 | | |
|---|---|---|---|---|---|---|---|---|
| 用键传递扭矩 | 用键定位 | 基本尺寸 $b \times h \times d$ | $t$ | | $d-t$ | $t_1$ | | $d+t_1$ |
| | | | 基本尺寸 | 极限偏差 | | 基本尺寸 | 极限偏差 | |
| >8 ~ 10 | >12 ~ 15 | 3.0 × 5.0 × 13 | 3.8 | +0.2  0 | 0  −0.2 | 1.4 | +0.1  0 | +0.1  0 |
| >10 ~ 12 | >15 ~ 18 | 3.0 × 6.5 × 16 | 5.3 | | | 1.4 | | |
| >12 ~ 14 | >18 ~ 20 | 4.0 × 6.5 × 16 | 5.0 | | | 1.8 | | |
| >14 ~ 16 | >20 ~ 22 | 4.0 × 7.5 × 19 | 6.0 | | | 1.8 | | |
| >16 ~ 18 | >22 ~ 25 | 5.0 × 6.5 × 16 | 4.5 | | | 2.3 | | |
| >18 ~ 20 | >25 ~ 28 | 5.0 × 7.5 × 19 | 5.5 | | | 2.3 | | |
| >20 ~ 22 | >28 ~ 32 | 5.0 × 9.0 × 22 | 7.0 | | | 2.3 | | |
| >22 ~ 25 | >32 ~ 36 | 6.0 × 9.0 × 22 | 6.5 | +0.3  0 | 0  −0.3 | 2.8 | | |
| >25 ~ 28 | >36 ~ 40 | 6.0 × 10.0 × 25 | 7.5 | | | 2.8 | +0.2  0 | +0.2  0 |

**2. 键和键槽的检测**

键和键槽的尺寸检测比较简单，可用各种通用计量器具测量，大批生产时也可用专用的极限量规来检验。

键槽对其轴线的对称度较重要，当工艺不能确保其精度时，应进行检测，图 8—11（a）即为一种常用的测量轴槽对称度的方法。该方法用 V 形块模拟基准轴线，将与键槽宽度相等的量块组塞入键槽，转动轴件用指示表将量块上平面校平，记下指示表读数；将轴件转过 180°，在同一横截面方向上再次将量块校平［如图 8—11（a）中左方虚线所示］，记下指示表读数，两次读数之差为 $a$，则按图 8—11（b）之尺寸关系计算，得对称度误差的近似值为：

$$f \approx \frac{a \frac{t}{2}}{\frac{d}{2} - \frac{t}{2}} = \frac{at}{d-t} \qquad\qquad (8-4)$$

式中　$d$——轴的直径；

　　　$t$——轴的键槽深度。

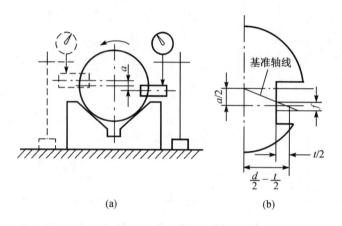

(a)            (b)

图 8—11

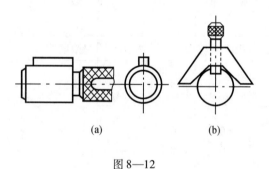

(a)        (b)

图 8—12

将轴固定不动，再沿键槽长度方向测量，取长度方向上两点的最大读数差为长度方向的对称度误差 $f'$（$f' = a_{高} - a_{低}$）。取 $f$ 和 $f'$ 中之最大值作为该键槽的对称度误差值。

在成批生产中，此对称度误差还可用专用量规（图 8—12）检验。当对称度量规能插入轮毂槽或伸入轴槽底，则为合格。对称度误差是位置误差，故其量规只有通规而没有止规。

# 二、花 键 联 结

与单键相比较，花键具有承载能力强（可传递较大的扭矩）、定心精度高、导向性好等优点，故在汽车、机床等产品中，应用较广。花键的制造工艺比单键复杂，成本也较高。

花键既可作固定联结，也可作滑动联结。按齿形不同，主要分为矩形花键、渐开线花键两种，如图 8—13 所示。下面就应用较多的矩形花键进行介绍。

**1. 矩形花键的定心方式**

花键联结的主要要求是保证内花键（孔）和外花键（轴）联结后有较高的同轴度，并传递扭矩。矩形花键有大径 $D$、小径 $d$ 和键宽 $B$ 三个主要尺寸参数。由于对定心尺寸要求较高，若要求三个尺寸同时起配合定心作用以保证同轴度是很困难的，而且也无必要。

国家标准 GB/T 1144—2001 规定，矩形花键用小径定心（图 8—14），这是因为大径定

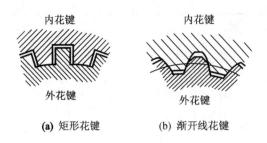

(a) 矩形花键　　　　(b) 渐开线花键

图 8—13

心在工艺上难于实现，如要求定心表面硬度高时，内花键的大径淬火后磨削加工困难。如采用小径定心，当定心表面硬度要求高时，外花键的小径可用成形磨削加工，而内花键小径也可用一般内圆磨进行加工。非定心的另一直径尺寸，精度要求较低，并在配合后有较大间隙。

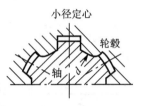

图 8—14

在某些行业中，也有用键宽 $B$ 定心的。它用于承载较大、传递双向扭矩而对定心精度要求不高的花键。如汽车中万向接头的转轴联结，为了承受交变负荷引起的冲击，故采用键宽定心。

**2. 矩形花键的公差与配合**（GB/T 1144—2001）

以小径定心的矩形花键，其小径 $d$、大径 $D$ 和键宽 $B$ 的尺寸公差带及表面粗糙度参数 $R_a$ 值，如表 8—11 所列。表中，"精密传动用"多用于机床变速箱，"一般用"适用于定心精度要求不高但传递扭矩较大之处，如载重汽车、拖拉机的变速箱。

为了减少加工花键孔专用拉刀的种类，矩形花键结合采用基孔制，规定了滑动配合、紧滑动配合和固定配合等三种配合（这里固定配合仍属光滑圆柱结合的间隙配合，但因形位误差的影响使配合变紧了）。当要求定位准确度高或传递扭矩大或经常有正反转变动时，应选紧一些的配合，反之应选松一些的配合。当内、外花键需频繁相对滑动或配合长度较大时，也应选松一些的配合。

表 8—11　矩形花键的尺寸公差带和表面粗糙度 $Ra$

（摘自 GB/T 1144—2001）　　　　　　　μm

| 内 花 键 | | | | | | 外 花 键 | | | | | | 装配型式 |
|---|---|---|---|---|---|---|---|---|---|---|---|---|
| $d$ | | $D$ | | $B$ | | | $d$ | | $D$ | | $B$ | |
| | | | | 公 差 带 | | | | | | | | |
| 公差带 | $Ra$ | 公差带 | $Ra$ | 拉削后不热处理 | 拉削后热处理 | $Ra$ | 公差带 | $Ra$ | 公差带 | $Ra$ | 公差带 | $Ra$ | |
| 一 般 用 | | | | | | | | | | | | |
| H7 | 0.8~1.6 | H10 | 3.2 | H9 | H11 | 3.2 | f7<br>g7<br>h7 | 0.8~1.6 | a11 | 3.2 | d10<br>f9<br>h10 | 1.6 | 滑动<br>紧滑动<br>固定 |

续表

| 内花键 | | | | | | 外花键 | | | | | | 装配型式 |
|---|---|---|---|---|---|---|---|---|---|---|---|---|
| d | | D | | B | | d | | D | | B | | |
| | | | | 公差带 | | | | | | | | |
| 公差带 | Ra | 公差带 | Ra | 拉削后不热处理 | 拉削后热处理 | Ra | 公差带 | Ra | 公差带 | Ra | 公差带 | Ra |
| 精 密 传 动 用 | | | | | | | | | | | | |
| H5 | 0.4 | | | | | | f5 | | | | d8 | | 滑动 |
| | | | | | | | g5 | 0.4 | | | f7 | | 紧滑动 |
| | | H10 | 3.2 | H7，H9 | | 3.2 | h5 | | a11 | 3.2 | h8 | 0.8 | 固定 |
| | | | | | | | f6 | | | | d8 | | 滑动 |
| H6 | 0.8 | | | | | | g6 | 0.8 | | | f7 | | 紧滑动 |
| | | | | | | | h6 | | | | h8 | | 固定 |

注：（1）精密传动用的内花键，当需要控制键侧配合间隙时，槽宽可选用 H7，一般情况下可选用 H9。

（2）d 为 H6 和 H7 的内花键允许与高一级的外花键配合。

花键除上述尺寸公差外，还有形位公差要求，它对花键结合的传力性能和装配性能影响很大，主要是位置度（包括键齿和键槽的等分度及对称度）和平行度。

位置度公差按图 8—15 和表 8—12 确定，均采用最大实体原则，以便用花键综合量规检验。

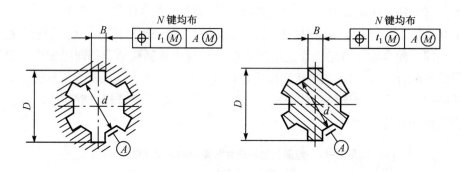

图 8—15

表 8—12　花　键　的　位　置　度　公　差　　　　　mm

| 键槽宽或键宽 B | | 3 | 3.5～6 | 7～10 | 12～18 |
|---|---|---|---|---|---|
| | | $t_1$ | | | |
| 键　槽　宽 | | 0.010 | 0.015 | 0.020 | 0.025 |
| 键宽 | 滑动、固定 | 0.010 | 0.015 | 0.020 | 0.025 |
| | 紧滑动 | 0.006 | 0.010 | 0.013 | 0.016 |

对较长的花键，还要规定键侧对轴线的平行度公差，可根据产品性能在设计时自行规定，标准中未作推荐或规定。

当对花键不用综合量规进行综合检验时（如对单件、少量生产），可将位置度公差改注为键宽的对称度公差和键齿（槽）的等分度公差，并只能按独立原则要求。具体规定按图8—16和表8—13。

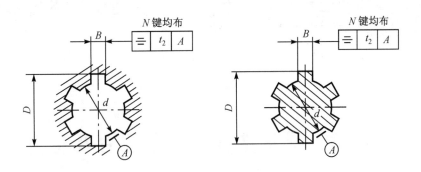

图 8—16

花键的图纸标注，按顺序包括以下项目：键数 $N$、小径 $d$、大径 $D$、键（键槽）宽 $B$，其各自的公差带代号标注于各基本尺寸之后，示例如下。

花键规格：$N \times d \times D \times B$（mm），如 $6 \times 23 \times 26 \times 6$；

花键副：$6 \times 23 \dfrac{H7}{f7} \times 26 \dfrac{H10}{a11} \times 6 \dfrac{H11}{d10}$；

内花键：$6 \times 23H7 \times 26H10 \times 6H11$；

外花键：$6 \times 23f7 \times 26a11 \times 6d10$。

表 8—13　花键键宽的对称度公差和等分度公差 $t_2$（二者同值）　　　　mm

| 键槽宽或<br>键宽 $B$ | 3 | 3.5~6 | 7~10 | 12~18 |
|---|---|---|---|---|
| | $t_2$ | | | |
| 一般用 | 0.010 | 0.012 | 0.015 | 0.018 |
| 精密传动用 | 0.006 | 0.008 | 0.009 | 0.011 |

**3. 矩形花键的检测**

在单件小批生产中，没有现成的花键量规可使用时，可用通用量具分别对各尺寸（$d$、$D$ 和 $B$）进行单项测量，并检测键宽的对称度、键齿（槽）的等分度和大小径的同轴度等形位误差项目。

对大批量生产，一般都采用量规进行检验，即用综合通规（对内花键为塞规，对外花键为环规，如图8—17所示）来综合检验小径 $d$、大径 $D$ 和键（键槽）宽 $B$ 的作用尺寸，即包括上述位置度（等分度、对称度在内）和同轴度等形位误差。然后用单项止端量规（或其他量具）分别检验尺寸 $d$，$D$ 和 $B$ 的最小实体尺寸。合格的标志是综合通规能通过，而止规不能通过。关于矩形花键量规的尺寸和公差，可查阅国家标准《矩形花键　尺寸、公差和检验》（GB 1144—1987）。

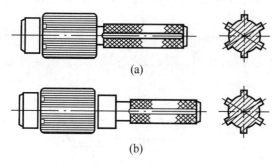

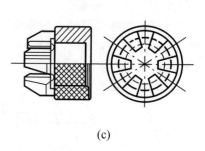

(a)

(b)

(c)

图 8—17

# §8—3 圆锥结合的公差配合及检测

圆锥结合在机器结构中经常用到，它具有较高的同轴度，配合的自锁性好，密封性好，间隙和过盈可自由调整等优点。我国已制定有《产品几何量技术规范（GPS） 圆锥的锥度与锥角系列》（GB/T 157—2001）、《圆锥公差》（GB/T 11334—2005）、《圆锥配合》（GB/T 12360—2005）和《圆锥量规公差与技术条件》（GB/T 11852—2003）等一系列有关的国家标准。

## 一、锥度与锥角

**1. 常用术语及定义**

（1）圆锥角 $\alpha$

在通过圆锥轴线的截面内，两条素线（圆锥表面与轴向截面的交线）间的夹角（图 8—18），称为圆锥角。

圆锥角的代号为 $\alpha$，斜角（锥角之半）的代号为 $\alpha/2$。

（2）圆锥直径

圆锥上垂直于轴线截面的直径（图 8—19）称为圆锥直径。常用的圆锥直径有：最大圆锥直径 $D$，最小圆锥直径 $d$，给定截面圆锥直径 $d_x$。

（3）圆锥长度 $L$

最大圆锥直径与最小圆锥直径之间的轴向距离（图 8—19 及图 8—20），称为圆锥长度。

母线　轴线

$\alpha/2$　$\alpha$

圆锥表面

图 8—18

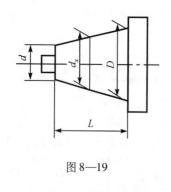

图 8—19

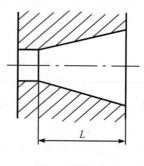

图 8—20

（4）锥度 $C$

两个垂直于圆锥轴线的截面的圆锥直径差与该两截面间的轴向距离之比称为锥度。若最大圆锥直径为 $D$，最小圆锥直径为 $d$，圆锥长度为 $L$，则锥度 $C$ 为：

$$C = \frac{D - d}{L}$$

$$C = 2\tan\frac{\alpha}{2} = 1 : \frac{1}{2}\cot\frac{\alpha}{2} \tag{8—5}$$

锥度关系式反映了圆锥直径、圆锥长度、圆锥角和锥度之间的相互关系，这一关系式是圆锥的基本公式。

锥度一般用比例或分式形式表示。

**2. 锥度与锥角系列**

国家标准（GB/T 157—2001）规定，锥度与锥角系列分为一般用途和特定用途两种，适用于光滑圆锥。

（1）一般用途圆锥的锥度与锥角

一般用途圆锥的锥度与锥角共 21 种（表 8—14）。选用圆锥时，应优先选用第一系列，第一系列不能满足要求时，才选第二系列。

（2）特定用途圆锥的锥度与锥角

特定用途圆锥的锥度与锥角共 24 种（见有关国家标准，这里没全部列出），其中莫氏锥度在工具行业中应用极广，有关参数、尺寸及公差已标准化，表 8—15 为莫氏工具圆锥（摘录）。

表 8—14　一般用途圆锥的锥度与锥角

| 基 本 值 | | 推　算　值 | | 基 本 值 | | 推　算　值 | | |
|---|---|---|---|---|---|---|---|---|
| 系列 1 | 系列 2 | 圆 锥 角 $\alpha$ | | 锥度 $C$ | 系列 1 | 系列 2 | 圆 锥 角 $\alpha$ | | 锥度 $C$ |
| 120° | — | — | — | 1:0. 288 675 | | 1:8 | 7°9′9.6″ | 7. 152 669° | — |
| 90° | — | — | — | 1:0. 500 000 | 1:10 | | 5°43′29. 3″ | 5. 724 810° | — |
| | 75° | — | — | 1:0. 651 613 | | 1:12 | 4°46′8. 8″ | 4. 771 888° | — |
| 60° | — | — | — | 1:0. 866 025 | 1:15 | | 3°49′5. 9″ | 3. 818 305° | — |
| 45° | — | — | — | 1:1. 207 107 | 1:20 | | 2°51′51. 1″ | 2. 864 192° | — |
| 30° | — | — | — | 1:1. 866 025 | 1:30 | | 1°54′34. 9″ | 1. 909 683° | — |
| 1:3 | | 18°55′28. 7″ | 18. 924 644° | — | 1:50 | | 1°8′45. 2″ | 1. 145 877° | — |
| | 1:4 | 14°15′0. 1″ | 14. 250 033° | — | 1:100 | | 0°34′22. 6″ | 0. 572 953° | — |
| 1:5 | | 11°25′16. 3″ | 11. 421 186° | — | 1:200 | | 0°17′11. 3″ | 0. 286 478° | — |
| | 1:6 | 9°31′38. 2″ | 9. 527 283° | — | 1:500 | | 0°6′52. 5″ | 0. 114 692° | — |
| | 1:7 | 8°10′16. 4″ | 8. 171 234° | — | | | | | |

表 8—15　莫 氏 工 具 圆 锥（摘录）

| 圆锥符号 | 锥　　　度 | 圆锥角（$\alpha$） | 锥度的偏差 | 锥角的偏差 | 大 端 直 径/mm | | 量规刻线间 距/mm |
|---|---|---|---|---|---|---|---|
| | | | | | 内锥体 | 外锥体 | |
| №0 | 1:19. 212 = 0. 052 05 | 2°58′54″ | ±0. 000 6 | ±120″ | 9. 045 | 9. 212 | 1. 2 |
| №1 | 1:20. 047 = 0. 049 88 | 2°51′26″ | ±0. 000 6 | ±120″ | 12. 065 | 12. 240 | 1. 4 |

续表

| 圆锥符号 | 锥　　　度 | 圆锥角 (α) | 锥度的偏差 | 锥角的偏差 | 大 端 直 径/mm | | 量规刻线间距 /mm |
| --- | --- | --- | --- | --- | --- | --- | --- |
| | | | | | 内锥体 | 外锥体 | |
| No2 | 1:20.020 = 0.049 95 | 2°51′41″ | ±0.000 6 | ±120″ | 17.780 | 17.980 | 1.6 |
| No3 | 1:19.922 = 0.050 20 | 2°52′32″ | ±0.000 5 | ±100″ | 23.825 | 24.051 | 1.8 |
| No4 | 1:19.254 = 0.051 94 | 2°58′31″ | ±0.000 5 | ±100″ | 31.267 | 31.542 | 2 |
| No5 | 1:19.002 = 0.052 63 | 3°00′53″ | ±0.000 4 | ±80″ | 44.399 | 44.731 | 2 |
| No6 | 1:19.180 = 0.052 14 | 2°59′12″ | ±0.000 35 | ±70″ | 63.348 | 63.760 | 2.5 |

注：（1）锥角的偏差是根据锥度偏差折算列入的。

（2）当用塞规检查内锥时，内锥大端端面必须位于塞规的两刻线之间，第一条刻线决定内锥大端直径的公称尺寸，第二条刻线决定内锥大端直径的最大极限尺寸。

（3）套规必须与配对的塞规校正。套规端面应与塞规上第一条线前边边缘相重合，允许套规端面不到塞规上第一条刻线，但不超过0.1mm距离。

## 二、圆 锥 公 差

《圆锥公差》国家标准（GB/T 11334—2005），适用于锥度 $C$ 从 1:3～1:500，锥度长度 $L$ 从 6～630mm 的光滑圆锥工件。《圆锥公差》的项目有圆锥直径公差，圆锥角公差，圆锥的形状公差和给定截面圆锥直径公差。

### 1. 公差项目

（1）圆锥直径公差 $T_D$

允许的圆锥直径变动量称为圆锥直径公差。其数值为允许的最大极限圆锥直径和最小极限圆锥直径之差（图8—21），即 $T_D = D_{max} - D_{min} = d_{max} - d_{min}$，最大极限圆锥和最小极限圆锥皆称为极限圆锥，它与基本圆锥（设计时给定的圆锥）同轴，且圆锥角相等。在垂直于圆锥轴线的任意截面上，这两个圆锥的直径差都相等。

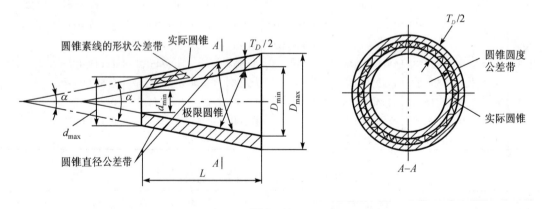

图 8—21

为了统一和简化公差标准，圆锥直径公差数值不另行规定，可按圆锥配合的使用功能要求和制造条件，以基本圆锥直径（一般是直接以最大圆锥直径 $D$）为基本尺寸，从圆柱体标准"极限与配合"（GB/T 1800.2—2009）中选用。圆锥直径公差带用"极限与配合"标准符号表示，如 $\phi 50js10$。其公差等级亦与圆柱体相同。

对于有配合要求的圆锥，其内、外圆锥直径公差带位置，按《圆锥配合》国家标准（GB/T 12360—2005）中的有关规定选取。对于没有配合要求的内、外圆锥，建议选用基本偏差 Js 和 js。

（2）圆锥角公差 AT

允许的圆锥角变动量称为圆锥角公差。其数值等于允许的最大与最小极限圆锥角之差（图 8—22）。圆锥角公差 AT 共分 12 个公差等级，按公差值大小，依次用 AT1，AT2，…，AT12 表示。各公差等级的圆锥角公差数值见表 8—16。对同一加工方法，基本圆锥长度 $L$ 越大，角度误差将越小，故在同一公差等级中，$L$ 越大，角度公差值越小。

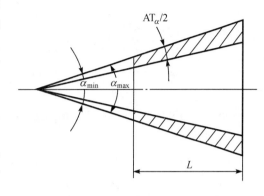

图 8—22　圆锥角公差带

圆锥角公差可用两种形式表示：

① $AT_\alpha$——以角度单位微弧度（μrad）或以度、分、秒（°，′，″）表示圆锥角公差值；

② $AT_D$——以长度单位微米（μm）表示公差值，它是用与圆锥轴线垂直且距离为 $L$ 的两端直径变动量之差所表示的圆锥角公差。

$AT_D$ 与 $AT_\alpha$ 的关系如下：

$$AT_D = AT_\alpha L \times 10^{-3} \tag{8—6}$$

式中，$AT_D$ 单位为 μm；$AT_\alpha$ 单位为 μrad；$L$ 单位为 mm。

例如：选用 AT7，可查表 8—16 得 $AT_\alpha = 315\mu rad$

当 $L = 50mm$ 时，

$$AT_D = AT_\alpha L \times 10^{-3} = 315 \times 50 \times 10^{-3} = 15.75\mu m$$

圆锥角的极限偏差可按单向取值［图 8—23（a）、（b）］或对称［图 8—23（c）］与不对称的双向取值。

表 8—16　圆锥角公差（摘录）

| 基本圆锥长度 $L$/mm | | 圆　锥　角　公　差　等　级 | | | | | | | | |
|---|---|---|---|---|---|---|---|---|---|---|
| | | AT4 | | | AT5 | | | AT6 | | |
| | | $AT_\alpha$ | | $AT_D$ | $AT_\alpha$ | | $AT_D$ | $AT_\alpha$ | | $AT_D$ |
| 大于 | 至 | μrad | 秒 | μm | μrad | 分、秒 | μm | μrad | 分、秒 | μm |
| 16 | 25 | 125 | 26″ | >2.0~3.2 | 200 | 41″ | >3.2~5.0 | 315 | 1′05″ | >5.0~8.0 |
| 25 | 40 | 100 | 21″ | >2.5~4.0 | 160 | 33″ | >4.0~6.3 | 250 | 52″ | >6.3~10.0 |
| 40 | 63 | 80 | 16″ | >3.2~5.0 | 125 | 26″ | >5.0~8.0 | 200 | 41″ | >8.0~12.5 |
| 63 | 100 | 63 | 13″ | >4.0~6.3 | 100 | 21″ | >6.3~10.0 | 160 | 33″ | >10.0~16.0 |
| 100 | 160 | 50 | 10″ | >5.0~8.0 | 80 | 16″ | >8.0~12.5 | 125 | 26″ | >12.5~20.0 |

| 基本圆锥长度 L/mm | | 圆 锥 角 公 差 等 级 | | | | | | | | |
|---|---|---|---|---|---|---|---|---|---|---|
| | | AT7 | | | AT8 | | | AT9 | | |
| | | $AT_\alpha$ | | $AT_D$ | $AT_\alpha$ | | $AT_D$ | $AT_\alpha$ | | $AT_D$ |
| 大于 | 至 | μrad | 分、秒 | μm | μrad | 分、秒 | μm | μrad | 分、秒 | μm |
| 16 | 25 | 500 | 1′43″ | >8.0~12.5 | 800 | 2′45″ | >12.5~20.0 | 1250 | 4′18″ | >20~32 |
| 25 | 40 | 400 | 1′22″ | >10.0~16.0 | 630 | 2′10″ | >16.0~25.0 | 1000 | 3′26″ | >25~40 |
| 40 | 63 | 315 | 1′05″ | >12.5~20.0 | 500 | 1′43″ | >20.0~32.0 | 800 | 2′45″ | >32~50 |
| 63 | 100 | 250 | 52″ | >16.0~25.0 | 400 | 1′22″ | >25.0~40.0 | 630 | 2′10″ | >40~63 |
| 100 | 160 | 200 | 41″ | >20.0~32.0 | 315 | 1′05″ | >32.0~50.0 | 500 | 1′43″ | >50~80 |

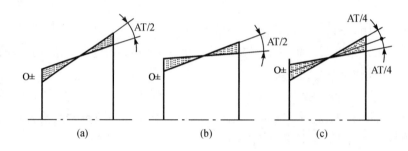

图8—23　圆锥角的极限偏差

（3）圆锥的形状公差 $T_F$

圆锥的形状公差包括：

①圆锥素线直线度公差——在圆锥轴向截面内，允许实际素线形状的最大变动量。圆锥素线直线度公差带是在给定截面上，距离为公差值 $T_F$ 的两条平行直线间的区域（图8—21）。

②截面圆度公差——在圆锥轴线法向截面上，允许截面形状的最大变动量。截面圆度公差带是半径差为公差值 $T_F$ 的两同心圆间的区域（图8—21）。

圆锥的形状公差值可按 GB/T 15754—1995《技术制图　圆锥的尺寸和公差注法》的规定选

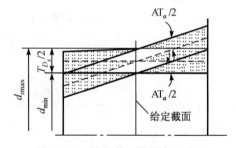

图8—24　给定截面圆锥直径公差 $T_{Ds}$ 与圆锥角公差的关系

取。GB/T 1184—1996《形状和位置公差　未注公差值》及其附录可作为选取公差值的参考。

（4）给定截面圆锥直径公差 $T_{Ds}$

在垂直于圆锥轴线的给定截面内，允许圆锥直径的变动量（图8—24）。

**2. 圆锥公差的给定方法**

圆锥公差有两种给定方法。

（1）给出圆锥的理论正确圆锥角 $\alpha$（或锥度 $C$）和圆锥直径公差 $T_D$；此时圆锥角误差和圆锥的形状误差都应限制在圆锥直径公差带内（图8—21）；圆锥直径公差 $T_D$ 所能限制的圆锥角如图 8—25 所示。该法通常适用于有配合性质要求的内、外锥体，例如圆锥滑动轴承、钻头的锥柄等。相当于采用公差的包容要求。

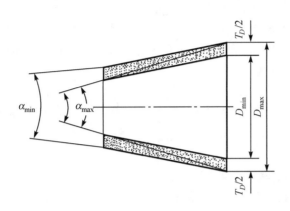

图8—25　给定截面圆锥直径公差 $T_{Ds}$ 与圆锥角公差 AT 的关系

如果对圆锥角公差、圆锥形状公差有更高要求时，可再给出圆锥角公差 AT、圆锥形状公差 $T_F$。此时，AT 和 $T_F$ 仅占圆锥直径公差的一部分。

（2）给出圆锥截面直径公差 $T_{Ds}$ 和圆锥角公差 AT：给定截面圆锥直径公差 $T_{Ds}$ 是在一个给定截面内对圆锥直径给定的，它只对这个截面的圆锥直径有效；而 AT 不包容在圆锥截面直径公差带内。此时两种公差相互独立，圆锥应分别满足该两项要求（图8—24）。当圆锥在给定截面上具有最小极限尺寸 $d_{x\min}$ 时，其圆锥角公差带为图中下面两条实线限定的两对顶三角形区域，此时实际锥角必须在此公差带内；当圆锥在给定截面上具有最大极限尺寸 $d_{x\max}$ 时，其圆锥角公差带为图中上面的两条实线限定的两对顶三角形区域；当圆锥在给定截面上具有某一实际尺寸 $d_x$ 时，其圆锥角公差带为图中两条虚线限定的两对顶三角形区域。

该法是在圆锥素线为理想直线情况下给定的。它适用于对圆锥工件的给定截面有较高精度要求的情况。例如阀类零件，为使圆锥配合在给定截面上有良好的接触，以保证有良好的密封性时，常采用这种公差。

## 三、圆锥配合

### 1. 圆锥配合的分类和基本功能要求

圆锥配合可分为三类：

①间隙配合——配合中有间隙，用于作相对运动的圆锥配合，如车床主轴的圆锥轴颈与滑动轴承的配合；

②密配合——用于要求密封性的配合，如各种气密或水密装置；

③过盈配合——用于定心传递扭矩的配合。如带柄铰刀、扩孔钻的锥柄与机床主轴锥孔的配合。

各类圆锥配合的基本功能要求为：

①配合表面接触均匀。这就要求内、外锥体的锥度大小尽可能一致，使各截面间的配合间隙或过盈大小均匀，提高配合的紧密程度；

②保证基面距（外圆锥和内圆锥基面间的距离）在规定的范围内。这就要求圆锥配合不仅锥度一致外，还要求圆锥截面上的直径必须具有一定的配合精度。

下面阐述锥角和直径误差对基面距变化的影响。

**2. 圆锥配合误差关系式**

圆锥零件锥角和直径制造误差都会引起圆锥配合基面距的变动和表面接触不良，其间有如下式所示之关系（推导从略）：

$$\Delta a = \frac{1}{C}\left[\Delta D_z - \Delta D_k + 0.000\,6H\left(\frac{\alpha_k}{2} - \frac{\alpha_z}{2}\right)\right] \tag{8—7}$$

式中　　$\Delta a$——基面距偏差（mm）；

　　　　$C$——锥度；

　　　　$H$——内、外圆锥结合长度（mm）；

$\Delta D_k$，$\Delta D_z$——内、外圆锥的直径误差（mm）；

$\alpha_k$，$\alpha_z$——内、外圆锥的圆锥角（分）。

上式为圆锥配合中有关参数（直径、角度）之间的一般关系式。在确定圆锥角度和圆锥直径时，可根据基面距公差的要求，按工艺条件先选定一个参数的公差，再由上式计算另一参数的公差。

**3. 圆锥配合的确定**

和《圆锥公差》国家标准一样，《圆锥配合》国家标准（GB/T 12360—2005）也是适用于锥度从 1:3 到 1:500、圆锥长度 $L$ 从 6 ~ 630mm 的光滑圆锥。

圆锥的不同配合，决定于内、外圆锥的相对轴向位置。按内、外圆锥相对轴向位置的确定方法，圆锥配合有结构型和位移型两类。

（1）结构型圆锥配合

结构型圆锥配合是采用适当的结构，使内、外圆锥保持固定的相对轴向位置，配合性质完全取决于内、外圆锥直径公差带的相对位置。

固定相对轴向位置的方法可以使内、外圆锥的基准平面直接接触［图 8—26（a）］，也可以采用其他附加结构，保持内、外圆锥具有一定的基面距 $a$［图 8—26（b）］。

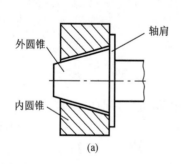
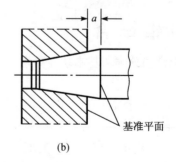

图 8—26

结构型圆锥配合的圆锥直径公差带的代号和数值以及公差等级，是采用"极限与配合"

国家标准（GB/T 1800.1—2009）的标准公差系列及基本偏差系列。标准推荐优先采用基孔制，即内圆锥直径的基本偏差为 H。对高精度的圆锥配合，允许按由功能要求计算得到的极限间隙或过盈确定配合。

圆锥配合一般不用于大间隙的场合，基本偏差 A（a），B（b），C（c）一般不用。对结构型圆锥配合，推荐内、外圆锥的直径公差值不大于 IT9 级。如对接触精度有更高要求，可另给出圆锥角极限偏差和圆锥的形状公差。

（2）位移型圆锥配合

位移型圆锥配合的配合性质由内、外圆锥的轴向位移决定，即决定于轴向位移的调整，而与内、外圆锥的直径公差带无关。其直径公差带的基本偏差，为便于加工，标准推荐用 H，h 或 Js，js。如对配合圆锥的基面距有要求，应通过计算来选取或校核内、外圆锥的直径公差带。

位移型圆锥配合不用于形成过渡配合，其轴向位移量由使用功能要求的极限间隙或极限过盈计算得到。

## 四、圆锥的检测

大批量生产条件下，圆锥的检验多用圆锥量规。

圆锥量规可以检验内、外锥体工件锥度和基面距偏差。检验内锥体用锥度塞规，检验外锥体用锥度套规。圆锥量规的结构型式如图 8—27 所示，它的规格尺寸和公差，在《圆锥量规公差》国家标准（GB/T 11852—2003）中有详细规定，可供选用。

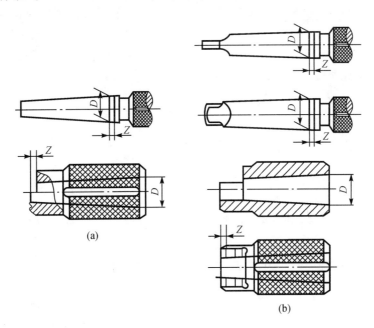

图 8—27　圆锥量规

圆锥结合时，一般对锥度要求比对直径的要求严，所以用圆锥量规检验工件时，首先应采用涂色法检验工件锥度。用涂色法检验锥度时，要求工件锥体表面接触靠近大端，接触长度不低于国家标准的规定：高精度工件为工作长度的 85%；精密工件为工作长度的 80%；普通工件为工作长度的 75%。

用圆锥量规检验工件的基面距偏差（轴向位移量）时，是用量规与工件间的轴向位移量来控制的。圆锥量规的一端有两条刻线（塞规）或台阶（套规），其间的距离 $Z$ 就是允许的轴向位移量，若被测锥体端面在量规的两条刻线或台阶的两端面之间，则被检验锥体合格（图8—27）。

圆锥测量主要是测量圆锥角 $\alpha$ 或斜角 $\alpha/2$。一般情况下，可用间接测量法来测量圆锥角，具体方法很多，其特点都是测量与被测圆锥角的有关的线值尺寸，通过三角函数关系，计算出被测角度值。

常用的计量器具有正弦尺、滚柱或钢球等。

（1）正弦尺

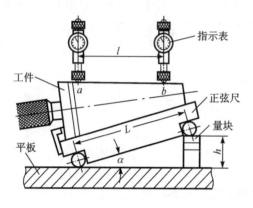

图8—28　用正弦尺测量圆锥量规

正弦尺是锥度测量常用的计量器具，分宽型和窄型，每种型式又按两圆柱中心距 $L$ 分为100mm 和200mm 两种，其主要尺寸的偏差和工作部分的形状、位置误差都很小。在检验锥度角时不确定度为 $1\sim5\mu m$，适用于测量公称锥角小于30°的锥度。

测量前，首先按式（8—8）计算量块组的高度（图8—28）：

$$h = L\sin\alpha \qquad (8—8)$$

式中　$\alpha$——圆锥角；

　　　　$L$——正弦尺两圆柱中心距。

然后，按图8—28所示进行测量。如果被测的圆锥角恰好等于公称值，则指示表在 $a$，$b$ 两点的指示值相同，即锥体上母线平行于平板的工作面；如被测角度有误差，则 $a$，$b$ 两点示值必有一差值 $n$，$n$ 与测量长度 $L$ 之比，即锥度误差：

$$\Delta C = n/L \qquad (8—9)$$

如换算成锥角误差时，可按下式近似计算：

$$\Delta(\alpha) = \Delta C \times 2 \times 10^5 = 2 \times 10^5 \frac{n}{L} \ (s)$$

（2）钢球和滚柱

利用钢球测内锥体和利用标准圆柱测外锥体的典型方法如表8—17所列。

表8—17

| 检测示意图 | | |
|---|---|---|

续表

| 被检测参数和计算式 | $D_0 = (2L_2 + D) \tan\dfrac{\alpha}{2} + \dfrac{D}{\cos\dfrac{\alpha}{2}}$ $2\tan\dfrac{\alpha}{2} = \dfrac{D-d}{2\cos\dfrac{\alpha}{2}(2L_1 - 2L_2 + d - D)}$ | $d_0 = A - d\left(1 + \cot\dfrac{90° - \dfrac{\alpha}{2}}{2}\right)$ $2\tan\dfrac{\alpha}{2} = \dfrac{A_1 - A}{L}$ |
|---|---|---|
| 直径或锥角检测的不确定度 | 直径 5～20μm 角度 7～30μm | 直径 1～20μm 角度 15～30μm |
| 适用范围 | 角度 >3° | 直径 角度 <30°任意直径 角度 角度 <30° |

注：（1）表中所列的检验不确定度数值，对检测直径，适用于一个直径的检测；对检测锥角，则适用于直径差的检测。

（2）检测的不确定度下限值，适用于在计量室条件下，用较高精度的计量器具测三次求得的平均值；其上限值，则适用在车间条件下用精度不高的计量器具进行检测的情况。

# 第九章

# 圆柱齿轮精度及检测

## §9—1 概 述

齿轮传动在各种机器和仪器中应用很广。其工作性能、承载能力、使用寿命及工作精度都与齿轮的制造精度密切相关。我国于 2008 年 9 月 21 日重新发布了圆柱齿轮精度新的国家标准，它们是：GB/T 10095.1—2008/ISO 1328.1：1995《圆柱齿轮 精度制 第 1 部分：轮齿同侧齿面偏差的定义和允许值》和 GB/T 10095.2—2008/ISO 1328.2：1997《圆柱齿轮 精度制 第 2 部分：径向综合偏差与径向跳动的定义和允许值》，用以代替 GB/T 10095.1—2001 和 GB/T 10095.2—2001《渐开线圆柱齿轮 精度》旧国家标准。考虑到新标准的实施，又发布了圆柱齿轮检验实施规范。它们是：GB/Z 18620.1—2008《圆柱齿轮 检验实施规范 第 1 部分：轮齿同侧齿面的检验》；GB/Z 18620.2—2008《圆柱齿轮 检验实施规范 第 2 部分：径向综合偏差、径向跳动、齿厚和侧隙的检验》；GB/Z 18620.3—2008《圆柱齿轮 检验实施规范 第 3 部分：齿轮坯、轴中心距和轴线平行度》和 GB/Z 18620.4—2008《圆柱齿轮 检验实施规范 第 4 部分：表面结构和齿轮接触斑点的检验》。这样就构成了渐开线圆柱齿轮的精度和检验标准体系。

本章以介绍新标准为主。但对新标准中已没有的偏差项目，而工厂中还适用的项目，如：公法线长度变动 $F_w$、轴向齿距偏差 $F_{px}$ 以及基节（基圆齿距）偏差 $f_{pb}$ 等，也作了适当的介绍。

随着生产和科学的发展，要求机械产品自身重量轻、传递的功率大、转速和工作精度高，从而对齿轮传动的精度提出了更高的要求。因此，研究齿轮误差对使用性能的影响、齿轮互换性原理、精度标准以及检测技术等，对提高齿轮加工质量是具有重要意义的。

各种机械所用的齿轮，对其传动的要求因用途不同而异，但归纳起来有以下四项。

（1）传递运动的准确性——要求齿轮在一转范围内，最大转角误差限制在一定范围内，以保证从动件与主动件协调。

（2）传动的平稳性——要求齿轮传动瞬时传动比变化不大，因为瞬时传动比的突变会引起齿轮传动冲击、振动和噪声。

（3）载荷分布的均匀性——要求齿轮啮合时齿面接触良好，以免引起应力集中，造成齿面局部磨损，影响齿轮使用寿命。

（4）传动侧隙——要求齿轮啮合时，非工作齿面间应有一定间隙。该间隙对于贮藏润滑油，补偿齿轮传动受力弹性变形、热膨胀以及齿轮传动装置的制造误差和装配误差等均是必需的。否则齿轮传动过程中可能出现卡死或烧伤。

# §9—2 齿轮加工误差及齿轮偏差项目

在机械制造中，齿轮加工方法按齿廓形成原理可分为：仿形法，如用成形铣刀在铣床上铣齿；范成法，如用滚刀在滚齿机上滚齿。现以滚齿为代表，列出产生加工误差的主要因素：

（1）几何偏心（$e_几$）。这是由于齿轮齿圈的基准轴线与齿轮工作时的旋转轴线不重合引起的。

（2）运动偏心（$e_运$）。这是由于机床分度蜗轮加工误差及安装偏心引起的。

（3）机床传动链的短周期误差。加工直齿轮时，主要受分度链各元件误差的影响，尤其是分度蜗杆的径向跳动和轴向窜动的影响；加工斜齿轮时，除分度链外，还受差动链误差的影响。

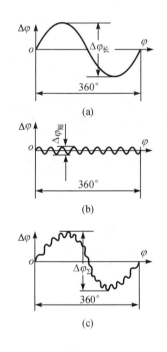

图 9—1

（4）滚刀的制造误差与安装误差，如滚刀的径向跳动、轴向窜动及齿形角误差等。

按范成法加工齿轮，其齿廓的形成是刀具对齿坯周期地连续滚切的结果，犹如齿条–齿轮副的啮合过程。因而加工误差是齿轮转角的函数，具有周期性，这是齿轮误差的特点。上述前二因素所产生的齿轮误差以齿轮一转为周期，称为长周期误差；后二因素所产生的误差，在齿轮一转中，多次重复出现，称为短周期误差。为便于分析齿轮各种误差对齿轮传动质量的影响，按误差对于齿轮方向，又分为径向误差、切向误差和轴向误差。

按齿轮偏差项目对齿轮传动性能的主要影响可分为三组，即影响运动准确性的偏差；影响传动平稳性的偏差；影响载荷分布均匀性的偏差。

当齿轮只有长周期误差时，其误差曲线如图 9—1（a）所示，虽然运动不均匀，但在低速情况下，其传动还是较平稳的。该项误差加上短周期误差会导致齿轮一转内传动比的不均匀，是影响齿轮运动准确性的主要误差。

当齿轮只具有短周期误差时［图 9—1（b）］，由于它在齿轮一转中多次重复出现，将引起瞬时传动比的急剧变化，使齿轮传动不平稳。在高速传动中，将发生冲击、振动和噪声。因而，对该类误差必须加以控制。

实际上，齿轮运动误差是一条复杂周期函数曲线［图 9—1（c）］，既包含有长周期误差也包含有短周期误差。

载荷分布均匀性是指轮齿在啮合过程中，工作齿面沿全齿长和全齿高上应保持均匀接触，其接触斑点（特别在齿长方向）应具有尽可能大的接触长度。否则，会造成齿面局部磨损，影响齿轮使用寿命。

## 一、影响运动准确性的偏差项目

在齿轮传动中，影响运动准确性的偏差项目有以下五项。

**1. 齿距累积总偏差 $F_p$**

$F_p$ 是指在齿轮端平面上，接近齿高中部与轴线同心的圆上，任意两个同侧齿面间（$k = 1$

到 $k=z$ 内）的实际弧长与公称弧长的最大差值。即齿距累积偏差曲线上变动的总幅度值（图 9—2）。

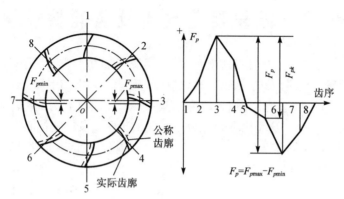

图 9—2

齿轮在加工中不可避免地要发生偏心（几何偏心和运动偏心），从而使齿轮齿距不均匀，产生齿距累积偏差。$F_p$ 通常用相对法在齿高中部测量。

必要时还应控制齿轮 $k$ 个齿距的累积偏差 $F_{pk}$。$F_{pk}$ 指任意 $k$ 个齿距间的实际弧长与公称弧长的代数差值（图 9—2）。理论上它等于这 $k$ 个齿距的各个齿距偏差的代数和。$k$ 为 2 到小于 $z/2$（$z$ 为齿轮齿数）的整数。通常取 $k \approx z/8$ 值。

实际齿距累积偏差曲线往往是非正弦型的，它与由纯偏心误差引起的正弦误差曲线的差别是在某一段弧长内其 $k$ 个齿距累积偏差值大于正弦型的该偏差值（图 9—3）。必要时需加以控制。

齿距累积总偏差能反映齿轮一转中偏心误差引起的转角误差，故 $F_p$ 可作为评定齿轮运动准确性的项目。$F_p$ 是沿着与基准孔同心的圆周上逐齿测得（每齿测一点）的折线状误差曲线（图 9—2），它是有限点的误差，而不能反映任意两点间瞬时传动比变化情况，即一般不能反映短周期误差。

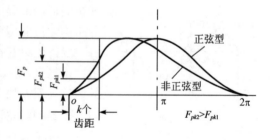

图 9—3

齿距累积总偏差 $F_p$ 的测量可分为绝对测量和相对测量。其中，以相对测量应用最广，中等模数的齿轮多采用这种方法。

相对测量是以齿轮上任意一齿距为基准，把仪器指示表调整为零，然后依次测出其余各齿距相对于基准的偏差 $f_{pt相对}$，最后通过数据处理求出齿距累积总偏差 $F_p$ 和单个齿距偏差

图 9—4

$f_{pt}$。按其定位基准的不同，相对测量又可分为以齿顶圆、以齿根圆和以孔为定位基准三种，如图9—4所示。

### 2. 切向综合总偏差 $F'_i$

$F'_i$是指被测齿轮与精确的测量齿轮单面啮合检验时，在被测齿轮一转内，分度圆上实际圆周位移与公称圆周位移之最大差值（图9—5，$\Delta\varphi \times$ 分度圆直径 = $\Delta$ 弧长），以分度圆弧长计值。

被测齿轮是装在齿轮单面啮合综合检查仪的心轴上，在保持设计中心距（$a$）的情况下，与测量齿轮作单面啮合转动，测出其转角误差。允许用齿条、蜗杆和测头等测量元件代替测量齿轮。

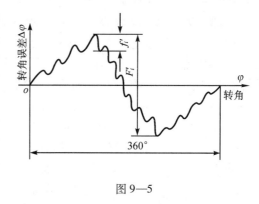

图 9—5

$F'_i$反映齿轮一转的转角误差，说明齿轮运动的不均匀性，在一转过程中，其转速忽快忽慢，作周期性地变化。$F'_i$是几何偏心、运动偏心及各短周期误差综合影响的结果。

光栅式齿轮单啮仪的原理如图9—6所示。在齿数各为$z_1$和$z_2$的测量齿轮与被测齿轮的主轴上，分别装有刻线数相同的圆光栅，用以产生理想精确的传动比。当啮合的两齿轮齿数不等时，由两者的光电元件所输出的信号频率将不相等，为使两路信号具有相同的频率，以便进行相位比较，可将其中一路信号进行倍频（如将测量齿轮的信号频率$f_1$乘以$z_1$）和分频（再将信号$f_1z_1$除以$z_2$）处理。若被测齿轮无误差，则两路信号无相位差变化，记录器输出为一条直线；否则，所记录的图形为被测齿轮的切向综合总偏差曲线。若仪器上安装的是一对齿轮副，则记录的图形是一条齿轮副切向综合总偏差曲线。我国生产的单啮仪多采用测量蜗杆的光栅式单啮仪，目前已进一步发展为采用微机时钟脉冲计数的数字比相原理的仪器。

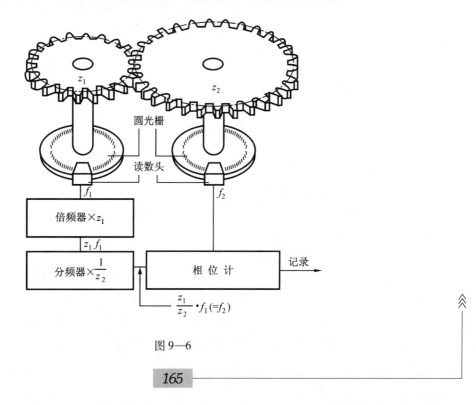

图 9—6

### 3. 径向综合总偏差 $F''_i$

$F''_i$ 是指被测齿轮与测量齿轮双面啮合时，在被测齿轮一转内，双啮中心距的最大值和最小值之差（图9—7）。该偏差是在齿轮双面啮合综合检查仪上测量的，若齿轮存在径向误差（如几何偏心）及短周期误差（如齿形误差、基节偏差等），则齿轮与测量齿轮双面啮合的中心距会发生变化。

$F''_i$ 主要反映径向误差，由于检查 $F''_i$ 比检查 $F_r$（径向跳动，见下节）效率高以及能得到一条连续的误差曲线，故成批生产时常用 $F''_i$ 作为检验项目。

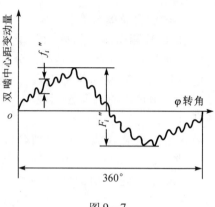

图 9—7

$F''_i$ 的测量是将被测齿轮与测量齿轮分别安装在双面啮合检查仪的两平行心轴上，并借助弹簧力作用，使两轮保持双面紧密啮合，被测齿轮一转中指示表的最大读数差值（即双啮中心距的变动最）即为 $F''_i$（图9—8）。由记录器记录下的误差图形如图9—7所示。

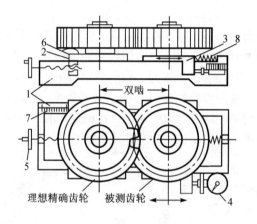

图 9—8

1—仪器座；2—固定滑座；3—可动滑座；4—指示表；
5—调整固定滑座位置用手轮；6—锁紧手柄；7—标尺；8—弹簧

### 4. 径向跳动 $F_r$

$F_r$ 是指在齿轮一转范围内，测头（球形、圆柱形、楔形）相继放入每个齿槽内与齿高中部双面接触，测头相对于齿轮轴线距离的最大和最小之差（图9—9）。该测量方法是以齿轮孔为基准，依次在指示表上读出测头径向位置的最大变化量即为 $F_r$。

$F_r$ 主要是由几何偏心（$e_几$）引起的。切齿时，由于齿坯孔与心轴间有间隙（图9—10），孔轴线 $oo$ 与其旋转轴线 $o'o'$ 不重合，产生一偏心量 $e_几$。这时，刀具至 $o'o'$ 的距离在切齿过程中保持不变，因而切出的齿圈就以 $o'o'$ 为轴线，而齿圈上各齿到孔轴线距离则不相等，按

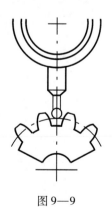

图 9—9

正弦规律变化（图9—11）。它以齿轮一转为周期，故称长周期误差，属径向误差。若忽略其他误差影响，则 $F_r = r_{max} - r_{min} = 2e_{几}$。

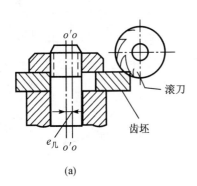
(a)

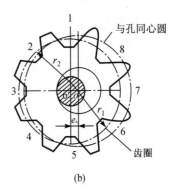
(b)

图 9—10

当齿轮具有几何偏心时，与孔同轴线的圆上的齿距或齿厚是不均匀的，远离轴线 $o'o'$ 一边的齿距变长，靠近 $o'o'$ 一边的则相反［图9—10（b）］，从而引起齿距累积偏差，并使齿轮传动中侧隙发生变化。

当齿轮装配在传动轴上时，若孔与轴之间有间隙，也可能产生几何偏心，其影响与前者同。

此外，齿坯端面跳动亦会引起附加的偏心。

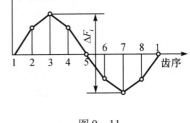

图 9—11

**5. 公法线长度变动 $F_w$**

$F_w$（旧标准的项目）是指在齿轮一周范围内，实际公法线长度最大值与最小值之差（图9—12）。

滚齿时，$F_w$ 是由运动偏心 $e_{运}$ 引起的，$e_{运}$ 来源于机床分度蜗轮偏心 $e_{蜗}$（图9—13）。

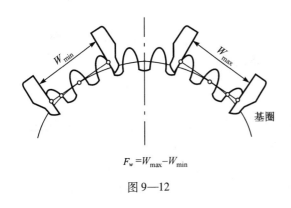

$$F_w = W_{max} - W_{min}$$

图 9—12

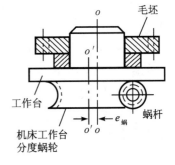

图 9—13

当分度蜗轮具有 $e_{蜗}$ 时，即使刀具作匀速旋转，但分度蜗轮及由其带动的齿坯的转速是不均匀的，呈周期性变化，以蜗轮一转为周期，从最大角速度（$\omega + \Delta\omega$）变化到最小角速度（$\omega - \Delta\omega$）。设切齿"1"时，齿坯转角误差为零；当切齿"2"时，齿坯理应转过 $2\pi/z$（$\angle AOB$），由于存在转角误差，实际转角（$\angle AOC$）多一角增量 $\Delta\varphi$，使齿"2"

不在虚线的理论位置，而在实线的实际位置，结果齿廓沿基圆切线方向发生位移和齿形变异（图9—14）。同理，其他各齿也发生类似的误差，从而使齿轮圆周上的公法线长度不均匀。

运动偏心 $e_运$ 引起切向误差，使各齿廓的位置在圆周上分布不均匀，从而导致齿距累积误差，并引起齿形变异。但 $e_运$ 并不引起径向误差，因为切齿时 $e_运$ 虽使齿坯转速不均匀，但刀具到齿坯轴线的距离始终不变。

因此，可得如下结论：$F_r$，$F''_i$ 主要是由 $e_几$ 引起的；$F_w$ 主要是由 $e_运$ 引起的；$F_p$ 是由 $e_几$ 及 $e_运$ 的综合偏心引起的；$F'_i$ 是综合偏心和短周期误差综合影响的结果。

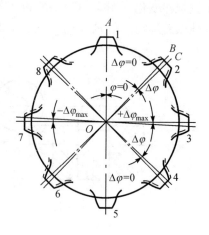

图9—14

## 二、影响传动平稳性的偏差项目

影响齿轮传动平稳性的偏差项目如下。

**1. 单个齿距偏差 $f_{pt}$**

$f_{pt}$ 是指在端面上，在齿高中部与齿轮轴线同心的圆上，实际齿距与理论齿距之差（图9—15）。用相对法测量时，理论齿距是指所有实际齿距的平均值。

在滚齿中，$f_{pt}$ 是由机床传动链误差（主要是分度蜗杆跳动）引起的。所以，$f_{pt}$ 可以用来揭示机床传动链的短周期误差或加工中的分度误差。

**2. 齿廓偏差**

齿廓偏差是指实际齿廓对设计齿廓偏移的量，在端平面内且垂直于渐开线齿廓的方向计量。

（1）齿廓总偏差 $F_\alpha$

$F_\alpha$ 是指在计值范围内包容实际齿廓迹线的两条设计齿廓迹线之间的距离［图9—16（a）］。

（2）齿廓形状偏差 $f_{f\alpha}$

$f_{f\alpha}$ 是指在计值范围内，包容实际齿廓迹线的两条与平均齿廓迹线完全相同的迹线之间的距离，且两条迹线与平均齿廓迹线的距离为常数［图9—16（b）］。

（3）齿廓倾斜偏差 $f_{H\alpha}$

$f_{H\alpha}$ 是指在计值范围内，两端与平均齿廓迹线相交的两条设计齿廓迹线间的距离［图9—16（c）］。

图9—16中，点画线表示设计轮廓；实线表示实际轮廓；虚线表示平均轮廓。设计齿廓：①中为未修形的渐开线；②中为修形的渐开线；③中为修形的渐开线。实际齿廓：①中为在减薄区内具有偏向体内的负偏差；②中为在减薄区内具有偏向体内的负偏差；③中为在减薄区内具有偏向体外的正偏差。

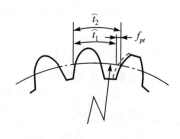

图9—15

$f_{pt} = t_2 - t_1$；

$t_2$—实际齿距；$t_1$—理论齿距

　　为了提高传动质量，常常需要按实际工作条件设计各种为实践所验证了的修正齿形，如在高速传动中，常用凸齿形与修缘齿形。

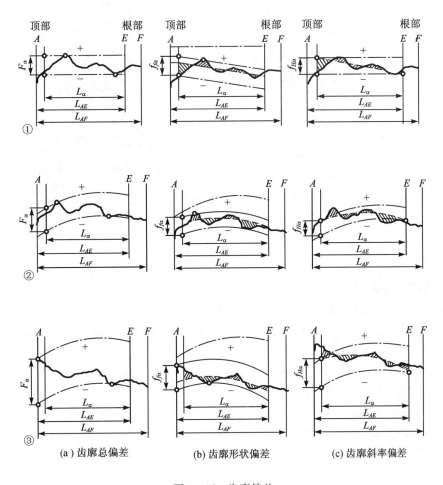

（a）齿廓总偏差　　　　　　（b）齿廓形状偏差　　　　　　（c）齿廓斜率偏差

图 9—16　齿廓偏差

　　齿廓偏差是由于刀具的制造误差（如刀具齿形角误差）和安装误差（如滚刀的安装偏心和倾斜）以及机床传动链误差等所引起。此外，长周期误差对齿廓精度也有影响。

　　齿廓偏差影响传动平稳性，如图 9—17 所示。二啮合齿 $A_1$ 与 $A_2$ 理应在啮合线上 $a$ 点接触，由于齿 $A_2$ 有齿形误差，使接触点偏离了啮合线，在啮合线外 $a'$ 点发生啮合，从而引起瞬时传动比的突变，破坏了传动平稳性。

　　图 9—18 是单圆盘渐开线检查仪工作原理图。被测齿轮 1 与一直径等于该齿轮基圆直径的基圆盘 2 同轴安装，当用手轮 9 移动纵滑板 4 时，直尺 3 与由弹簧力紧压其上的基圆盘 2 互作纯滚动，位于 3 边缘上的量头与被测齿廓接触点相对于基圆盘的运动轨迹是理想渐开线。若被测齿廓不是理想渐开线，测量头摆动经杠杆 6 在指示表 7 上读出 $F_\alpha$。

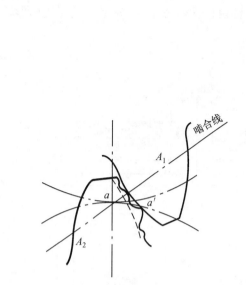

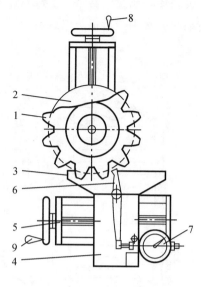

图 9—17　　　　　　　　　　　图 9—18

**3. 一齿切向综合偏差 $f'_i$**

$f'_i$ 是指被测齿轮与测量齿轮单面啮合一整转时，在被测齿轮一齿距内切向综合偏差之最大值，即在切向综合总偏差曲线（图 9—5）上，小波纹的最大幅度值。其波长常常为一个齿距角，以分度圆弧长计值。

这种在齿轮一转中多次重复出现的小波纹常常是由刀具制造和安装误差（波长为一齿距角），以及机床传动链短周期误差引起。

**4. 一齿径向综合偏差 $f''_i$**

$f''_i$ 是指被测齿轮与测量齿轮双面啮合一整转时，在被测齿轮一齿距内，径向综合偏差的最大值，即在径向综合偏差曲线（图 9—7）上，小波纹的最大幅度值。其波长常常为一齿距角。

$f''_i$ 亦反映齿轮的短周期误差，但与 $f'_i$ 是有差别的。当测量啮合角与加工啮合角相等时（$\alpha_{测} = \alpha_{加工}$），$f''_i$ 只反映刀具制造和安装误差引起的径向误差，而不能反映机床传动链短周期误差引起的周期切向误差。当 $\alpha_{测} \neq \alpha_{加工}$ 时，则 $f''_i$ 除包含径向误差外，还反映部分周期切向误差。因此，用 $f''_i$ 评定齿轮传动的平稳性不如用 $f'_i$ 评定完善。但由于仪器结构简单，操作方便，在成批生产中仍广泛采用。

**5. 基圆齿距偏差 $f_{pb}$**

$f_{pb}$（旧标准的项目）是指实际基齿距与理论基齿距之差（图 9—19）。实际基齿距是指基圆柱切平面所截两相邻同侧齿面的交线之间的法向距离。

$f_{pb}$ 主要是由刀具的基齿距偏差和齿形角误差造成的。在滚、插齿加工中，由于基齿距两端点是由刀具相邻齿同时切出，故与机床传动链误差无关。

$f_{pb}$ 使齿轮传动在齿与齿交替啮合瞬间发生冲击（图 9—20）。

（1）当主动轮基齿距大于从动轮基齿距时［图 9—20（a）］，第一对齿 $A_1$，$A_2$ 啮合终止，而第二对齿 $B_1$，$B_2$ 尚未进入啮合。此时，$A_1$ 的齿顶将沿着 $A_2$ 的齿根"刮行"（称顶刃啮合），发生啮合线外啮合，使从动轮突然降速，直到 $B_1$ 和 $B_2$ 进入啮合为止。这时，从动轮又开始突然加速。因此，从一对齿过渡到下一对齿的啮合过程中，瞬时传动比产生突变，将引起撞击、振动和噪声。

（2）当主动轮基齿距小于从动轮基齿距时［图9—20（b）］，第一对齿 $A'_1$，$A'_2$ 的啮合未结束，而第二对齿 $B'_1$ 和 $B'_2$ 就已开始进入啮合，$B'_1$ 齿撞击 $B'_2$ 齿顶，使从动轮突然加速，迫使 $A'_1$ 和 $A'_2$ 脱啮。此时，同样产生顶刃啮合，直到 $B'_1$ 和 $B'_2$ 进入渐开线段啮合为止。这种情况比前一种更坏，有时振动、噪声会更大。

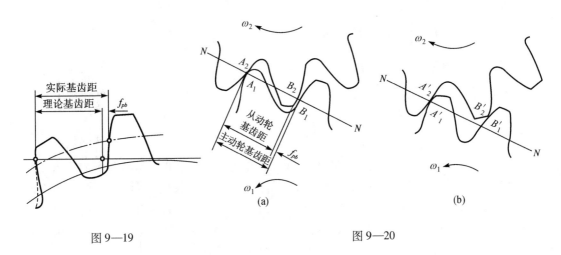

图 9—19　　　　　　　　　　图 9—20

上述两种情况产生的撞击在齿轮一转中多次重复出现，误差频数等于齿数，称齿频误差。它是影响传动平稳性的重要原因。

图9—21 为用基齿距仪测量 $f_{pb}$ 的示意图。测量时先按被测齿轮基齿距的公称值组合量块，并按量块组尺寸调整相平行的活动量爪 1 与固定量爪 2 间的距离，使指示表为零位，然后将仪器放在被测齿轮相邻两同侧齿面上，使之与齿面相切，从表上可读得 $f_{pb}$ 值。

## 三、影响载荷分布均匀性的偏差项目

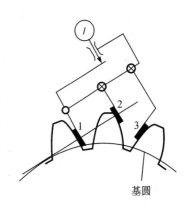

基圆

图9—21

在理论上，一对轮齿的啮合过程，若不考虑弹性变形的影响，其啮合是由齿顶到齿根每瞬间都沿着全齿宽成一直线接触。对于直齿轮，齿面是切于基圆柱的平面上与轴线平行的直线 $K$—$K$ 的运动轨迹——渐开面，所以轮齿每瞬间的接触线是一根平行于轴线的直线 $K$—$K$（图9—22）。

对于斜齿轮，由于齿面是切于基圆柱的平面上与轴线夹角为 $\beta_b$ 的直线 $K$—$K$ 运动的轨迹——渐开螺旋面，所以轮齿某瞬时的接触线是一根在基圆柱的切平面上与基圆柱母线夹角为 $\beta_b$ 的直线 $K$—$K$（图9—23）。

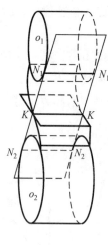

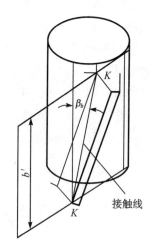

图 9—22　　　　　　　　　　　　　　图 9—23

实际上，由于齿轮的制造和安装误差，啮合齿在齿长方向上并不是沿全齿宽接触，而在啮合过程中也并不是沿全齿高接触。对于直齿轮，影响接触长度的是螺旋线偏差（此时 $\beta_b = 0$，螺旋线即为齿向线），影响接触高度的是齿廓偏差；对于宽斜齿轮，影响接触长度的是螺旋线偏差（或轴向齿距偏差），影响接触高度的是齿廓偏差和基圆齿距偏差。从评定齿轮承载能力的大小来看，一般对接触长度的要求高于对接触高度的要求。

**1. 螺旋线偏差**

螺旋线偏差是指在端面基圆切线方向上，实际螺旋线对设计螺旋线的偏移量。

（1）螺旋线总偏差 $F_\beta$

$F_\beta$ 是指在计值范围内，包容实际螺旋线迹线的两条设计螺旋线迹线间的距离 ［图 9—24（a）］。

（2）螺旋线形状偏差 $f_{f\beta}$

$f_{f\beta}$ 是指在计值范围内，包容实际螺旋线迹线的两条与平均螺旋线迹线完全相同的迹线之间的距离，且两条迹线与平均螺旋线迹线的距离为常数 ［图 9—24（b）］。

（3）螺旋线倾斜偏差 $f_{H\beta}$

$f_{H\beta}$ 是指在计值范围内，两端与平均螺旋线迹线相交的两条设计螺旋线迹线间的距离 ［图 9—24（c）］。

图 9—24 中，点画线表示设计螺旋线；实线表示实际螺旋线；虚线表示平均螺旋线。设计螺旋线：①中为未修形的螺旋线；②中为修形的螺旋线；③中为修形的螺旋线。实际螺旋线：①中为在减薄区内具有偏向体内的负偏差；②中为在减薄区内具有偏向体内的负偏差；③中为在减薄区内具有偏向体外的正偏差。

为了改善齿面接触，提高齿轮承载能力，设计螺旋线常采用修形的螺旋线，包括鼓形线、齿端修薄及其他修形曲线。

螺旋线偏差主要是由齿坯端面跳动和刀架导轨倾斜引起的。对于斜齿轮，还受机床差动传动链的调整误差影响。

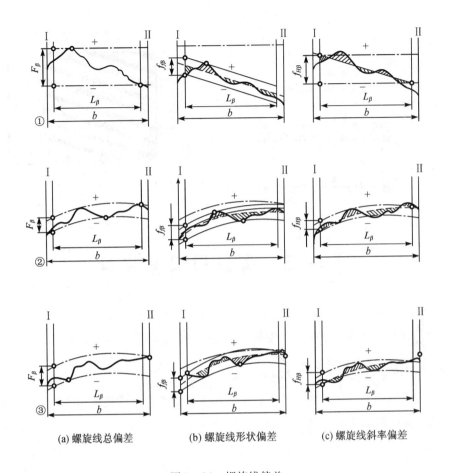

(a) 螺旋线总偏差　　(b) 螺旋线形状偏差　　(c) 螺旋线斜率偏差

图 9—24　螺旋线偏差

直齿轮螺旋线偏差的测量较简单。被测齿轮装在心轴上，心轴装在两顶针座或等高的 V 形块上，在齿槽内放入小圆柱，以检验平板作基面，用指示表分别测小圆柱在水平方向 $a$ 和垂直方向 $b$ 两端的高度差。此高度差乘上 $b/l$（$b$ 为齿宽；$l$ 为圆柱长）即近似为齿轮的 $F_\beta$。为了避免安装误差的影响，应在前后两面（距 180°的两个齿）测量，取其平均值作为测量结果（图 9—25）。

斜齿轮的螺旋线偏差可在导程仪、螺旋角检查仪，或在万能测齿仪上借助螺旋角测量装置进行测量。

**2. 轴向齿距偏差 $F_{px}$**

$F_{px}$（旧标准的项目）是指在与齿轮基准轴线平行而大约通过齿高中部的一条直线上，任意两个同侧齿面间的实际距离与公称距离之差（图 9—26）。沿齿面法线方向计值。

轴向齿距偏差主要反映斜齿轮的螺旋角误差。在滚齿中，它是由滚齿机差动链的调整误差、刀架导轨的倾斜、齿坯端面跳动等引起的。此项误差影响轮齿齿长方向的接触长度，并使宽斜齿轮有效接触齿数减少，从而影响齿轮承载能力。由于采用的是便携式量仪，故宽斜齿轮宜控制该项偏差。

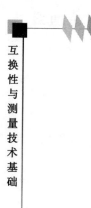

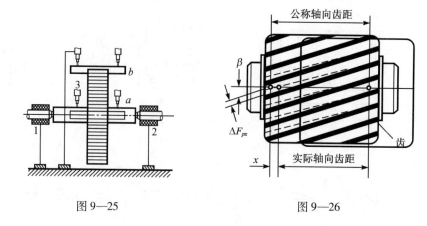

图 9—25 图 9—26

# §9—3 齿轮副偏差项目

上面所讨论的都是单个齿轮的偏差项目，此外，齿轮副的安装等误差同样影响齿轮传动的使用性能，故对这类误差亦应加以控制。齿轮副的偏差项目有以下几项。

## 一、轴线平行度偏差 $f_{\Sigma\delta}$，$f_{\Sigma\beta}$

除单个齿轮的偏差项目，如 $F_\alpha$，$F_\beta$，$f_{pb}$，$F_{px}$ 等影响齿面的接触精度外，齿轮副轴线的平行度偏差亦同样影响接触精度。

**1. 轴线平面内的平行度偏差 $f_{\Sigma\delta}$**

$f_{\Sigma\delta}$ 是指在公共平面上两轴线的平行度偏差，公共平面是由通过较长轴线 2 和另一轴线 1 上一端点确定的（图 9—27），如两轴线长度相等，则由小齿轮轴线和大齿轮轴线一端点确定。

**2. 垂直平面上的平行度偏差 $f_{\Sigma\beta}$**

$f_{\Sigma\beta}$ 是指在与公共平面相垂直的平面上两轴线的平行度偏差（图 9—27）。

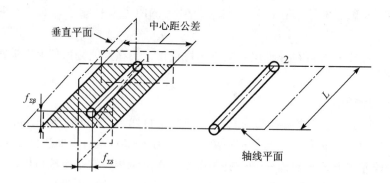

图 9—27 轴线平行度偏差

平行度偏差与轴承中间距 $L$ 有关，是用与 $L$ 相关的值来表示。

$f_{\Sigma\delta}$影响螺旋线啮合偏差，其影响是工作压力角的正弦函数；而$f_{\Sigma\beta}$的影响则是工作压力角的余弦函数。可见$f_{\Sigma\beta}$的影响比$f_{\Sigma\delta}$的影响大 2 ~ 3 倍。

## 二、接 触 斑 点

轮齿接触斑点是指安装好的齿轮副，齿面上涂上薄印痕涂层，在保持被测齿面稳定接触的轻载下运转后，齿面上分布的接触痕迹。其大小用沿齿长和齿高方向的百分比表示。

检验产品齿轮副在其箱体内所产生的接触斑点，可以对轮齿间载荷分布进行评估；产品齿轮和测量齿轮的接触斑点，可用于装配后齿轮螺旋线和齿廓精度的评估。

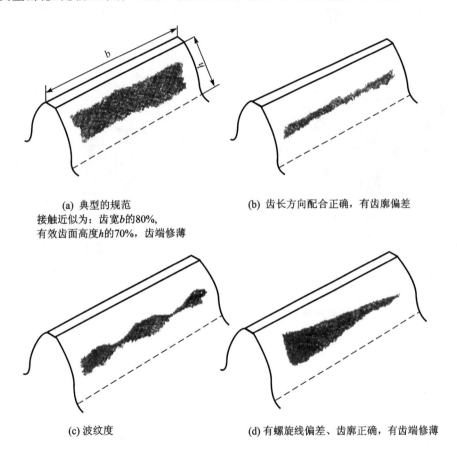

(a) 典型的规范
接触近似为：齿宽b的80%，
有效齿面高度h的70%，齿端修薄

(b) 齿长方向配合正确，有齿廓偏差

(c) 波纹度

(d) 有螺旋线偏差、齿廓正确，有齿端修薄

图 9—28  典型接触斑点

图 9—28（a）、（b）、（c）、（d）表示产品齿轮与测量齿轮的典型接触斑点示意图。为保证齿轮接触精度，主要应控制齿长方向的接触长度，而齿高方向的接触可由平稳性项目来控制。

## 三、侧   隙

"侧隙"是两个相配齿轮的工作齿面相接触时，在两个非工作齿面之间的间隙。法向侧隙$j_{bn}$是指两个齿轮工作齿面相接触时，其非工作齿面之间的最短距离，在法平面上或啮合线上测量（图9—29）。单个齿轮无侧隙，只有齿厚，故侧隙是由齿轮副中心距以及单个齿轮的齿厚或公法线长度来控制的。

### 1. 齿厚偏差 $f_{sn}$

$f_{sn}$ 是指在齿轮分度圆柱法向平面上，齿厚的实际值与公称值之差（图9—30）。公称齿厚是指该齿轮与具有理论齿厚的相配齿轮在基本中心距下无侧隙啮合时的齿厚。齿厚的最大极限 $S_{ns}$ 和最小极限 $S_{ni}$ 是指齿厚的两个允许的极值，齿厚的实际尺寸应位于两极值之间。图9—31表示用齿厚卡尺测量弦齿厚。

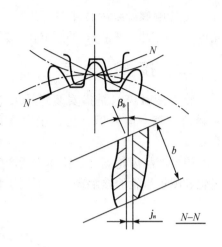

图9—29

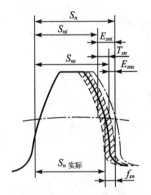

在分度圆柱面上垂直于齿廓的平面

图9—30　齿厚的允许偏差

$S_n$ — 公称齿厚　　$S_{ni}$ — 齿厚的最小极限

$S_{ns}$ — 齿厚的最大极限　　$S_{n实际}$ — 实际齿厚

$E_{sni}$ — 齿厚允许的下偏差　　$E_{sns}$ — 齿厚允许的上偏差

$f_{sn}$ — 齿厚偏差　　$T_{sn}$ — 齿厚公差

$T_{sn} = E_{sns} = E_{sni}$

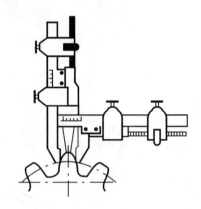

图9—31　用齿厚游标卡尺测量弦齿厚

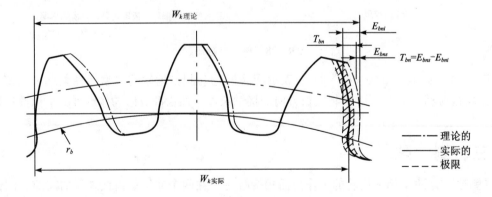

图9—32　跨距的允许偏差

**2. 公法线长度 $W_k$**

$W_k$ 是在基圆柱切平面（公法线平面）上跨 $k$ 个齿（内齿轮是齿槽）在接触一个齿的右面和另一个齿的左面的两平行平面间的距离（图9—32）。$W_k$ 的实际值与公称值之差为偏差，它与齿厚偏差有着相关关系，可用于齿轮副侧隙的评估与控制。图9—33 所示为公法线长度测量方法图。

**3. 中心距 $(a)$ 的偏差**

中心距偏差是指实际中心距与公称中心距之差。公称中心距是考虑保证最小侧隙及齿轮副的齿顶与其相啮合非渐开线齿根部分无干涉来确定的。在齿轮只是单向负载运转而不经常反转的情况下，最大侧隙不是主要控制因素，此时中心距公差主要考虑重合度影响，对于控制运动用齿轮，必须考虑对侧隙的控制；对于轮齿上负载常反向作用时，确定中心距公差必须考虑运行时速度、温度、负载及相关零部件制造安装误差的影响。

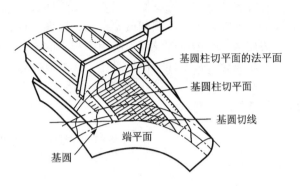

基圆柱切平面的法平面

基圆柱切平面

基圆切线

端平面

基圆

图9—33 斜齿轮公法线测量

# §9—4 渐开线圆柱齿轮精度标准

本渐开线圆柱齿轮精度标准是由 GB/T 10095.1—2008、GB/T 10095.2—2008 两个国家标准以及 GB/Z 18620.1～4—2008 四个指导性技术文件组成。该项标准（文件）适用于单个渐开线圆柱齿轮，法向模数 $m_n \geqslant 0.5\text{mm} \sim 70\text{mm}$，分度圆直径 $d \geqslant 5\text{mm} \sim 10\ 000\text{mm}$，齿宽 $b \geqslant 4\text{mm} \sim 1000\text{mm}$。对于 $F''_i$ 和 $f''_i$，其 $m_n \geqslant 0.2\text{mm} \sim 10\text{mm}$，$d \geqslant 5\text{mm} \sim 1000\text{mm}$。基本齿廓按 GB/T 1356—2001《通用机械和重型机械用圆柱齿轮 标准基本齿条齿廓》的规定。该标准可用于内、外啮合的直齿、斜齿和人字齿圆柱齿轮。

本标准是等同采用国际标准 ISO 1328—1～2：1995～1997，指导性文件 ISO/TR 10064—1～4；替代原国家标准 GB 10095—2001 和 GB 10095—1988。

## 一、齿轮精度等级

**1. 齿轮精度等级**

根据国家标准 GB/T 10095.1～2—2008 的规定，渐开线圆柱齿轮精度共分为13 级，即依秩为 0, 1, 2…, 12 级。其中0 级精度最高，12 级精度最低。对径向综合总偏差 $F''_i$ 和一齿径向综合偏差 $f''_i$，由于测量精度以及它们反映不出切向误差的弱点，故标准规定它们仅用于4～12 级。

**2. 齿轮精度等级的选用**

齿轮精度等级选用的方法有计算法和类比法。

计算法：如分度、读数齿轮主要要求是传递运动准确性，若已知传动链末端传动件（副）的精度要求，再通过传动链误差的传递规律，建立数学模型来分配各级传动件（副）

影响运动准确性的偏差项目的精度等级，然后再按工作条件确定其他项目的精度要求；又如高速动力齿轮，其特点是速度高、传递功率大，要求传动平稳，振动与噪声小，同时也有较高的齿面接触要求，这时可通过机械动力学建立装置的动力学模型，以确定影响传动平稳性偏差项目的精度等级，同时考虑影响接触精度偏差项目的精度等级；再如低速动力齿轮，其特点是传递功率大、速度低，主要要求齿面接触良好，可按承受的载荷及使用寿命，计算其齿面接触强度，确定影响载荷分布均匀性偏差项目的精度等级。

类比法是根据以往设计和使用中积累的丰富经验以及技术资料、图纸等，按齿轮工作条件、应用场合和技术性能进行对比，以选取齿轮精度等级。

表9—1列出部分齿轮精度等级的适用范围，表9—2列出各种机械所采用的齿轮精度等级，供选用时参考。

**表9—1　圆柱齿轮精度等级的适用范围**

| 精度等级 | 4 | 5 | 6 | 7 | 8 | 9 |
|---|---|---|---|---|---|---|
| 工作条件与应用范围 | 用于特殊精密分度机构的齿轮在速度极高、要求最平稳及无噪声情况下工作的齿轮**；高速汽轮机的齿轮；检验6～7级精度齿轮的测量齿轮 | 用于精密分度机构的齿轮；在高速、要求高平稳性及无噪声情况下工作的齿轮**；高速汽轮机的齿轮；检验8～9级精度齿轮的测量齿轮 | 用于高速情况下平稳工作、高效率及无噪声的齿轮**；分度机构的齿轮*；航空制造业特殊重要的小齿轮；读数设备中精密传动的齿轮 | 在增高了速度与适度功率下工作的齿轮或相反；机床中的进给齿轮（要求运动协调）；具有一定速度的减速器中的齿轮；读数设备中的传动及具有一定速度的非直齿齿轮传动；航空制造业中的齿轮 | 一般机器制造业中，不要求特殊精度的齿轮，分度链以外的机床用齿轮；航空与汽车拖拉机中不重要的小齿轮；起重机构的齿轮；农业机器中的小齿轮；普通减速器的齿轮 | 用于不提出精度要求的粗糙工作的齿轮，按照大载荷设计，且用于轻载的齿轮 |
| 斜齿轮、直齿轮圆周速度/（m/s） | 35～70 | 20～40 | 15～30 | 10～15 | 6～10 | 2～4 |

**表9—2　各种机械采用的齿轮的精度等级**

| 应用范围 | 精度等级 | 应用范围 | 精度等级 |
|---|---|---|---|
| 测量齿轮 | 3～5 | 拖拉机 | 6～10 |
| 汽轮机减速器 | 3～6 | 一般用途的减速器 | 6～9 |
| 金属切削机床 | 3～8 | 轧钢设备的小齿轮 | 6～10 |
| 内燃机车与电气机车 | 6～7 | 矿用绞车 | 8～10 |
| 轻型汽车 | 5～8 | 起重机机构 | 7～10 |
| 重型汽车 | 6～9 | 农业机械 | 8～11 |
| 航空发动机 | 4～7 | | |

## 二、齿轮检验项目的确定

国家标准 GB/T 10095.1～2—2008，等同采用了国际标准 ISO 1328.1～2：1995～1997，系考虑各偏差项目及其检验方法的成熟程度，对齿轮工作性能（三方面）影响的重要性以及某些项目间的可替代性（如切向综合检验能代替齿距检验，径向综合检验能代替径向跳动检验等），对不同检验（偏差）项目给出了标准要素（正文）项目、规范性附录项目和资料性附录项目等以区别其必检性和非强制性，为供需方制定质量验收协议时选用。特按上述标准规定以及部分企业齿轮专家系统内容给出下列齿轮检验项目组。

（1）$f_{pt}$，$F_{pk}$，$F_p$，$F_\alpha$，$F_\beta$

GB/T 10095.1 标准要素（正文）项目组。

（2）$f_{pt}$，$F_p$，$F_\alpha$，$F_\beta$

GB/T 10095.1 标准要素（正文）项目组，一般齿轮可选用。

（3）$F'_i$，$f'_i$，$F_\beta$（或 $F'_i$，$f'_i$，$F_\alpha$，$F_\beta$）

$F'_i$，$f'_i$ 二项系 GB/T 10095.1 的规范性附录项目，也是本部分的质量准则，但不是强制性的检验项目。

（4）$F''_i$，$f''_i$

GB/T 10095.2 项目，其允许值在资料性附录中，有与其他项目不同的精度等级范围；在批量生产或小模数齿轮生产中由供需双方协议确定使用。

（5）$F_r$

系资料性附录项目，可与其他项目组成项目组；若单独使用，适于低精度大齿轮检验。

（6）$f_{f\alpha}$，$\pm f_{H\alpha}$，$f_{f\beta}$，$\pm f_{H\beta}$

系资料性附录项目，不是强制性的、不作为标准要素；由于其对齿轮性能有重要影响，必要时可作为有用的资料和评定值使用。

各检验项目与仪器适用的精度等级以及对于质量控制检验的增减，必须由供需双方协商确定。

## 三、检验项目偏差的允许值

各检验项目偏差的允许值，是按 5 级精度的偏差允许值乘以（或除以）级间公比数 $\sqrt{2}$ 而求得，5 级精度齿轮的各偏差允许值的计算式列于表 9—3。

表 9—3　5 级精度齿轮各偏差允许值计算式

| 项目代号 | 允许值的计算公式 |
|---|---|
| $\pm f_{pt}$ | $f_{pt} = 0.3\ (m_n + 0.4\sqrt{d})\ + 4$ |
| $\pm F_{pk}$ | $F_{pk} = f_{pt} + 1.6\ \sqrt{(k-1)\ m_n}$ |
| $F_p$ | $F_p = 0.3 m_n + 1.25\sqrt{d} + 7$ |
| $F_\alpha$ | $F_\alpha = 3.2\ \sqrt{m_n} + 0.22\sqrt{d} + 0.7$ |
| $F_\beta$ | $F_\beta = 0.1\sqrt{d} + 0.63\sqrt{b} + 4.2$ |
| $f'_i$ | $f'_i = K\ (9 + 0.3 m_n + 3.2\ \sqrt{m_n} + 0.34\sqrt{d})$<br><br>式中 $K = 0.2\left[\dfrac{\varepsilon_r + 4}{\varepsilon_r}\right]$ 当 $\varepsilon_r < 4$ 时<br><br>$K = 0.4$　　当 $\varepsilon_r \geqslant 4$ 时 |
| $F'_i$ | $F'_i = F_p + f'_i$ |

| 项目代号 | 允许值的计算公式 |
|---|---|
| $f_{f\alpha}$ | $f_{f\alpha} = 2.5\sqrt{m_n} + 0.17\sqrt{d} + 0.5$ |
| $\pm f_{H\alpha}$ | $f_{H\alpha} = 2\sqrt{m_n} + 0.14\sqrt{d} + 0.5$ |
| $f_{f\beta}$, $\pm f_{H\beta}$ | $f_{f\beta} = f_{H\beta} = 0.07\sqrt{d} + 0.45\sqrt{b} + 3$ |
| $F''_i$ | $F''_i = 3.2m_n + 1.01\sqrt{d} + 6.4$ |
| $f''_i$ | $f''_i = 2.96m_n + 0.01\sqrt{d} + 0.8$ |
| $F_r$ | $F_r = 0.8F_p = 0.24m_n + 1.0\sqrt{d} + 5.6$ |

表中计算式的 $m_n$ 为法向模数、$d$ 为分度圆直径、$b$ 为齿宽。计算时应分别代入 $m_n$，$d$ 和 $b$ 的各尺寸分段数值的几何平均值，当参数不在给定范围内时，亦可代入实际值，其单位为毫米，偏差允许值单位为微米。

模数 $m_n$ 值的分段为：0.5/2/3.5/5/6/10/16/25/40/70。

分度圆直径 $d$ 的尺寸分段为：5/20/50/125/280/560/1 000/1 600/2 500/4 000/8 000/10 000。

齿宽 $b$ 的尺寸分段为：4/10/20/40/80/160/250/400/650/1 000。

注：在计算径向跳动 $F_r$ 的允许值时，分度圆直径 $d$ 的分段中没有 6000 这个界限值，而是…/4000/8000/…；在计算径向综合偏差 $F''_i$ 的允许值时，分度圆 $d$ 的分段仅到 1000，而模数 $m_n$ 的分段为 0.2/0.5/0.8/1.0/1.5/2.5/4.0/6.0/10。

各参数偏差的允许偏差值（或公差）。按上述所述方法计算完以后，按下述规则进行圆整：如果计算值大于 $10\mu m$，圆整到最接近的整数；如果小于 $10\mu m$，圆整到最接近的尾数为 $0.5\mu m$ 的小数或整数；如果小于 $5\mu m$，圆整到最接近的 $0.1\mu m$ 的小数或整数。

**例 9—1**：试计算 8 级精度齿轮的单个齿距偏差 $f_{pt}$ 的允许值（极限偏差）和螺旋线总偏差 $F_\beta$ 的允许值（公差）。已知：齿轮的模数 $m_n = 3mm$，齿数为 32，齿宽 $b = 20mm$。

**解**：由表 9—3 可知，5 级精度 $f_{pt}$ 极限偏差的计算公式为：

$$f_{pt} = 0.3\ (m_n + 0.4\sqrt{d} + 4)$$

而 8 级精度的齿轮则应在上式计算式上再乘 $(\sqrt{2})^3$ 或写成 $2^{0.5(8-5)}$（对 Q 级精度齿轮，则可写成 $2^{0.5(Q-5)}$）。

将式中参数值代入，得：

$$f_{pt} = [0.3\sqrt{2 \times 3.5} + 0.4\sqrt[4]{50 \times 125} + 4] \times 2^{0.5(8-5)}$$
$$= 16.58\mu m。$$

按圆整规则，应取整数，故 $f_{pt} = 17\mu m$。

同理：由表 9—3 可知，5 级精度 $F_\beta$ 公差的计算公式为：

$$F_\beta = 0.1\sqrt{d} + 0.63\sqrt{b} + 4.2$$

对 8 级精度的齿轮，得：

$$F_\beta = (0.1\sqrt[4]{50 \times 125} + 0.63\sqrt[4]{10 \times 20} + 4.2) \times 2^{0.5(8-5)}$$
$$= 20.53\mu m$$

按圆整规则，$F_\beta = 21\mu m$。

国家标准中列出了由表 9—3 所列公式计算出的各偏差的允许值，供使用时查阅，本章摘录了一部分，如表 9—11 ～ 表 9—21，供参考。

## 四、最小法向侧隙与齿厚偏差允许值确定

最小侧隙 $j_{bn\ min}$ 是当一个齿轮的齿以最大允许实效齿厚与一个也具有最大允许实效齿厚的相配齿在最紧的允许中心距相啮合时,在静态条件下存在的最小允许侧隙。当齿轮副在啮合运行中,由于零、部件的温差变形,保证润滑,有关零、部件的制造安装误差等影响,必须保证在带负载运行下最不利工作条件时非工作面间仍有足够的最小侧隙。最小法向侧隙 $j_{bn\ min}$ 可由计算法或查表法确定。

**1. 计算法**

(1) 补偿温升变形所需的最小侧隙 ($j_{nb1}$)

$$j_{nb1} = a\ (\alpha_1 \Delta t_1 - \alpha_2 \Delta t_2)\ \times 2\sin\alpha_n\ (mm) \tag{9—1}$$

式中    $a$——中心距,mm;

$\alpha_1$,$\alpha_2$——齿轮和箱体材料的线膨胀系数;

$\Delta t_1$,$\Delta t_2$——齿轮和箱体工作温度与标准温度(20℃)之差。

(2) 保证正常润滑所需的最小侧隙 ($j_{nb2}$)

$j_{nb2}$ 取决于润滑方式和齿轮工作速度。

当油池润滑时:

$$j_{nb2} = (0.005 \sim 0.01)\ m_n\ \ \ (mm) \tag{9—2}$$

当喷油润滑时:

低速传动 ($v < 10m/s$), $j_{nb2} = 0.01m_n$    (mm)

中速传动 ($v = 10 \sim 24m/s$), $j_{nb2} = 0.02m_n$

高速传动 ($v = 25 \sim 60m/s$), $j_{nb2} = 0.03m_n$

超高速传动 ($v > 60m/s$), $j_{nb2} = (0.03 \sim 0.05)\ m_n$

仅考虑上面(1)、(2)两项因素,取值偏小,$j_{nb\ min}$ 可取:

$$j_{nb\ min} \geqslant j_{nb1} + j_{nb2}\ \ \ (mm) \tag{9—3}$$

**2. 查表法**

表9—4列出了对工业传动装置推荐的最小侧隙,供选用。该装置齿轮与箱体是黑色金属制造的,节圆线速度小于15m/s。

表9—4    对于粗齿距(中、大模数)齿轮最小侧隙 $j_{bn\ min}$ 的推荐数据

| $m_n$ /mm | 最小中心距 $a_i$/mm | | | | | |
|---|---|---|---|---|---|---|
| | 50 | 100 | 200 | 400 | 800 | 1600 |
| 1.5 | 0.09 | 0.11 | — | — | — | — |
| 2 | 0.10 | 0.12 | 0.15 | — | — | — |
| 3 | 0.12 | 0.14 | 0.17 | 0.24 | — | — |
| 5 | — | 0.18 | 0.21 | 0.28 | — | — |
| 8 | — | 0.24 | 0.27 | 0.34 | 0.47 | — |
| 12 | — | — | 0.35 | 0.42 | 0.55 | — |
| 18 | — | — | — | 0.54 | 0.67 | 0.94 |

表9—4中数值也可用式（9—4）计算：

$$j_{bn\,min} = \frac{2}{3}\,(0.06 + 0.0005a_i + 0.03m_n)  \tag{9—4}$$

式中　$a_i$——最小中心距，必须是绝对值。

**3. 齿厚偏差的计算**

当齿轮副为公称中心距时，若无其他误差的影响，两齿轮的齿厚上偏差之和与$j_{bn\,min}$的关系为：

$$j_{bn\,min} = |(E_{sns1} + E_{sns2})|\cos\alpha_n  \tag{9—5}$$

若考虑中心距偏差为负值以及齿轮制造与安装误差的影响，则$j_{bn\,min}$应为：

$$j_{bn\,min} = |(E_{sns1} + E_{sns2})|\cos\alpha_n - f_a \times 2\sin\alpha_n - K  \tag{9—6}$$

式中　$K$——补偿齿轮加工误差与安装误差引起的侧隙减少量。

$$K = \sqrt{f_{pb1}^2 + f_{pb2}^2 + 2\,(F_\beta\cos\alpha_n)^2 + (f_{\Sigma\delta}\sin\alpha_n)^2 + (f_{\Sigma\beta}\cos\alpha_n)^2}  \tag{9—7}$$

若$\alpha_n = 20°$时，且$F_\beta = f_{\Sigma\beta} = 2f_{\Sigma\beta}$，则式（9—7）简化为：

$$K = \sqrt{f_{pb1}^2 + f_{pb2}^2 + 2.104F_\beta^2}  \tag{9—8}$$

设齿轮副两齿厚上偏差相等，由式（9—6）得：

$$|E_{sns}| = \left(f_a\tan\alpha_n + \frac{j_{bn\,min} + K}{2\cos\alpha_n}\right)  \tag{9—9}$$

齿厚下偏差：

$$E_{sni} = -E_{sns} - T_{sn}  \tag{9—10}$$

式中　$T_{sn}$——齿厚公差。

$$T_{sn} = \sqrt{F_r^2 + b_r^2} \times 2\tan\alpha_n  \tag{9—11}$$

式中　$F_r$——径向跳动公差；

　　　$b_r$——切齿径向进刀公差，可按表9—5选用。

表9—5　切齿径向进刀公差推荐表

| 齿轮精度等级 | 4 | 5 | 6 | 7 | 8 | 9 |
|---|---|---|---|---|---|---|
| $b_r$ | 1.26 IT7 | IT8 | 1.26 IT8 | IT9 | 1.26 IT9 | IT10 |

公式（9—7）中的$f_{pb1}$，$f_{pb2}$和公式（9—6）中的$f_a$分别是旧标准中的基齿距极限偏差和中心距极限偏差，其值可按表9—6和表9—7选取。

表9—6　基齿距偏差允许值 $\pm f_{pb}$　　　　　　　μm

| 分度圆直径 /mm | | 法向模数 /mm | 精度等级 | | | |
|---|---|---|---|---|---|---|
| 大于 | 到 | | 6 | 7 | 8 | 9 |
| — | 125 | ≥1~3.5 | 9 | 13 | 18 | 25 |
| | | >3.5~6.3 | 11 | 16 | 22 | 32 |
| | | >6.3~10 | 13 | 18 | 25 | 36 |
| 125 | 400 | ≥1~3.5 | 10 | 14 | 20 | 30 |
| | | >3.5~6.3 | 13 | 18 | 25 | 36 |
| | | >6.3~10 | 14 | 20 | 30 | 40 |

续表

| 分度圆直径 /mm | | 法向模数 /mm | 精度等级 | | | |
|---|---|---|---|---|---|---|
| 大于 | 到 | | 6 | 7 | 8 | 9 |
| 400 | 800 | ≥1~3.5 | 11 | 16 | 22 | 32 |
| | | >3.5~6.3 | 13 | 18 | 25 | 36 |
| | | >6.3~10 | 16 | 22 | 32 | 45 |

表 9—7　中心距极限偏差 $\pm f_a$

| 精度等级 | 5~6 | 7~8 | 9~10 |
|---|---|---|---|
| $f_a$ | $\frac{1}{2}$IT7 | $\frac{1}{2}$IT8 | $\frac{1}{2}$IT9 |

# 五、齿坯与齿面粗糙度及齿轮精度标注

## 1. 齿坯精度

用于齿轮定位和安装基准的齿轮内孔、齿轮轴以及齿顶圆的尺寸公差和形位公差按表 9—8 选取。当基准轴线与工作轴线不重合时，其轴线的跳动也必须按表 9—8 予以控制。

表 9—8　齿坯公差

| 齿轮精度等级 | | 1 | 2 | 3 | 4 | 5 | 6 | 7 | 8 | 9 | 10 | 11 | 12 |
|---|---|---|---|---|---|---|---|---|---|---|---|---|---|
| 孔 | 尺寸公差 | IT4 | IT4 | IT4 | IT4 | IT5 | IT6 | IT7 | | IT8 | | IT8 | |
| | 形状公差 | IT1 | IT2 | IT3 | | | | | | | | | |
| 轴 | 尺寸公差 | IT4 | IT4 | IT4 | IT4 | IT5 | | IT6 | | IT7 | | IT8 | |
| | 形状公差 | IT1 | IT2 | IT3 | | | | | | | | | |
| 顶圆直径 | | IT6 | | | IT7 | | | IT8 | | | IT9 | | IT11 |
| 安装基准面的径向跳动 | | $0.3F_p$ | | | | | | | | | | | |
| 基准面的端面跳动 | | $0.2\,(D_d/b)\,F_\beta$ | | | | | | | | | | | |

注：（1）IT 为标准公差；$D_d$ 为圆柱基准面直径。

　　（2）基准面是指一圆柱基准面和一端面基准面时。

## 2. 齿面粗糙度

齿轮齿面粗糙度 $Ra$ 应按表 9—9 中的数值选取。

表 9—9　齿轮齿面的表面粗糙度推荐值 $Ra$　　　　μm

| 模数/mm | 精 度 等 级 | | | | | | | | | | | |
|---|---|---|---|---|---|---|---|---|---|---|---|---|
| | 1 | 2 | 3 | 4 | 5 | 6 | 7 | 8 | 9 | 10 | 11 | 12 |
| $m<6$ | | | | | 0.5 | 0.8 | 1.25 | 2.0 | 3.2 | 5.0 | 10 | 20 |
| $6\leq m\leq25$ | 0.04 | 0.08 | 0.16 | 0.32 | 0.63 | 1.00 | 1.6 | 2.5 | 4 | 6.3 | 12.5 | 25 |
| $m>25$ | | | | | 0.8 | 1.25 | 2.0 | 3.2 | 5.0 | 8.0 | 16 | 32 |

**3. 齿轮精度等级的标准**

当文件需描述齿轮精度等级时，应注明 GB/T 10095.1—2008 或 GB/T 10095.2—2008。

若齿轮的检验项目为同一精度等级时，应标注精度等级与标准号。如齿轮检验项目同为 7 级精度，应标注为 7GB/T 10095.1—2008 或 7GB/T 10095.2—2008。

若齿轮的检验项目为不同精度等级时，如 $f_{pt}$，$F_\alpha$ 为 6 级，$F_p$，$F_\beta$ 为 7 级，则标注为：6 $(f_{pt}，F_\alpha)$，7 $(F_p，F_\beta)$（GB/T 10095.1—2008）。

# §9—5 应 用 举 例

某通用减速器中有一对直齿齿轮副，模数 $m = 3$mm，齿形角 $\alpha = 20°$，齿数 $z_1 = 32$，$z_2 = 96$，齿宽 $b = 20$mm，传递最大功率 5kW，转速 $n = 1280$r/min，齿轮箱用喷油润滑，齿轮工作温度 $t_1 = 75℃$，箱体工作温度 $t_2 = 50℃$。线膨胀系数：钢齿轮 $\alpha_1 = 11.5 \times 10^{-6}$，铸铁箱体 $\alpha_2 = 10.5 \times 10^{-6}$，小批量生产。试确定小齿轮精度等级，齿厚上、下允许偏差，检验项目及其公差，齿坯公差，并画出工作图。

**1. 确定精度等级**

对于中等速度、中等载荷的一般齿轮可先按其圆周速度（$v$）及类比法确定其精度等级。

$$v = \frac{\pi dn}{1000 \times 60} = \frac{3.14 \times 3 \times 32 \times 1280}{1000 \times 60} = 6.43\text{m/s}$$

按表 9—1、表 9—2 选定精度级为 8 级。

**2. 计算齿轮副的最小侧隙 $j_{nb\ min}$**

$$j_{nb1} = a\ (\alpha_1 \Delta t_1 - \alpha_2 \Delta t_2)\ \times 2\sin\alpha_n$$

$$= \frac{3\ (32 - 96)}{2} \times [11.5 \times 10^{-6} \times (75 - 20) - 10.5 \times 10^{-6} \times (50 - 20)]\ \times 2\sin20°$$

$$= 0.042\text{mm}$$

对于喷油润滑，$v < 10$m/s：$j_{mb2} = 0.01 \times 3 = 0.03$mm

$$j_{nb\ min} \geq j_{nb1} + j_{nb2} = 0.042 + 0.03 = 0.072\text{mm}$$

**3. 确定齿厚上、下允许偏差**

根据已知大、小齿轮 $m$，$z_1$，$z_2$，$b$ 值及精度级，在相关公差表中查得：$f_a = 0.036$mm $\left(f_a = \frac{1}{2}IT8\right)$，$f_{pb1} = 0.018$mm，$f_{pb2} = 0.020$mm；$F_{\beta1} = 0.021$mm，$F_{r1} = 0.043$mm，$b_r = 1.26IT9 = 0.110$mm，则先后代入有关计算式得：

$$K = \sqrt{f_{pb1}^2 + f_{pb2}^2 + 2.104F_\beta^2} = \sqrt{0.018^2 + 0.020^2 + 2.104 \times 0.043} = 0.0408\text{mm}$$

$$E_{sns} = -\left(f_a \tan\alpha_n + \frac{j_{bn\ min} + K}{2\cos\alpha_n}\right) = -\left(0.036 \times \tan20° + \frac{0.072 + 0.0408}{2\cos20°}\right) = -0.073\text{mm}$$

$$T_{sn} = \sqrt{F_r^2 + b_r^2} \times 2\tan\alpha_n = \sqrt{0.043^2 + 0.110^2} \times 2\tan20° = 0.086\text{mm}$$

故 $E_{sni} = -E_{sns} - T_{sn} = -0.073 - 0.086 = -0.159$mm

**4. 确定检验项目及其公差**

选择检验项目为 8 $(f_{pt}，F_p，F_\alpha，F_\beta)$ GB/T 10095.1—2008。各齿轮检验项目公差计

算如下：

$$f_{pt} = \left[ 0.3 \left( m_n + 0.4\sqrt{d} \right) + 4 \right] 2^{0.5(Q-5)}$$

$$= \left[ 0.3 \left( \sqrt{2 \times 3.5} + 0.4 \sqrt[4]{50 \times 125} \right) + 4 \right] \times 2^{0.5(8-5)}$$

$$\approx 0.017\text{mm}$$

$$F_p = \left[ 0.3 m_n + 1.25\sqrt{d} + 7 \right] 2^{0.5(Q-5)}$$

$$= \left[ 0.3 \sqrt{2 \times 3.5} + 1.25 \sqrt[4]{50 \times 125} + 7 \right] \times 2^{0.5(8-5)}$$

$$\approx 0.053\text{mm}$$

$$F_\alpha = \left[ 3.2 \sqrt{m_n} + 0.22\sqrt{d} + 0.7 \right] 2^{0.5(Q-5)}$$

$$= \left[ 3.2 \sqrt[4]{2 \times 3.5} + 0.22 \sqrt[4]{50 \times 125} + 0.7 \right] \times 2^{0.5(8-5)} \approx 0.022\text{mm}$$

$$F_\beta = \left[ 0.1\sqrt{d} + 0.63\sqrt{b} + 4.2 \right] 2^{0.5(Q-5)}$$

$$= \left[ 0.1 \sqrt[4]{50 \times 125} + 0.63 \sqrt[4]{10 \times 20} + 4.2 \right] \times 2^{0.5(8-5)}$$

$$\approx 0.021\text{mm}$$

由上述计算出的公差或极限偏差值，也可通过查表来获得，如表9—11、表9—12、表9—13 和表9—14。

**5. 确定齿坯要求**

选定切齿时以孔及端面为定位基准面，查表得基准孔直径公差 IT7 - $\phi40\text{H7}\binom{+0.025}{+0}$，基准面的端面圆跳动和径向顶圆跳动分别为 0.010mm 和 0.016mm。

**6. 绘制工作图**

绘制工作图9—34。

为使读者在使用齿轮新、旧国家标准时，对有关参数的偏差、误差和公差项目的理解，本教材在表9—10 中，列出了它们的名称和代号的对照表，以供参考。

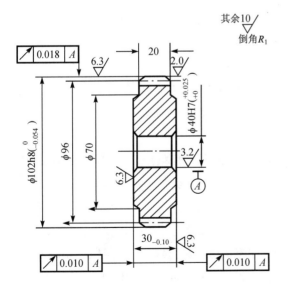

| 模数 | $m$ | 3 |
|---|---|---|
| 齿数 | $z_1$ | 32 |
| 齿形角 | $\alpha$ | 20° |
| 径向变形系数 | $x$ | 0 |
| 精度等级 | | 8GB/T 10095.1—2001 |
| 单个齿距偏差 | $f_{pt}$ | ± 0.017 |
| 齿距累积总偏差 | $F_p$ | 0.053 |
| 齿廓总偏差 | $F_\alpha$ | 0.022 |
| 螺旋线总偏差 | $F_\beta$ | 0.021 |
| 齿厚上下允许偏差 | $E_{sns}$ | - 0.073 |
| | $E_{sni}$ | - 0.159 |

图 9—34

表 9—10　齿轮新、旧标准中偏差、误差、公差的对照

| GB/T 10095.1 ~ 2—2008<br>GB/Z 18620.1 ~ 4—2008 | | | GB 10095—1988 | | |
|---|---|---|---|---|---|
| 偏差名称 | 代号 | 极限偏差<br>或公差代号 | 误差或偏差名称 | 代号 | 极限偏差<br>或公差代号 |
| 单个齿距偏差 | $f_{pt}$ | $f_{pt}$ | 周节偏差 | $\Delta f_{pt}$ | $\pm f_{pt}$ |
| 齿距累积偏差 | $F_{pk}$ | $F_{pk}$ | $k$ 个周节累积误差 | $\Delta F_{pk}$ | $F_{pk}$ |
| 齿距累积总偏差 | $F_p$ | $F_p$ | 周节累积误差 | $\Delta F_p$ | $F_p$ |
| 齿廓总偏差 | $F_\alpha$ | $F_\alpha$ | 齿形误差 | $\Delta f_f$ | $f_f$ |
| 齿廓形状偏差 | $f_{f\alpha}$ | $f_{f\alpha}$ | | | |
| 齿廓倾斜偏差 | $f_{H\alpha}$ | $f_{H\alpha}$ | | | |
| 螺旋线总偏差 | $F_\beta$ | $F_\beta$ | 齿向误差 | $\Delta F_\beta$ | $F_\beta$ |
| 螺旋线形状偏差 | $f_{f\beta}$ | $f_{f\beta}$ | 螺旋线波度 | $\Delta f_{f\beta}$ | $f_{f\beta}$ |
| 螺旋线倾斜偏差 | $f_{H\beta}$ | $f_{H\beta}$ | | | |
| 切向综合总偏差 | $F'_i$ | $F'_i$ | 切向综合误差 | $\Delta F'_i$ | $F'_i$ |
| 一齿切向综合偏差 | $f'_i$ | $f'_i$ | 一齿切向综合误差 | $\Delta f'_i$ | $f'_i$ |
| 径向综合总偏差 | $F''_i$ | $F''_i$ | 径向综合误差 | $\Delta F''_i$ | $F''_i$ |
| 一齿径向综合偏差 | $f''_i$ | $f''_i$ | 一齿径向综合误差 | $\Delta f''_i$ | $f''_i$ |
| 径向跳动 | $F_r$ | $F_r$ | 齿圈径向跳动 | $\Delta F_r$ | $F_r$ |
| 齿厚上偏差 | $E_{sns}$ | $E_{sns}$ | 齿厚上偏差 | $\Delta E_{ss}$ | $E_{ss}$ |
| 齿厚下偏差 | $E_{sni}$ | $E_{sni}$ | 齿厚下偏差 | $\Delta E_{si}$ | $E_{si}$ |
| 圆周侧隙 | $j_{wt}$ | $j_{wt}$ | 齿轮副圆周侧隙 | $j_t$ | |
| 法向侧隙 | $j_{bn}$ | $j_{bn}$ | 齿轮副法向侧隙 | $j_n$ | |
| 中心距允许偏差 | | | 齿轮副中心距偏差 | $\Delta f_a$ | $\pm f_a$ |
| 轴线偏差 | | | | | |
| 垂直平面上 | $f_{\Sigma\beta}$ | $f_{\Sigma\beta}$ | $y$ 方向轴线平行度误差 | $\Delta f_y$ | $f_y$ |
| 轴线平面内 | $f_{\Sigma\alpha}$ | $f_{\Sigma\alpha}$ | $x$ 方向轴线平行度误差 | $\Delta f_x$ | $f_x$ |
| 接触斑点 | | | 接触斑点 | | |
| 公法线长度上、下偏差 | $E_{bns}$, $E_{bni}$ | $E_{bns}$, $E_{bni}$ | 公法线平均长度偏差 | $\Delta E_w$ | $E_{ws}$, $E_{wi}$ |
| | | | 公法线长度变动 | $\Delta F_w$ | $F_w$ |
| | | | 接触线误差 | $\Delta F_b$ | $F_b$ |
| | | | 轴向齿距偏差 | $\Delta F_{px}$ | $\pm F_{px}$ |
| | | | 齿轮副切向综合误差 | $\Delta F'_{ic}$ | $F'_{ic}$ |
| | | | 齿轮副一齿切向综合误差 | $\Delta f'_{ic}$ | $f'_{ic}$ |
| | | | 基节偏差 | $\Delta f_{pb}$ | $\pm f_{pb}$ |

表 9—11　单个齿距极限偏差 $\pm f_{pt}$（摘录）　　　　　　　　μm

| 分度圆直径 $d/mm$ | 法向模数 $m_n/mm$ | 精度等级 | | | | | | | | | | | | |
|---|---|---|---|---|---|---|---|---|---|---|---|---|---|---|
| | | 0 | 1 | 2 | 3 | 4 | 5 | 6 | 7 | 8 | 9 | 10 | 11 | 12 |
| 50 < d ≤ 125 | $0.5 \leqslant m_n \leqslant 2$ | 0.9 | 1.3 | 1.9 | 2.7 | 3.8 | 5.5 | 7.5 | 11.0 | 15.0 | 21.0 | 30.0 | 43.0 | 61.0 |
| | $2 < m_n \leqslant 3.5$ | 1.0 | 1.5 | 2.1 | 2.9 | 4.1 | 6.0 | 8.5 | 12.0 | 17.0 | 23.0 | 33.0 | 47.0 | 66.0 |
| | $3.5 < m_n \leqslant 6$ | 1.1 | 1.6 | 2.3 | 3.2 | 4.6 | 6.5 | 9.0 | 13.0 | 18.0 | 26.0 | 36.0 | 52.0 | 73.0 |
| | $6 < m_n \leqslant 10$ | 1.3 | 1.8 | 2.5 | 3.7 | 5.0 | 7.5 | 10.0 | 15.0 | 21.0 | 30.0 | 42.0 | 59.0 | 84.0 |
| | $10 < m_n \leqslant 16$ | 1.6 | 2.2 | 3.1 | 4.4 | 6.5 | 9.0 | 13.0 | 18.0 | 25.0 | 35.0 | 50.0 | 71.0 | 100.0 |
| | $16 < m_n \leqslant 25$ | 2.0 | 2.8 | 3.9 | 5.5 | 8.0 | 1.1 | 16.0 | 22.0 | 31.0 | 44.0 | 63.0 | 89.0 | 125.0 |

表 9—12　齿距累积总公差 $F_p$（摘录）　　　　　　　　μm

| 分度圆直径 $d/mm$ | 法向模数 $m_n/mm$ | 精度等级 | | | | | | | | | | | | |
|---|---|---|---|---|---|---|---|---|---|---|---|---|---|---|
| | | 0 | 1 | 2 | 3 | 4 | 5 | 6 | 7 | 8 | 9 | 10 | 11 | 12 |
| 50 < d ≤ 125 | $0.5 \leqslant m_n \leqslant 2$ | 3.3 | 4.6 | 6.5 | 9.0 | 13 | 18 | 26 | 37 | 52 | 74 | 104 | 147 | 208 |
| | $2 < m_n \leqslant 3.5$ | 3.3 | 4.7 | 6.5 | 9.5 | 13.5 | 19 | 27 | 38 | 53 | 76 | 107 | 151 | 214 |
| | $3.5 < m_n \leqslant 6$ | 3.4 | 4.9 | 7.0 | 9.5 | 14 | 19 | 28 | 39 | 55 | 78 | 110 | 156 | 220 |
| | $6 < m_n \leqslant 10$ | 3.6 | 5.0 | 7.0 | 10 | 14 | 20 | 29 | 41 | 58 | 82 | 116 | 164 | 231 |
| | $10 < m_n \leqslant 16$ | 3.9 | 5.5 | 7.5 | 11 | 15 | 22 | 31 | 44 | 62 | 88 | 124 | 175 | 248 |
| | $16 < m_n \leqslant 25$ | 4.3 | 6.0 | 8.5 | 12 | 17 | 24 | 34 | 48 | 68 | 96 | 136 | 193 | 273 |

表 9—13　齿廓总公差 $F_\alpha$（摘录）　　　　　　　　μm

| 分度圆直径 $d/mm$ | 法向模数 $m_n/mm$ | 精度等级 | | | | | | | | | | | | |
|---|---|---|---|---|---|---|---|---|---|---|---|---|---|---|
| | | 0 | 1 | 2 | 3 | 4 | 5 | 6 | 7 | 8 | 9 | 10 | 11 | 12 |
| 50 < d ≤ 125 | $0.5 \leqslant m_n \leqslant 2$ | 1.0 | 1.5 | 2.1 | 2.9 | 4.1 | 6.0 | 8.5 | 12 | 17 | 23 | 33 | 47 | 66 |
| | $2 < m_n \leqslant 3.5$ | 1.4 | 2.0 | 2.8 | 3.9 | 5.5 | 8.0 | 11 | 16 | 22 | 31 | 44 | 63 | 89 |
| | $3.5 < m_n \leqslant 6$ | 1.7 | 2.4 | 3.4 | 4.8 | 6.5 | 9.5 | 13 | 19 | 27 | 38 | 54 | 76 | 108 |
| | $6 < m_n \leqslant 10$ | 2.0 | 2.9 | 4.1 | 6.0 | 8.0 | 12.0 | 16.0 | 23.0 | 33.0 | 46 | 65 | 92 | 131 |
| | $10 < m_n \leqslant 16$ | 2.5 | 3.5 | 5.0 | 7.0 | 10 | 14 | 20 | 28 | 40 | 56 | 79 | 112 | 159 |
| | $16 < m_n \leqslant 25$ | 3.0 | 4.2 | 6.0 | 8.5 | 12 | 17 | 24 | 34 | 48 | 68 | 96 | 136 | 192 |

表9—14　螺旋线总公差 $F_\beta$（摘录）　　　　　　　μm

| 分度圆直径 $d$/mm | 齿宽 $b_n$/mm | 精度等级 | | | | | | | | | | | | |
|---|---|---|---|---|---|---|---|---|---|---|---|---|---|---|
| | | 0 | 1 | 2 | 3 | 4 | 5 | 6 | 7 | 8 | 9 | 10 | 11 | 12 |
| 50 < d ≤ 125 | 4 ≤ b ≤ 10 | 1.2 | 1.7 | 2.4 | 3.3 | 4.7 | 6.5 | 9.5 | 13 | 19 | 27 | 38 | 53 | 76 |
| | 10 < b ≤ 20 | 1.3 | 1.9 | 2.6 | 3.7 | 5.5 | 7.5 | 11 | 15 | 21 | 30 | 42 | 60 | 84 |
| | 20 < b ≤ 40 | 1.5 | 2.1 | 3.0 | 4.2 | 6.0 | 8.5 | 12 | 17 | 24 | 34 | 48 | 68 | 95 |
| | 40 < b ≤ 80 | 1.7 | 25 | 3.5 | 4.9 | 7.0 | 10 | 14 | 20 | 28 | 39 | 56 | 79 | 111 |
| | 80 < b ≤ 160 | 2.1 | 2.9 | 4.2 | 6.0 | 8.5 | 12 | 17 | 24 | 33 | 47 | 67 | 94 | 133 |
| | 160 < b ≤ 250 | 2.5 | 3.5 | 4.9 | 7.0 | 10 | 14 | 20 | 28 | 40 | 56 | 79 | 112 | 158 |
| | 250 < b ≤ 400 | 2.9 | 4.1 | 6.0 | 8.0 | 12 | 16 | 23 | 33 | 46 | 65 | 92 | 130 | 184 |

表9—15　一齿切向综合公差 $f_i$ 与 $k$ 的比值 $(f'_i/k)$（摘录）　　　　　μm

| 分度圆直径 $d$/mm | 法向模数 $m_n$/mm | 精度等级 | | | | | | | | | | | | |
|---|---|---|---|---|---|---|---|---|---|---|---|---|---|---|
| | | 0 | 1 | 2 | 3 | 4 | 5 | 6 | 7 | 8 | 9 | 10 | 11 | 12 |
| 50 < d ≤ 125 | 0.5 ≤ $m_n$ ≤ 2 | 2.7 | 3.9 | 5.5 | 8.0 | 11 | 16 | 22 | 31 | 44 | 62 | 88 | 124 | 176 |
| | 2 < $m_n$ ≤ 3.5 | 3.2 | 4.5 | 6.5 | 9.0 | 13 | 18 | 25 | 36 | 51 | 72 | 102 | 144 | 204 |
| | 3.5 < $m_n$ ≤ 6 | 3.6 | 5.0 | 7.0 | 10 | 14 | 20 | 29 | 40 | 57 | 81 | 115 | 162 | 229 |
| | 6 < $m_n$ ≤ 10 | 4.1 | 6.0 | 8.0 | 12 | 16 | 23 | 33 | 47 | 66 | 93 | 132 | 186 | 263 |
| | 10 < $m_n$ ≤ 16 | 4.8 | 7.0 | 9.5 | 14 | 19 | 27 | 38 | 54 | 77 | 109 | 154 | 218 | 308 |
| | 16 < $m_n$ ≤ 25 | 5.5 | 8.0 | 11 | 16 | 23 | 32 | 46 | 65 | 91 | 129 | 183 | 259 | 366 |

注：　$f'_i$ 的公差，由表中的数值乘以 $K$ 值，$K$ 由表9—3 中的计算式计算。

表9—16　齿廓形状公差 $f_{f\alpha}$（摘录）　　　　　　　μm

| 分度圆直径 $d$/mm | 法向模数 $m_n$/mm | 精度等级 | | | | | | | | | | | | |
|---|---|---|---|---|---|---|---|---|---|---|---|---|---|---|
| | | 0 | 1 | 2 | 3 | 4 | 5 | 6 | 7 | 8 | 9 | 10 | 11 | 12 |
| 50 < d ≤ 125 | 0.5 ≤ $m_n$ ≤ 2 | 0.8 | 1.1 | 1.6 | 2.3 | 3.2 | 4.5 | 6.5 | 9.0 | 13 | 18 | 26 | 36 | 51 |
| | 2 < $m_n$ ≤ 3.5 | 1.1 | 1.5 | 2.1 | 3.0 | 4.3 | 6.0 | 8.5 | 12 | 17 | 24 | 34 | 49 | 69 |
| | 3.5 < $m_n$ ≤ 6 | 1.3 | 1.8 | 2.6 | 3.7 | 5.0 | 7.5 | 10 | 15 | 21 | 29 | 42 | 59 | 83 |
| | 6 < $m_n$ ≤ 10 | 1.6 | 2.2 | 3.2 | 4.5 | 6.5 | 9.0 | 13 | 18 | 25 | 36 | 51 | 72 | 101 |
| | 10 < $m_n$ ≤ 16 | 1.9 | 2.7 | 3.9 | 5.5 | 7.5 | 11 | 15 | 22 | 31 | 44 | 62 | 87 | 123 |
| | 16 < $m_n$ ≤ 25 | 2.3 | 3.3 | 4.7 | 6.5 | 9.5 | 13 | 19 | 26 | 37 | 53 | 75 | 106 | 149 |

表9—17　齿廓倾斜极限偏差 $\pm f_{H\alpha}$（摘录）　　　　μm

| 分度圆直径 $d$/mm | 法向模数 $m_n$/mm | 精度等级 | | | | | | | | | | | | |
|---|---|---|---|---|---|---|---|---|---|---|---|---|---|---|
| | | 0 | 1 | 2 | 3 | 4 | 5 | 6 | 7 | 8 | 9 | 10 | 11 | 12 |
| 50 < $d$ ≤125 | 0.5 ≤ $m_n$ ≤2 | 0.7 | 0.9 | 1.3 | 1.9 | 2.6 | 3.7 | 5.5 | 7.5 | 11 | 15 | 21 | 30 | 42 |
| | 2 < $m_n$ ≤3.5 | 0.9 | 1.2 | 1.8 | 2.5 | 3.5 | 5.0 | 7.0 | 10 | 14 | 20 | 28 | 40 | 57 |
| | 3.5 < $m_n$ ≤6 | 1.1 | 1.5 | 2.1 | 3.0 | 4.3 | 6.0 | 8.5 | 12 | 17 | 24 | 34 | 48 | 68 |
| | 6 < $m_n$ ≤10 | 1.3 | 1.8 | 2.6 | 3.7 | 5.0 | 7.5 | 10 | 15 | 21 | 29 | 41 | 58 | 83 |
| | 10 < $m_n$ ≤16 | 1.6 | 2.2 | 3.1 | 4.4 | 6.5 | 9.0 | 13 | 18 | 25 | 35 | 50 | 71 | 100 |
| | 16 < $m_n$ ≤25 | 1.9 | 2.7 | 3.8 | 5.5 | 7.5 | 11 | 15 | 21 | 30 | 43 | 60 | 86 | 121 |

表9—18　螺旋线形状公差 $f_{f\beta}$ 和螺旋线倾斜极限偏差 $\pm f_{H\beta}$（摘录）　　　　μm

| 分度圆直径 $d$/mm | 齿宽 $b$/mm | 精度等级 | | | | | | | | | | | | |
|---|---|---|---|---|---|---|---|---|---|---|---|---|---|---|
| | | 0 | 1 | 2 | 3 | 4 | 5 | 6 | 7 | 8 | 9 | 10 | 11 | 12 |
| 50 ≤ $d$ ≤125 | 4 ≤ $b$ ≤10 | 0.8 | 1.2 | 1.7 | 2.4 | 3.4 | 4.8 | 6.5 | 9.5 | 13 | 19 | 27 | 38 | 54 |
| | 10 < $b$ ≤20 | 0.9 | 1.3 | 1.9 | 2.7 | 3.8 | 5.5 | 7.5 | 11 | 15 | 21 | 30 | 43 | 60 |
| | 20 < $b$ ≤40 | 1.1 | 1.5 | 2.1 | 3.0 | 4.3 | 6.0 | 8.5 | 12 | 17 | 24 | 34 | 48 | 68 |
| | 40 < $b$ ≤80 | 1.2 | 1.8 | 2.5 | 3.5 | 5.0 | 7.0 | 10 | 14 | 20 | 28 | 40 | 56 | 79 |
| | 80 < $b$ ≤160 | 1.5 | 2.1 | 3.0 | 4.2 | 6.0 | 8.5 | 12 | 17 | 24 | 34 | 48 | 67 | 95 |
| | 160 < $b$ ≤250 | 1.8 | 2.5 | 3.5 | 5.0 | 7.0 | 10 | 14 | 20 | 28 | 40 | 56 | 80 | 113 |
| | 250 < $b$ ≤400 | 2.1 | 2.9 | 4.1 | 6.0 | 8.0 | 12 | 16 | 23 | 33 | 46 | 66 | 93 | 132 |

表9—19　径向综合总公差 $F_i''$（摘录）　　　　μm

| 分度圆直径 $d$/mm | 法向模数 $m_n$/mm | 精度等级 | | | | | | | | |
|---|---|---|---|---|---|---|---|---|---|---|
| | | 4 | 5 | 6 | 7 | 8 | 9 | 10 | 11 | 12 |
| 50 < $d$ ≤125 | 0.8 < $m_n$ ≤1.0 | 13 | 18 | 26 | 36 | 52 | 73 | 103 | 146 | 206 |
| | 1.0 < $m_n$ ≤1.5 | 14 | 19 | 27 | 39 | 55 | 77 | 109 | 154 | 218 |
| | 1.5 < $m_n$ ≤2.5 | 15 | 22 | 31 | 43 | 61 | 86 | 122 | 173 | 244 |
| | 2.5 < $m_n$ ≤4.0 | 18 | 25 | 36 | 51 | 72 | 102 | 144 | 204 | 288 |
| | 4.0 < $m_n$ ≤6.0 | 22 | 31 | 44 | 62 | 88 | 124 | 176 | 248 | 351 |
| | 6.0 < $m_n$ ≤10 | 28 | 40 | 57 | 80 | 114 | 161 | 227 | 321 | 454 |

表9—20　一齿径向综合公差 $f''_i$（摘录）　　　　　　μm

| 分度圆直径 $d$/mm | 法向模数 $m_n$/mm | 精度等级 | | | | | | | | |
|---|---|---|---|---|---|---|---|---|---|---|
| | | 4 | 5 | 6 | 7 | 8 | 9 | 10 | 11 | 12 |
| 50 < d ≤ 125 | $0.8 < m_n \le 1$ | 2.5 | 3.5 | 5.0 | 7.0 | 10 | 14 | 20 | 28 | 40 |
| | $1 < m_n \le 1.5$ | 3.0 | 4.5 | 6.5 | 9.0 | 13 | 18 | 26 | 36 | 51 |
| | $1.5 < m_n \le 2.5$ | 4.5 | 6.5 | 9.5 | 13 | 19 | 26 | 37 | 53 | 75 |
| | $2.5 < m_n \le 4.0$ | 7.0 | 10 | 14 | 20 | 29 | 41 | 58 | 82 | 116 |
| | $4.0 < m_n \le 6.0$ | 11 | 15 | 22 | 31 | 44 | 62 | 87 | 123 | 174 |
| | $6.0 < m_n \le 10$ | 17 | 24 | 34 | 48 | 67 | 95 | 135 | 191 | 269 |

表9—21　径向跳动公差 $F_r$（摘录）　　　　　　μm

| 分度圆直径 $d$/mm | 法向模数 $m_n$/mm | 精度等级 | | | | | | | | | | | | |
|---|---|---|---|---|---|---|---|---|---|---|---|---|---|
| | | 0 | 1 | 2 | 3 | 4 | 5 | 6 | 7 | 8 | 9 | 10 | 11 | 12 |
| 50 < d ≤ 125 | $0.5 \le m_n \le 2$ | 2.5 | 3.5 | 5.0 | 7.5 | 10 | 15 | 21 | 29 | 42 | 59 | 83 | 118 | 167 |
| | $2 < m_n \le 3.5$ | 2.5 | 4.0 | 5.5 | 7.5 | 11 | 15 | 21 | 30 | 43 | 61 | 86 | 121 | 171 |
| | $3.5 < m_n \le 6$ | 3.0 | 4.0 | 5.5 | 8.0 | 11 | 16 | 22 | 31 | 44 | 62 | 88 | 125 | 176 |
| | $6 < m_n \le 10$ | 3.0 | 4.0 | 6.0 | 8.0 | 12 | 16 | 23 | 33 | 46 | 65 | 92 | 131 | 185 |
| | $10 < m_n \le 16$ | 3.0 | 4.5 | 6.0 | 9.0 | 12 | 18 | 25 | 35 | 50 | 70 | 99 | 140 | 198 |
| | $16 < m_n \le 25$ | 3.5 | 5.0 | 7.0 | 9.5 | 14 | 19 | 27 | 39 | 55 | 77 | 109 | 154 | 218 |

表9—22　直齿轮、斜齿轮装配后的接触斑点

| 精度等级 按 GB/T 10095 | $b_{c1}$ 占齿宽的百分比 | $h_{c1}$ 占有效齿面高度的百分比 | $b_{c2}$ 占齿宽的百分比 | $h_{c2}$ 占有效齿面高度的百分比 |
|---|---|---|---|---|
| 4 级及更高 | 50% | 70%（50%） | 40% | 50%（30%） |
| 5 和 6 | 45% | 50%（40%） | 35% | 30%（20%） |
| 7 和 8 | 35% | 50%（40%） | 35% | 30%（20%） |
| 9 至 12 | 25% | 50%（40%） | 25% | 30%（20%） |

注：当齿面上留下的接触痕迹不均匀时，可将其分成两段，痕迹较宽的（在齿高方向）其宽度为 $h_{c1}$，其相应的痕迹长度（在齿宽方向上）为 $b_{c1}$，较窄的痕迹其宽度为 $h_{c2}$，其相应长度为 $b_{c2}$。

# 第十章

# 尺 寸 链

## §10—1 尺寸链的基本概念

设计与制造工业产品，首先要求保证质量。有关尺寸准确度问题，即精度设计问题。正是机械产品质量的重要标志之一。

根据产品的技术要求，经济合理地设计各有关零部件的尺寸公差、形状公差与位置公差，使产品获得最佳的技术经济效益，这对于保证产品质量与提高产品设计水平都有重要意义。

在设计过程中，或在生产实践中，经常遇到如下问题：怎样分析机械产品中零件之间的尺寸关系？怎样才能保证产品的装配质量与技术要求？怎样设计零件的尺寸公差和形位公差？诸如此类问题，很大程度上可以归纳为尺寸链的问题来研究。

尺寸链正是研究机械产品中尺寸之间的相互关系，分析影响装配质量的因素，决定各有关零、部件尺寸和位置的适宜的公差，从而求得保证产品装配质量与技术要求的经济合理的方法。

因此，简单地说：尺寸链主要是研究尺寸公差与位置公差的计算和达到产品公差要求的设计方法与工艺方法。为此，我国制定了 GB/T 5847—2004《尺寸链 计算方法》标准。

## 一、尺寸链术语

### 1. 尺寸链

在机器装配或零件加工过程中，由相互连接的尺寸形成封闭的尺寸组，该尺寸组称为尺寸链。

图 10—1 所示为齿轮部件中各零件尺寸形成的尺寸链。由图（a）可知，齿轮两端面各有一个挡环，轴槽中装有开口卡环。轴 1 固定不动，齿轮 2 在轴上回转，因此齿轮端面与挡环之间必须有间隙，图中将齿轮端面与左右挡环之间的间隙绘在一侧。对此间隙 $L_0$ 大小有直接影响的尺寸是齿轮宽度 $L_1$、左挡环宽度 $L_2$、轴上的轴肩到轴槽尺寸 $L_3$、卡环宽度 $L_4$ 及右挡环宽度 $L_5$ 等 5 个尺寸。间隙 $L_0$ 与上述 5 个尺寸连接成封闭的尺寸组，形成尺寸链。为了便于分析，将上述尺寸关系绘制成尺寸链图如图（b）所示。

图 10—2 所示为游标卡尺各零件位置尺寸（平行度、垂直度）形成的尺寸链。由图（a）可知，卡尺两量爪测量面之间的平行度 $\alpha_0$，决定于主尺量爪测量面对主尺侧表面的垂直度 $\alpha_1$ 及尺框量爪测量面对尺框内侧表面的垂直度 $\alpha_2$。$\alpha_0$，$\alpha_1$ 与 $\alpha_2$ 相互连接成封闭的尺

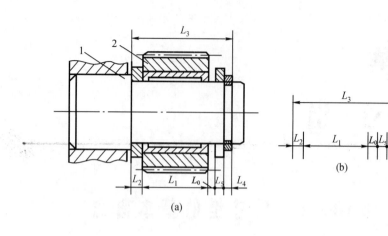

图 10—1

寸组，形成尺寸链，如图（b）所示。

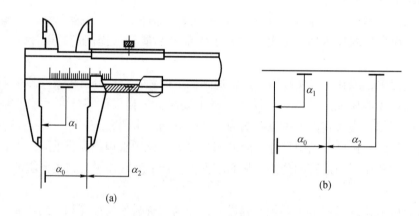

图 10—2

**2. 环**

列入尺寸链中的每一个尺寸，称为环。图 10—1 中的 $L_0$，$L_1$，$L_2$，$L_3$，$L_4$ 及 $L_5$，图 10—2 中的 $\alpha_0$，$\alpha_1$ 及 $\alpha_2$ 都是环。决定表面（或轴线）间相对距离的尺寸为长度环，决定表面（或轴线）间相对位置的尺寸为角度环。图 10—1 中尺寸链各环属长度环，图 10—2 中尺寸链各环属角度环。通常长度环用双箭头线段表示；角度环用短粗线连单箭头线段表示，短粗线所在面为基准要素，箭头指向面为被测要素。

**3. 封闭环**

尺寸链中在装配过程或加工过程最后自然形成的一环，称为封闭环。图 10—1 中 $L_0$、图 10—2 中 $\alpha_0$ 都是封闭环。

**4. 组成环**

尺寸链中对封闭环有影响的全部环，称为组成环。这些环中任一环的变动必然引起封闭环的变动。图 10—1 中 $L_1$，$L_2$，$L_3$，$L_4$ 与 $L_5$，图 10—2 中 $\alpha_1$ 与 $\alpha_2$ 都是组成环。组成环又分为增环和减环：

（1）增环——尺寸链中某一类组成环，由于该类组成环的变动引起封闭环的同向变动，则该类组成环为增环。同向变动是指该组成环增大时封闭环也增大，该组成环减小时封闭环也减小。图 10—1 中 $L_3$ 是增环。

（2）减环——尺寸链中某一类组成环，由于该类组成环的变动引起封闭环的反向变动，则该类组成环为减环。反向变动是指该组成环增大时封闭环减小，该组成环减小时封闭环增大。图 10—1 中 $L_1$，$L_2$，$L_4$ 及 $L_5$ 都是减环。

组成环是决定封闭环的原始要素，所有组成环的变动，都将集中地在封闭环上显示出来，这正说明机械产品中零件的制造误差决定产品的装配误差。但是，组成环误差究竟怎样传递到封闭环上？这里需要引入组成环传递系数的概念。

（3）传递系数——表示组成环对封闭环影响大小的系数，如第三章 §3—5 所述。如令 $L_1$，$L_2$，…，$L_m$ 表示各组成环，$L_0$ 表示封闭环，则封闭环与组成环的一般函数式：

$$L_0 = f\ (L_1,\ L_2,\ \cdots,\ L_m) \tag{10—1}$$

式中    $m$——组成环环数。

则各组成环的传递系数，就是封闭环函数对各组成环所求的偏导数。若用 $\xi_i$ 表示传递系数（$i = 1,\ 2,\ \cdots,\ m$），则：

$$\xi_i = \frac{\partial f}{\partial L_i} \tag{10—2}$$

对于增环，$\xi_i$ 为正值；对于减环，$\xi_i$ 为负值。

如图 10—3（a）所示的零件，该零件上的尺寸有三个，并构成一个尺寸链（即平面尺寸链），如图（b）所示。由图中可知：

$$A_0 = A_1 \cos a_1 + A \cos a_2$$

那么，$A_1$ 和 $A_2$ 对 $A_0$ 的传递系数 $\xi_1$ 和 $\xi_2$ 则分别按式（10-2）计算：

$$\xi_1 = \frac{\alpha A_0}{\alpha A_1} = 1 \times \cos a_1 + 0 \times \cos a_2 = \cos a_1$$

$$\xi_2 = \frac{\alpha A_0}{\alpha A_2} = 0 \times \cos a_1 + 1 \times \cos a_2 = \cos a_2$$

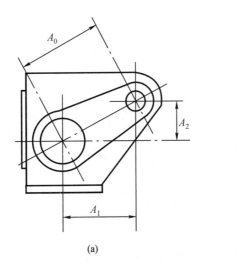

(a)                                              (b)

图 10—3

## 二、尺寸链的形式

按尺寸链的几何特征、功能要求、误差性质以及环的相互关系与相互位置等的不同，可将尺寸链分为以下几类。

**1. 长度尺寸链与角度尺寸链**

长度尺寸链——全部环为长度尺寸的尺寸链，如图10—1。

角度尺寸链——全部环为角度尺寸的尺寸链，如图10—2。平行度和垂直度的角度分别为0°和90°。

**2. 装配尺寸链、零件尺寸链与工艺尺寸链**

装配尺寸链——全部组成环为不同零件设计尺寸所形成的尺寸链，如图10—1。

零件尺寸链——全部组成环为同一零件设计尺寸所形成的尺寸链，如图10—4。

工艺尺寸链——全部组成环为同一零件工艺尺寸所形成的尺寸链，如图10—5。

设计尺寸指零件图上标注的尺寸；工艺尺寸指工序尺寸、定位尺寸与基准尺寸等。

装配尺寸链与零件尺寸链统称为设计尺寸链。

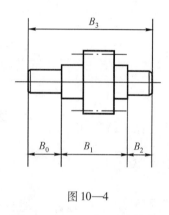

图10—4

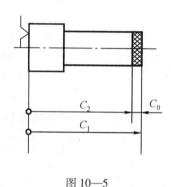

图10—5

**3. 基本尺寸链与派生尺寸链**

基本尺寸链——全部组成环皆直接影响封闭环的尺寸链，如图10—6中尺寸链$\beta$。

派生尺寸链——该尺寸链的封闭环为另一尺寸链的组成环的尺寸链，如图10—6中尺寸链$\gamma$。

**4. 标量尺寸链与矢量尺寸链**

标量尺寸链——全部组成环为标量尺寸所形成的尺寸链，如图10—1、图10—4及图10—5。

矢量尺寸链——全部组成环为矢量尺寸所形成的尺寸链。

**5. 直线尺寸链、平面尺寸链与空间尺寸链**

直线尺寸链——全部组成环平行于封闭环的尺寸链，如图10—1、图10—4及图10—5。

平面尺寸链——全部组成环位于一个或几个平行平面内，但某些组成环不平行于封闭环的尺寸链，如图10—3。

空间尺寸链——组成环位于几个不平行平面上的尺寸链，如图10—7。

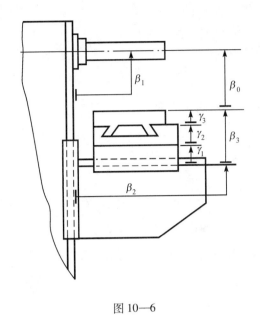

图 10—6

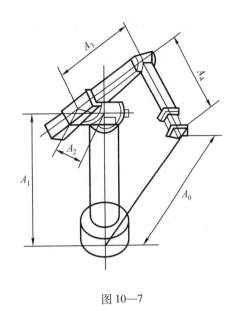

图 10—7

# §10—2  尺寸链计算

对于机械产品，装配尺寸链的封闭环往往代表产品的装配质量或技术条件，组成环则是零部件的实际尺寸或实际偏差。如何根据产品的装配要求或技术条件，规定各零部件实际尺寸的容许偏差或公差，便需要进行尺寸链计算。

进行尺寸链计算时，首先要分析清楚该尺寸链由哪些环所组成？哪些是组成环？哪环是封闭环？组成环中哪些环是增环？哪些环是减环？必要时可单独画出尺寸链图来进行分析，如图 10—1（b）、图 10—2（b）所示。若结构图上的尺寸不复杂，容易看清楚，则可不单独画尺寸链图，如图 10—4、图 10—5 等所示。然后确定各组成环的传递系数 $\xi_i$ 的值和正、负号。再次是计算封闭环的基本尺寸。最后是计算公差、极限偏差或极限尺寸。

## 一、极值法计算尺寸链

这种方法的特点是从保证完全互换着眼，以极限尺寸和极限偏差为出发点来计算封闭环或组成环的公差、极限偏差和极限尺寸的一种方法。

### 1. 基本公式

（1）封闭环基本尺寸

由图 10—1 可知：封闭环基本尺寸 $L_0$ 等于增环基本尺寸 $L_3$ 减去所有减环基本尺寸 $L_1$，$L_2$，$L_4$ 及 $L_5$。即：

$$L_0 = L_3 - L_1 - L_2 - L_4 - L_5 \tag{10—3}$$

设组成环有 $m$ 环，其中增环为 $n$ 环，则封闭环的基本尺寸可写成：

$$L_0 = \sum_{z=1}^{n} L_z - \sum_{j=n+1}^{m} L_j \tag{10—4}$$

若考虑传递系数 $\xi_i$，则封闭环基本尺寸 $L_0$ 的一般表达式为：

$$L_0 = \sum_{i=1}^{m} \xi_i L_i \tag{10—5}$$

（2）封闭环极限尺寸

由式（10—4）可知：封闭环的最大极限尺寸 $L_{0max}$，是在所有增环出现在最大极限尺寸和所有减环出现在最小极限尺寸时产生；而封闭环的最小极限尺寸 $L_{0min}$，是在所有增环出现在最小极限尺寸和所有减环出现在最大极限尺寸时产生。为此，封闭环的极限尺寸可由式（10—6）表示：

$$L_{0max} = \sum_{z=1}^{n} L_{zmax} - \sum_{j=n+1}^{m} L_{jmin}$$

$$\tag{10—6}$$

$$L_{0min} = \sum_{z=1}^{n} L_{zmin} - \sum_{j=n+1}^{m} L_{jmax}$$

（3）封闭环公差

封闭环公差由下式计算：

$$
\begin{aligned}
T_0 &= L_{0\ max} - L_{0\ min} \\
&= \sum_{z=1}^{n} L_{z\ max} - \sum_{j=n+1}^{m} L_{j\ min} - \left( \sum_{z=1}^{n} L_{z\ min} - \sum_{j=n+1}^{m} L_{j\ max} \right) \\
&= \sum_{z=1}^{n} L_{z\ max} - \sum_{z=1}^{n} L_{z\ min} + \sum_{j=n+1}^{m} L_{j\ max} - \sum_{j=n+1}^{m} L_{j\ min} \\
&= \sum_{z=1}^{n} T_z + \sum_{j=n+1}^{m} T_j = \sum_{i=1}^{m} T_i
\end{aligned}
$$

考虑到传递系，其一般表达式为：

$$T_0 = \sum_{i=1}^{m} |\xi_i| T_i \tag{10—7}$$

为了区别，该公差由极值法计算得到，故可称为封闭环极值公差，可用 $T_{OL}$ 表示。

（4）封闭环极限偏差

设封闭环的上偏差为 $ES_0$，封闭环的下偏差为 $EI_0$，则：

$$
\begin{aligned}
ES_0 &= L_{0\ max} - L_0 \\
&= \sum_{z=1}^{n} L_{z\ max} - \sum_{j=n+1}^{m} L_{j\ min} - \left( \sum_{z=1}^{n} L_z - \sum_{j=n+1}^{m} L_j \right) \\
&= \sum_{z=1}^{n} ES_z - \sum_{j=n+1}^{m} EI_j
\end{aligned}
\tag{10—8}
$$

$$\mathrm{EI}_0 = L_{0\ \min} - L_0$$

$$= \sum_{z=1}^{n} L_{z\ \min} - \sum_{j=n+1}^{m} L_{j\ \max} - \left( \sum_{z=1}^{n} L_z - \sum_{j=n+1}^{m} L_j \right)$$

$$= \sum_{z=1}^{n} \mathrm{EI}_z - \sum_{j=n+1}^{m} \mathrm{ES}_j \qquad\qquad (10\text{—}9)$$

有关封闭环或组成环公差的计算，是尺寸链计算需要解决的主要问题，通常可分为两类：当已经给定各组成环的公差与偏差，要求通过计算判断封闭环公差与偏差是否能满足预定要求时，这类计算问题属于公差控制问题；当已经给定封闭环公差与偏差，要求通过计算确定各组成环公差与偏差，这类计算问题属于公差分配问题。

**2. 公差控制问题的计算**

公差控制问题的计算又常称为正计算，现用例子加以说明。

**例 10—1**：在图 10—1 所示的齿轮部件中，要求 $L_0 = 0.10\mathrm{mm} \sim 0.45\mathrm{mm}$，已给出的各组成环的尺寸和极限偏差分别为：$L_1 = 30_{-0.10}^{\ \ 0}$，$L_2 = L_5 = 5_{-0.05}^{\ \ 0}$，$L_3 = 43_{+0.10}^{+0.20}$，$L_4 = 3_{-0.05}^{\ \ 0}$，试核算由上述组成环给出的数据所算出的封闭环的数据能否符合要求。

**解：**

a. 分析尺寸链，确定各组成环的传递系数

$$\xi_1 = \xi_2 = \xi_4 = \xi_5 = -1, \ \xi_3 = 1$$

b. 计算封闭基本尺寸

$$L_0 = \sum_{z=1}^{n} L_z - \sum_{j=n+1}^{m} L_j$$

$$= 43 - (30 + 5 + 3 + 5) = 0\mathrm{mm}$$

c. 计算封闭环极限偏差

$$\mathrm{ES}_0 = \sum_{z=1}^{n} \mathrm{ES}_z - \sum_{j=n+1}^{m} \mathrm{EI}_j$$

$$= 0.20 - (-0.10 - 0.05 - 0.05 - 0.05) = 0.45\mathrm{mm}$$

$$\mathrm{EI}_0 = \sum_{z=1}^{n} \mathrm{EI}_z - \sum_{j=n+1}^{m} \mathrm{ES}_j$$

$$= 0.1 - (0 + 0 + 0 + 0) = 0.1\mathrm{mm}$$

d. 计算封闭环公差

$$T_{\mathrm{OL}} = \sum_{i=1}^{m} |\xi_i| T_i$$

$$= 0.1 + 0.05 + 0.05 + 0.1 + 0.05 = 0.35\mathrm{mm}$$

计算结果正好满足 $L_0 = 0.1\mathrm{mm} \sim 0.45\mathrm{mm}$ 的要求。

**3. 公差分配问题的计算**

公差分配问题的计算又常称为反计算。这时已知封闭环的公差和极限偏差（基本尺寸已在结构设计中确定），求组成环的公差和极限偏差。由于待求的组成环数目多于计算公式的数目，因而必需假设一些条件才能解决此矛盾。比如：等公差法，让所有组成环公差都相等；或等精度法（又称等公差级法），让组成环公差等级都相同，即公差等级系数均相同；或根据加工难易程度由经验确定。对各组成环的基本偏差，则可按"向体内原则"确定，

即包容尺寸用基本偏差 $H$，被包容尺寸用基本偏差 $h$，阶梯尺寸用基本偏差 js。现用例子加以说明。

**例 10—2**：图 10—8 为动力头传动箱简图。已知各环基本尺寸，为保证啮合齿轮端面不

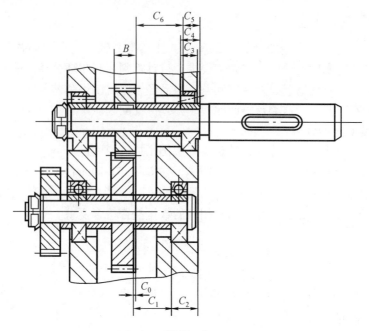

图 10—8

错位，试决定有关零件尺寸的公差与极限偏差。按机床通用技术条件，啮合齿轮端面错位容许偏差在齿轮宽度 $B = 15\text{mm}$ 时，不得超过 1mm，因此封闭环的尺寸应为 $C_0 = \pm 1\text{mm}$。

**解**：本题属于公差分配问题，从图中的尺寸链可知，该尺寸链共有 6 个组成环。它们的尺寸分别为 $C_1 = 25$，$C_2 = 20$，$C_3 = 15$，$C_4 = 13.5_{-0.5}^{\ 0}$、$C_5 = 13.5_{-0.10}^{\ 0}$ 和 $C_6 = 30$。

a. 确定各组成环传递系数

$$\xi_1 = \xi_2 = \xi_4 = 1 \text{，} \xi_3 = \xi_5 = \xi_6 = -1$$

b. 计算各组成环公差

若按等公差法计算，则各组成环公差应相等。但因 $C_4$ 环和 $C_5$ 环为滚动轴承安装高度和轴承内环宽度，其公差、极限偏差已由轴承标准确定，故余下四环的公差由式（10—7）可得：

$$T_i = \frac{T_0 - T_4 - T_5}{4} = \frac{2 - 0.1 - 0.5}{4} = 0.35\text{mm}$$

由于这四个尺寸加工难易程度不同，其中尺寸 $C_2$，$C_3$ 为轴承安装孔的深度，它们的加工要比 $C_1$，$C_6$ 挡套长度的加工难得多，故将 $T_2$，$T_3$ 的值适当增大，将 $T_1$，$T_6$ 的值适当缩小，并考虑到符合公差标准，最后确定：

$$T_2 = 0.52\text{mm}\text{，} T_3 = 0.43\text{mm}\text{，} T_1 = T_6 = 0.21\text{mm}$$

c. 计算各组成环极限偏差

因为 $C_2$，$C_3$ 为阶梯尺寸，其基本偏差可取 js，$C_6$ 为外尺寸，其基本偏差可取 $h$。$C_1$ 选作调节环（为了平衡等式），则：

$$C_2 = （20 \pm 0.26）\text{mm}\text{，} C_3 = （15 \pm 0.215）\text{mm}$$

$$C_6 = 30\,_{-0.210}^{0}\,\text{mm}$$

计算调节环 $C_1$ 的极限偏差，由式（10—8）得：

$$1 = ES_1 + 0.26 + 0 - (-0.215 - 0.10 - 0.210)$$

$$ES_1 = 0.215\,\text{mm}$$

由式（10—9）得：

$$-1 = EI_1 - 0.26 - 0.50 - (0.215 + 0 + 0)$$

$$EI_1 = -0.025\,\text{mm}$$

按标准近似选 $C_1$ 尺寸的极限偏差为：

$$C_1 = 25\,_{-0.020}^{+0.190}$$

d. 校核计算

由式（10—8）、式（10—9）得：

$$ES_0 = 0.190 + 0.26 + 0 - (-0.215 - 0.10 - 0.210) = 0.975\,\text{mm}$$

$$EI_0 = -0.020 - 0.26 - 0.5 - (0.215 + 0 + 0) = -0.995\,\text{mm}$$

可知计算结果满足要求，其数据如表10—1所示。

表 10—1      mm

| 尺寸链各<br>环代号 | 各环公差值 $T_i$ | 各环尺寸和极限偏差 |
|---|---|---|
| $C_0$ | 2 | $0 \pm 1$ |
| $C_1$ | 0.210 | $25\,_{-0.020}^{+0.190}$ |
| $C_2$ | 0.52 | $20 \pm 0.26$ |
| $C_3$ | 0.43 | $15 \pm 0.215$ |
| $C_4$ | 0.50 | $13.5\,_{-0.50}^{0}$ |
| $C_5$ | 0.10 | $13.5\,_{-0.10}^{0}$ |
| $C_6$ | 0.21 | $30\,_{-0.210}^{0}$ |

## 二、统计法计算尺寸链

用统计法计算尺寸链时，常用下述术语。

（1）中间偏差 $\Delta$

它是上偏差与下偏差的平均值，即 $\Delta = (ES + EI)/2$，如图10—9所示。

（2）平均偏差 $\overline{X}$

它是所有偏差的平均值，即 $\overline{X} = \sum_{i=1}^{n} (L_i - \overline{L})/n$，如图10—9所示。当尺寸的偏差为对称分布时，$\overline{X} = \Delta$，当尺寸偏差为非对称分布时，

$$\overline{X} = \Delta + e\,\frac{T}{2} \tag{10—10}$$

（3）相对不对称系数 $e$

它是平均偏差 $\overline{X}$ 与中间偏差 $\Delta$ 的差值与二分之一公差值 $T$ 的比值，即 $e = (\overline{X} - \Delta)\,2/T$。当尺寸偏差对称分布时 $e = 0$，当尺寸偏差为非对称分布时，$e$ 由尺寸偏差的分布不同而不同，

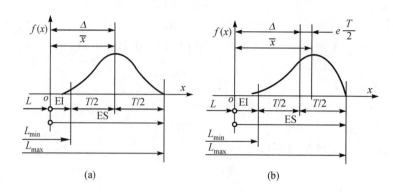

图 10—9

如表 10—2。

（4）相对标准差 $\lambda$

它是标准偏差 $\sigma$ 与二分之一公差值 $T$ 的比值，即 $\lambda = 2\sigma/T$。当正态分布时，其相对标准差 $\lambda_n = 1/3$。当均匀分布时，$\sigma = \dfrac{a}{\sqrt{3}}$，$T = 2a$（$a$ 为分布界限），$\lambda = 2\sigma/T = \dfrac{1}{\sqrt{3}}$。当三角分布时，$\sigma = \dfrac{a}{\sqrt{6}}$，$T = 2a$，故 $\lambda = \dfrac{2a}{\sqrt{6}} \Big/ 2a = \dfrac{1}{\sqrt{6}}$。

（5）相对分布系数 $K$

它是任一分布的相对标准差与正态分布相对标准差的比值，即 $K = \lambda/\lambda_n = 3\lambda$。当正态分布时，$K = 3\lambda_n = 1$。当均匀分布时，$K = 3\lambda = 3 \times \dfrac{1}{\sqrt{3}} = 1.73$。当三角形分布时，$K = 3\lambda = 3 \times \dfrac{1}{\sqrt{6}} = 1.22$。不同的尺寸偏差的分布有不同的相对分布系数，如表 10—2 所示。

表 10—2  系数 $K$ 与 $e$ 的取值

| 分布特征 | 正态分布 | 三角分布 | 均匀分布 |
|---|---|---|---|
| 分布曲线 | | | |
| $K$ | 1 | 1.22 | 1.73 |
| $e$ | 0 | 0 | 0 |

| 分布特征 | 瑞利分布 | 偏态分布 | |
|---|---|---|---|
| | | 外尺寸 | 内尺寸 |
| 分布曲线 | | | |
| $K$ | 1.14 | 1.17 | 1.17 |
| $e$ | $-0.28$ | 0.26 | $-0.26$ |

**1. 统计法计算的基本公式**

（1）封闭环公差

由式（10—3）可知，封闭环的尺寸是所有组成环尺寸的函数，而每一个组成环的尺寸在极限尺寸范围内是随机的，因此属于随机变量。由第三章可知，封闭环的标准偏差应等于各组成环的标准偏差与传递系数乘积的平方和再开方。即：

$$\sigma_0 = \sqrt{\sum_{i=1}^{m} \xi_i^2 \sigma_i^2}$$

若各组成环尺寸的分布均为正态分布，并取置信概率为 99.73% 时，则组成环公差 $T_i = 6\sigma_i$，封闭环公差 $T_0 = 6\sigma_0$，则得封闭环公差（称平方公差）：

$$T_{OQ} = \sqrt{\sum_{i=1}^{m} \xi_i^2 T_i^2} \tag{10—11}$$

若各组成环为非正态分布时，则应引入一个说明分布特性的系数，即相对分布系数 $K$，则：

$$T_0 K_0 = \sqrt{\sum_{i=1}^{m} \xi_i^2 K_i^2 T_i^2}$$

得封闭环公差（称统计公差）

$$T_{OS} = \frac{1}{K_0} \sqrt{\sum_{i=1}^{m} \xi_i^2 K_i^2 T_i^2} \tag{10—12}$$

但随着组成环数目增加，封闭环愈接近正态分布，此时若 $K_0 = 1$，则得封闭环的公差（称当量公差）：

$$T_{OE} = \sqrt{\sum_{i=1}^{m} \xi_i^2 K_i^2 T_i^2} \tag{10—13}$$

（2）封闭环中间偏差

由中间偏差的术语可知，封闭环中间偏差按下式计算：

$$\Delta_0 = \frac{1}{2} \left( ES_0 + EI_0 \right)$$

将式（10—8）、式（10—9）代入，得：

$$\Delta_0 = \frac{1}{2} \Big[ \Big( \sum_{z=1}^{n} ES_z - \sum_{j=n+1}^{m} EI_j \Big) + \Big( \sum_{z=1}^{n} EI_z - \sum_{j=n+1}^{m} ES_j \Big) \Big]$$

$$= \frac{1}{2} \Big[ \Big( \sum_{z=1}^{n} ES_z + \sum_{z=1}^{n} EI_z \Big) - \Big( \sum_{j=n+1}^{m} ES_j + \sum_{j=n+1}^{m} EI_j \Big) \Big]$$

$$= \sum_{z=1}^{n} \Delta_z - \sum_{j=n+1}^{m} \Delta_j$$

$$= \sum_{i=1}^{m} \xi_i \Delta_i \tag{10—14}$$

当各组成环为不对称分布时，由式（10—10）得：

$$\overline{X}_0 = \sum_{i=1}^{m} \xi_i \Big( \Delta_i + e_i \frac{T}{2} \Big)$$

随着组成环数目增加，封闭环的分布已接近正态分布，此时 $\Delta_0 = \overline{X}_0$，故：

$$\Delta_0 = \sum_{i=1}^{m} \xi_i \left( \Delta_i + e_i \frac{T}{2} \right) \qquad (10\text{—}15)$$

（3）封闭环极限偏差

$$\left. \begin{aligned} ES_0 &= \Delta_0 + \frac{1}{2}T_0 \\ EI_0 &= \Delta_0 - \frac{1}{2}T_0 \end{aligned} \right\} \qquad (10\text{—}16)$$

**2. 公差控制问题的计算**

统计法计算公差控制问题，用下例加以说明。

**例 10—3**：图 10—10 所示为车床床鞍走刀装置的齿轮与齿条啮合图。图中 1 为床鞍，2 为床身，3 为走刀箱。床身导轨与床鞍之间有塑料导轨板。齿轮与齿条啮合侧隙过小时，将使床鞍移动困难，侧隙过大时造成手轮空程大。设已给出各零件有关尺寸的公差及极限偏差，其数据如表 10—3 所示。试计算可能产生的齿轮、齿条非工作面间的侧隙。设各组成环均为三角分布。

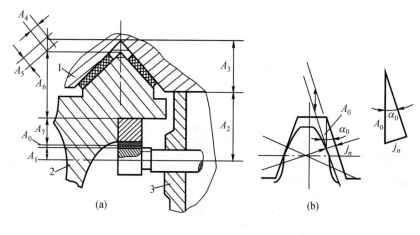

图 10—10

**解：** 由图 10—10 可知尺寸链封闭环 $A_0$ 为齿轮、齿条啮合的径向间隙，当计算出 $A_0$ 之后再计算法向侧隙 $j_n$。

a. 分析尺寸链，确定各组成环传递系数

$$\xi_1 = \xi_6 = \xi_7 = -1, \ \xi_2 = \xi_3 = +1$$
$$\xi_4 = \xi_5 = -\cos 45° = -0.707$$

b. 计算封闭环基本尺寸

由式（10—5）得：

$$A_0 = (86 + 40.07) - (21 + 0.707 \times 5 + 0.707 \times 5 + 68 + 30) = 0$$

c. 计算封闭环公差

由式（10—13）可知，封闭环当量公差：

$$T_{OE} = 1.22 \sqrt{0.10^2 \times 4 + 0.707^2 \times 0.05^2 \times 2 + 0.3^2} = 0.444 \text{ mm}$$

d. 计算封闭环中间偏差

由式（10—14）可知：

$\Delta_0 = (0+0) - [-0.15+0.707(-0.025)\times2+(-0.15)\times2] = 0.485$ mm

e. 计算封闭环极限偏差

由式（10—16）可知：

$$ES_0 = 0.485 + 0.222 = 0.707 \text{ mm}$$

$$EI_0 = 0.485 - 0.222 = 0.263 \text{ mm}$$

由图 10—12（b）可知，径向间隙与法向间隙之间关系为 $j_n = A_0\sin\alpha_0$，此处 $\alpha_0 = 20°$，故：

$$j_n = 0.342A_0$$

于是　最大侧隙：$j_{n\max} = 0.342 \times 0.707 = 0.242$ mm

最小侧隙：$j_{n\min} = 0.342 \times 0.263 = 0.090$ mm

由上述分析计算可知，这里仅计算了由中心距变动引起的侧隙，未计入齿厚偏差的影响。

表 10—3　各组成环名称及数据

| 环 | 名　称 | 传递系数 | 基本尺寸 /mm | 公差 /mm | 偏差 /mm | 中间偏差 /mm |
|---|---|---|---|---|---|---|
| $A_1$ | 齿轮节圆半径 | $-1$ | 21 | 0.10 | $-0.10$ $-0.20$ | $-0.15$ |
| $A_2$ | 溜板箱齿轮轴线到箱体上面距离 | 1 | 86 | 0.10 | $\pm0.05$ | 0 |
| $A_3$ | 床鞍导轨尖顶到下平面距离 | 1 | 40.07 | 0.10 | $\pm0.05$ | 0 |
| $A_4$ | 导轨板厚度 | $-0.707$ | 5 | 0.05 | 0 $-0.05$ | $-0.025$ |
| $A_5$ | 导轨板厚度 | $-0.707$ | 5 | 0.05 | 0 $-0.05$ | $-0.025$ |
| $A_6$ | 床身导轨尖顶到下面距离 | $-1$ | 68 | 0.30 | 0 $-0.30$ | $-0.15$ |
| $A_7$ | 齿条节线到安装面距离 | $-1$ | 30 | 0.10 | $-0.10$ $-0.20$ | $-0.15$ |

**3. 公差分配问题的计算**

统计法计算公差分配问题，用例 2 的数据加以说明。设此时各组成环偏差属正态分布。

**例 10—4：** 如图 10—8 所示。

**解：**

a. 计算各组成环公差

设按等精度法计算，由式（10—11）及 §2—2 中，有关标准公差的描述，可获得各环平均公差等级系数为：

$$a_{av} = \frac{T_0 - T_4 - T_5}{\sqrt{i_1^2 + i_2^2 + i_3^2 + i_6^2}}$$

计算公差单位：

$$i_1 = i_2 = i_6 = 0.45 \sqrt[3]{(18 \times 30)^{\frac{1}{2}}} + 0.001 \ (18 \times 30)^{\frac{1}{2}}$$
$$= 1.3$$

$$i_3 = 0.45 \sqrt[3]{(10 \times 18)^{\frac{1}{2}}} + 0.001 \ (10 \times 18)^{\frac{1}{2}} = 1.08$$

$$a_{av} = \frac{1.4}{\sqrt{3 \times 1.3^2 + 1.08^2}} = 0.56 \text{mm}$$

由表 2—2 可知其公差等级在 IT14 和 IT15 之间。根据加工难易程度选择 $C_2$，$C_3$ 尺寸公差为 IT15；$C_1$，$C_6$ 尺寸公差为 IT14，从表 2—4 中分别查出其公差值为：$T_1 = 0.52 \text{mm}$，$T_6 = 0.52 \text{mm}$，$T_2 = 0.84 \text{mm}$，$T_3 = 0.70 \text{mm}$。

b. 确定各组成环基本偏差和中间偏差

按"向体内原则"，$C_2$，$C_3$ 为阶梯尺寸，其基本偏差按 js 选取，因此它们的中间偏差为零。$C_6$ 为外尺寸，其基本偏差按 h 选取，因此其中间偏差为公差值的一半并取负值，即 $\Delta_6 = -0.26 \text{ mm}$，尺寸 $C_1$ 选作调节环，其中间偏差按式（10—4）计算：

$$\Delta_0 = \Delta_1 + \Delta_2 + \Delta_4 - (\Delta_3 + \Delta_5 + \Delta_6)$$
$$\Delta_1 = 0 - 0 - (-0.25) + 0 - 0.05 - 0.26 = -0.06 \text{ mm}$$

故 $C_1$ 尺寸的极限偏差为：

$$\text{ES}_1 = \Delta_1 + \frac{1}{2}T_1 = -0.06 + 0.26 = 0.20 \text{mm}$$

$$\text{EI}_1 = \Delta_1 - \frac{1}{2}T_1 = -0.06 - 0.26 = -0.32 \text{mm}$$

将计算结果列于表 10—4。

c. 校核计算

$$T_{OQ} = \sqrt{T_1^2 + T_2^2 + T_3^2 + T_4^2 + T_5^2 + T_6^2}$$
$$= \sqrt{0.52^2 + 0.84^2 + 0.70^2 + 0.5^2 + 0.10^2 + 0.52^2} = 1.996 \text{mm}$$

$$\Delta_0 = \Delta_1 + \Delta_2 + \Delta_4 - (\Delta_3 + \Delta_5 + \Delta_6)$$
$$= -0.06 + 0 - 0.25 - (0 - 0.05 - 0.26) = 0$$

$$\text{ES}_0 = \Delta_0 + \frac{1}{2}T_0 = 0 + 0.998 = 0.998 \text{mm}$$

$$\text{EI}_0 = \Delta_0 - \frac{1}{2}T_0 = 0 - 0.998 = -0.998 \text{mm}$$

计算结果完全满足封闭环要求，由上述统计法和极值法计算结果的比较可知，用统计法算出的组成环的公差值均增大了，这对于降低生产成本是很有利的，其不觉之处是装配后的合概率仅为 99.73%，因此统计计算法又称为大数互换法。

表 10—4 mm

| 尺寸链各环<br>代号 | 各环公差值<br>$T$ | 各环尺寸及<br>极限偏差 |
|---|---|---|
| $C_0$ | 2 | $0 \pm 1$ |
| $C_1$ | 0.52 | $25^{+0.2}_{-0.32}$ |
| $C_2$ | 0.84 | $20 \pm 0.42$ |
| $C_3$ | 0.70 | $15 \pm 0.35$ |
| $C_4$ | 0.50 | $13.5^{0}_{-0.50}$ |
| $C_5$ | 0.10 | $13.5^{0}_{-0.10}$ |
| $C_6$ | 0.52 | $30^{0}_{-0.52}$ |

统计法计算公差的优点是计算数值比较符合实际，能使组成环获得较经济合理的公差。缺点是仅保证大数互换，可能有极少数（例如 0.27%）产品达不到预定要求。

# §10—3  达到封闭环公差要求的方法

按产品设计要求、结构特征、公差大小与生产条件，可以采用不同的达到封闭环公差要求的方法。通常有完全互换法、大数互换法、分组装配法、修配法与调整法。

**1. 完全互换法**

这种方法的特点是在全部产品中，装配时各组成环不需挑选或改变其尺寸大小或位置，装入后即能达到封闭环公差要求。该方法用极值法计算公差。

完全互换法适用于组成环环数少、或封闭环公差较大，置信概率要求极高的尺寸链。

**2. 大数互换法**

这种方法的特点是在绝大多数（通常为 99.73%）产品中，装配时各组成环不需挑选或改变其尺寸大小或位置，装入后即能达到封闭环公差要求。该方法用统计法计算公差。

大数互换法适用于成批生产、组成环环数较多或封闭环公差要求较严的尺寸链。

**3. 分组装配法**

这种方法的特点是对各组成环按其实际尺寸大小分为若干组，各对应组进行装配，同组零件才具有互换性。该方法通常用极值法计算公差。

分组装配法优点是组成环能获得经济可行的制造公差。缺点是增加了分组工序，生产组织较复杂，存在一定失配零件。分组装配法适用于封闭环精度要求很高、生产批量很大而且组成环环数较少的尺寸链。

**4. 修配法**

这种方法的特点是装配时可去除事先选定的某一组成环（称补偿环）的部分材料，以改变其实际尺寸或位置，使封闭环达到其公差与极限偏差要求。该方法采用极值法计算公差。

修配法的优点是可以扩大各组成环的制造公差。缺点是增加修配工序，需要熟练技术工人，零件不能互换。修配法普遍应用于单件生产或小批生产的机械制造业中。

**5. 调整法**

这种方法的特点是装配时可调整事先选定的某一组成环（补偿环）的实际尺寸或位置，使封闭环达到其公差与极限偏差要求。该方法通常用极值法计算公差。

在机械制造中，一般以螺栓、斜面、挡环、垫片或孔轴联结中的间隙等作为补偿环。调整法的优点是可使组成环的公差充分放宽。缺点是在结构上必须有补偿件。调整法是机械产品保证装配精度普遍应用的方法。

# 习　题

## 第一章　绪　论

1. 试写出 R10 优先数系从 250 到 3150 的全部优先数。

2. 试写出 R10/5 派生数系从 0.08 到 25 的全部优先数。

## 第二章　圆柱结合的极限与配合

1. 按表 1 中给出的数值，计算表中空格的数值，并将计算结果填入相应的空格内（表中数值单位为 mm）。

表 1

| 基本尺寸 | 最大极限尺寸 | 最小极限尺寸 | 上偏差 | 下偏差 | 公　差 | 尺寸标注 |
|---|---|---|---|---|---|---|
| 孔 $\phi10$ | 10.015 | 10 | | | | |
| 孔 $\phi40$ | | | | | | $\phi40^{+0.050}_{+0.025}$ |
| 孔 $\phi120$ | | | 0.022 | | 0.035 | |
| 轴 $\phi20$ | | | −0.020 | −0.033 | | |
| 轴 $\phi60$ | 60 | | | | 0.019 | |
| 轴 $\phi100$ | | 100.037 | | | 0.022 | |

2. 绘出下列三对孔、轴配合的公差带图，并分别计算出它们的极限间隙（$S_{max}$，$S_{min}$）或极限过盈（$\delta_{max}$，$\delta_{min}$）及配合公差 $T_f$。

（1）孔：$\phi20^{+0.033}_{0}$　　　轴：$\phi20^{-0.065}_{-0.086}$

（2）孔：$\phi35^{+0.007}_{-0.018}$　　　轴：$\phi35^{0}_{-0.016}$

（3）孔：$\phi55^{+0.030}_{0}$　　　轴：$\phi55^{+0.060}_{+0.041}$

3. 试通过查表获得下列三对轴、孔配合的极限偏差，并绘制出公差带图，计算出它们的极限间隙（或过盈）及配合公差 $T_f$。

（1）$\phi50\dfrac{H8}{f7}$；　　（2）$\phi30\dfrac{K7}{h6}$；　　（3）$\phi180\dfrac{H7}{u6}$

4. 试通过查表和计算确定下列轴、孔配合的极限偏差。然后将这些基孔（轴）制的配合改换成相同配合性质的基轴（孔）制配合，并算出改变后的各配合相应的极限偏差。

（1）$\phi60\dfrac{H9}{d9}$；　　　（2）$\phi30\dfrac{H8}{f7}$；　　　（3）$\phi50\dfrac{K7}{h6}$；　　　（4）$\phi80\dfrac{H7}{u6}$

5. 已知下列三对轴、孔配合的极限间隙或极限过盈，试分别确定轴、孔尺寸的公差等级，并选择适当的配合（即确定孔、轴的极限偏差，单位为 mm）。

（1）配合的基本尺寸 $\phi25$，$S_{max}=+0.086$，$S_{min}=+0.020$。

（2）配合的基本尺寸 $\phi40$，$\delta_{max}=-0.076$，$\delta_{min}=-0.035$。

（3）配合的基本尺寸 $\phi60$，$\delta_{max}=-0.053$，$S_{max}=+0.023$。

# 第三章　测量技术基础

1. 仪器读数在 20mm 处的示值误差为 +0.002mm，当用它测量工件时，读数正好是 20mm，问工件的实际尺寸（即提取尺寸）是多少？

2. 用某种测量方法在重复性条件下对某一试件测量了 15 次，各次的测量结果如下（单位 mm）30.742，30.743，30.740，30.741，30.739，30.740，30.739，30.741，30.742，30.743，30.739，30.740，30.743，30.742，30.741。求单次测量的实验标准偏差。

3. 已知某测量仪器的单次测量标准偏差 $S=0.6\mu m$，若在该仪器上对某一尺寸进行 4 次重复测量，测得的结果分别为 20.001，20.002，20.000，19.999（单位为 mm）。试写出测量结果。

4. 三个量块的标称尺寸和实验标准偏差分别为 $L_1=20$，$L_2=1.005$，$L_3=1.48$ 和 $S_{L1}=0.008$，$S_{L2}=0.007$，$S_{L3}=0.007$（单位为 mm），试计算三个量块组合后的尺寸和实验标准偏差。

5. 在万能工具显微镜上用影像法测量圆弧样板（习题图 3—1），测得弦长 $L=95.000mm$，弓高 $h=30.000mm$。若测量弦长的实验标准 $S_L=0.8\mu m$，测量弓高的实验标准偏差 $S_h=0.7\mu m$，试决定圆弧的直径及试验标准偏差。

6. 用游标尺测量箱体孔的中心距（习题图 3—2），有如下三种方案：（1）测量孔径 $d_1$、$d_2$ 和孔的内边心距 $L_1$；（2）测量孔径 $d_1$，$d_2$ 和孔的外边心距 $L_2$；（3）测量孔的内、外边心距 $L_1$ 和 $L_2$。若已知它们的实验标准偏差 $S_{d_1}=S_{d_2}=13\mu m$，$S_{L_1}=20\mu m$，$S_{L_2}=23\mu m$，试计算三种测量方案的实验标准偏差。说出哪一种方案的精密度高。

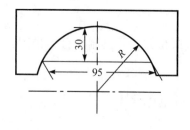

习题图 3—1

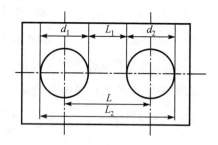

习题图 3—2

# 第四章 几何公差及检测

1. 请说明单一要素、关联要素、提取组成要素、提取导出要素、拟合组成要素的含义。

2. 组成（轮廓）要素和导出（中心）要求几何公差及基准要素的标注有何区别？

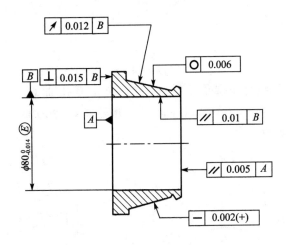

习题图 4—1

3. 说明习题图 4—1 所示零件各项几何公差要求，并画出各项几何公差的公差带。

4. 习题图 4—2 所示三零件标注的几何公差不同，它们所能控制的几何误差区别何在？试加以分析说明。

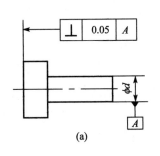

(a)

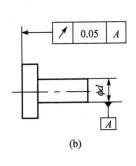

(b)

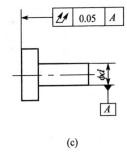

(c)

习题图 4—2

5. 习题图 4—3 所示两种零件，标注了不同的几何公差，它们的要求有何不同？画出它们的几何公差带。

6. 将下列尺寸公差和几何公差要求标注在习题图 4—4 上。

（1）左端面的平面度公差 0.01 mm；

（2）右端面对左端面的平行度公差 0.02 mm；

（3）$\Phi70$ 孔按 H7 遵守包容要求，$\Phi210$ 外圆按 h7，遵守独立原则；

（4）$\Phi70$ 孔的轴线对左端面的垂直度公差 0.025 mm；

（5）$\Phi210$ 外圆的轴线对 $\Phi70$ 孔轴线的同轴度公差 0.008 mm；

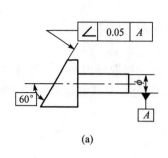

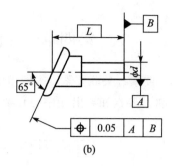

(a)             (b)

习题图 4—3

（6）$4-\Phi20H8$ 孔轴线对左端面（第一基准）及 $\Phi70$ 孔轴线的位置度公差为 $\Phi0.15$ mm（要求均匀分布），并采用最大实体要求，同时进一步要求 $4-\Phi20H8$ 孔之间轴线的位置度公差为 $\Phi0.05$ mm（对第一基准）。

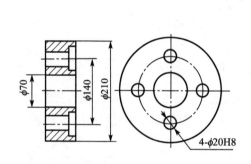

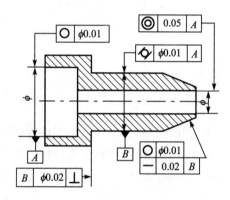

习题图 4—4                     习题图 4—5

7. 指出习题图 4—5 所示零件几何公差标注错误并加以改正。

8. 习题图 4—6 所示零件的技术要求是：①$2-\Phi d$ 孔轴线对其公共轴线的同轴度公差为 $\Phi0.02$ mm；②$\Phi D$ 孔轴线对 $2-\Phi d$ 公共轴线的垂直度公差为 100：0.02 mm；③$\Phi D$ 孔轴线对 $2-\Phi d$ 孔公共轴线的偏离量不大于 $\pm10$ μm。试用几何公差代号标出这些要求。

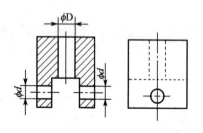

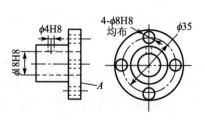

习题图 4—6                      习题图 4—7

9. 习题图 4—7 所示零件的技术要求是：①法兰盘端面 A 对 Φ18H8 孔轴线的垂直度公差为 0.015 mm；②Φ35 mm 圆周上均匀分布 4 – Φ8H8 孔，要求以 Φ18H8 孔的轴线和法兰盘端面 A 为基准，能互换装配，位置度公差为 Φ0.05 mm。试用几何公差代号标出这些技术要求。

10. 最小包容区域、定向最小包容区域与定位最小包容区域三者有何差异？若同一要素需同时规定形状公差、定向公差和定位公差时，三者的关系应如何处理？

11. 公差原则中，独立原则和相关要求的主要区别何在？包容要求和最大实体要求有何异同？

12. 习题图 4—8 所示轴套的四种标注方法，试分析说明它们所表示的要求有何不同（包括采用的公差原则、理想边界、允许的垂直度误差等）。

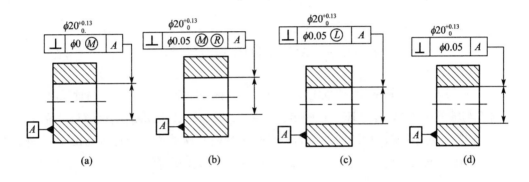

(a)　　　　　(b)　　　　　(c)　　　　　(d)

习题图 4—8

# 第五章　表面粗糙度及其检测

1. 有一个需要切削加工的零件，如图 5—1 所示。请将各加工表面对粗糙度的要求标注在图上。

（1）图中右端外螺纹工作表面的粗糙度 Ra 不能超过 1.6 μm。

（2）图中左端外圆柱工作表面的粗糙度 Ra 不能超过 3.2 μm。

（3）图中左端内径的工作表面的粗糙度 Rz（最大高度）不能超过 0.8 μm。

（4）图中 B 端面和 C 端面的粗糙度 Rz 值不能超过 0.4 μm。

（5）图中其余各加工表面粗糙度 Ra 均不超过 12.5 μm。

2. 有一加工表面，在电动轮廓仪上测出的记录图形如习题图 5—2 所示。若测量时的水平放大倍数为 100 倍，垂直放大倍数为 5000 倍，取样长度为 0.8mm，记录纸水平刻度间距

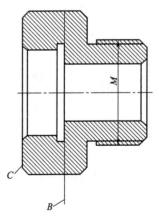

习题图 5—1

为 5mm，垂直刻度间距为 2mm，试确定该被测表面粗糙度的轮廓最大高度 $Rz$ 值。

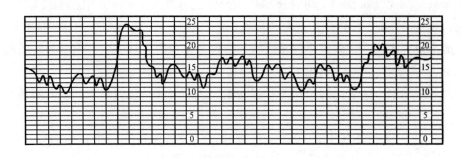

习题图 5—2

# 第六章  滚动轴承的互换性

1. 有一 0 级 306 滚动轴承（公称内径 $d = 30$mm，公称外径 $D = 72$mm），轴与轴承内圈配合为 js6，壳体孔与轴承外圈的配合为 H6，试画出公差带图，并计算出它们的配合间隙与过盈。

2. 某拖拉机变速箱输出轴的前轴承为轻系列单列向心球轴承（内径为 $\phi40$mm，外径为 $\phi80$mm），试确定轴承的精度等级；选择轴承与轴和壳体孔的配合。

# 第七章  光滑工件尺寸的检测

1. 计算检验 $\phi30$M8、$\phi60$H10 孔用工作量规的极限尺寸，并绘出量规公差带图。

2. 计算检验 $\phi30\dfrac{H7}{p6}$ 工作量规及轴用校对量规的极限尺寸，并绘出量规公差带图。

3. 设有如下几个工件尺寸，试按 GB/T 3177—2009《光滑工件尺寸的检验》标准选择计量器具，并确定各尺寸的验收极限。

（1）$\phi200$h9，　　　（2）$\phi30$f7，　　　（3）$\phi60$H10。

# 第八章  螺纹、键、花键、圆锥结合的公差配合及检测

1. 试通过查表写出 M20×2—6H/5g6g 外螺纹中径、大径和内螺纹中径、小径的极限偏差，并绘出公差带图。

2. 用三针测量 M24×3—6h 的外螺纹单一中径，若测得 $\Delta\dfrac{\alpha}{2} = 0$，$\Delta P = 0$，$M = 24.514$mm，测量三针直径 $d_0 = 1.732$mm。问此螺纹中径是否合格？

3. 试选择螺纹联结 M20×2 的公差与基本偏差。其工作条件要求旋合性好，有一定的联结强度，螺纹的生产条件是大批大量生产。

4. 齿轮减速器中，轴与齿轮孔采用平键一般联结。设齿轮孔径为 $\phi40$mm，根据 GB/T

1095—2003 确定槽宽（12mm）和槽深 $t$（$h = 8$mm）的公称尺寸及其上、下偏差，并确定相应的形位公差值，将其标注在习题图 8—1 所示图样上。

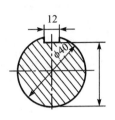 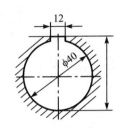

习题图 8—1

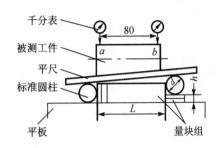

习题图 8—2

5. 在装配图上有花键联结的标注 $6—23\dfrac{\text{H7}}{\text{g7}} \times 26\dfrac{\text{H10}}{\text{a11}} \times 6\dfrac{\text{H11}}{\text{f9}}$，试指出该花键联结的键数和三个主要参数的公称尺寸，并查表确定内、外花键尺寸的极限偏差。

6. 锥度 $C = 1:30$ 的某圆锥配合，其配合长度 $H = 80$mm，内、外锥角的公差等级均匀 AT9，试按下列不同情况确定内、外圆锥直径的极限偏差。

（1）内、外圆锥直径公差带均按单向分布，且内圆锥直径下偏差 EI $= 0$，外圆锥直径上偏差 es $= 0$。

（2）内、外圆锥直径公差带均对称于零线分布。

7. 习题图 8—2 为外圆锥检测示意图，若工件锥度 $C = 1:50$，锥体长度为 90mm，标准圆柱直径 $d = \phi10$mm，试合理确定量块组 $L$，$h$ 的尺寸。若测量时 $a$ 点读数为 36μm，$b$ 点读数为 32μm，试确定该锥体的圆锥角偏差。

# 第九章　圆柱齿轮精度及检测

1. 某减速器中有一直齿圆柱齿轮，模数 $m = 3$mm，齿数 $z = 32$，齿宽 $b = 60$mm，基准齿形角 $\alpha = 20°$，传递功率为 5kW，转速为 960r/min。该齿轮为小批生产，试确定：

（1）齿轮精度等级；

（2）选择齿轮检验项目组和确定各项目的公差或极限偏差的数值。

2. 有一减速器用的直齿圆柱齿轮，模数 $m = 3$mm，齿数 $z = 39$，齿形角 $\alpha = 20°$，齿宽 $b = 25$mm，齿轮基准孔直径 $d = 45$mm，两齿轮啮合中心距 $a = 120$mm，传动中的最小侧隙 $j_{n\ min} = 130$μm，传递功率为 7.5kW，转速 $n = 750$r/min，要求传递均匀，生产类型为小批生产，试确定其精度等级和齿厚极限偏差，齿轮精度的检验项目，查出这些指标的公差或极限偏差。

3. 某减速器中，一对直齿圆柱齿轮的圆周速度 $v = 8$m/s，两齿轮的齿数分别为：$z_1 = 20$，$z_2 = 34$，模数 $m = 2$mm，基准齿形角 $\alpha = 20°$。齿轮材料为钢，线膨胀系数 $a_1 = 11.5 \times 10^{-6}\text{K}^{-1}$，工作温度 $t_1 = 80℃$，箱体材料为铸铁，线膨胀系数 $a_2 = 10.5 \times 10^{-6}\text{K}^{-1}$，工作温

度 $t_2 = 60℃$。试求齿轮副最小极限间隙。

4. 用相对法测量模数 $m = 3mm$，齿数 $z = 12$ 的直齿圆柱齿轮的齿距累积总偏差及齿距偏差，测得数据如下：

| 齿序号 | 1 | 2 | 3 | 4 | 5 | 6 | 7 | 8 | 9 | 10 | 11 | 12 |
|---|---|---|---|---|---|---|---|---|---|---|---|---|
| 齿距相对偏差 | 0 | +6 | +9 | −3 | −9 | +15 | +9 | +12 | 0 | +9 | +9 | −3 |

该齿轮精度等级为"7—6—6—GB/T 10095.1—2001"。问该齿轮上述两项评定指标是否合格？

# 第十章 尺 寸 链

1. 如习题图 10—1 所示斜面配合件，两零件沿 $a—a$ 和 $b—b$ 面接触。已知各有关尺寸 mm：$C_1 = 12_{-0.18}^{0}$，$C_2 = 30_{0}^{+0.21}$，$C_3 = 8_{-0.15}^{0}$，$B = 10_{-0.15}^{0}$，$\alpha = 45° \pm 30'$。

用极值法计算斜面间尺寸 $C_0$。为使两零件接触平稳，斜面配合不应有过盈。如出现过盈时，请改变某一尺寸极限偏差值，使斜面最小间隙为零。

2. 根据教材中例 10—1 各组成环所给定的数据，即 $L_1 = 30_{-0.10}^{0}$，$L_2 = L_5 = 5_{-0.05}^{0}$，$L_3 = 43_{+0.10}^{+0.20}$，$L_4 = 3_{-0.05}^{0}$ mm，设各组成环在某公差带内遵循正态分布，试按统计法计算封闭环 $L_0$ 的公差与极限偏差。比较统计法与极值法计算结果之间的差别，并说明其原因。

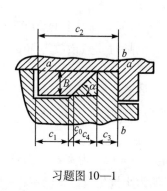

习题图 10—1

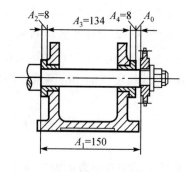

习题图 10—2

3. 习题图 10—2 所示为链轮部件及其支架，要求装配后轴向间隙 $A_0 = 0.2 \sim 0.5mm$，试决定各零件有关尺寸的公差，并决定其极限偏差。

提示：在确定各组成环公差时，可用等公差法 $\left( T_i = \dfrac{T_0}{\sum\limits_{i=1}^{m} |\xi_i|} \right)$ 或等精度法

$\left( a = \dfrac{T_0}{\sum\limits_{i=1}^{m} |\xi_i| (0.45 \sqrt[3]{D} + 0.001D)} \text{ 或 } a = \dfrac{T_0}{\sqrt{\sum\limits_{i=1}^{m} \xi_i^2 (0.45 \sqrt[3]{D} + 0.001D)^2}} \right)$ 来确定；在确定

各组成环基本偏差时，对内尺寸用 H，外尺寸用 h，阶梯尺寸用 Js（或 js）。

4. 教材中图 10—6 尺寸链 $\beta$ 的封闭环 $\beta_0$ 表示铣床主轴轴线对工作台台面的平行度，普

通铣床容许偏差为 0.03/300（单位为 mm）。设各组成环在其公差带内遵循三角分布，试决定各组成环的容许偏差。

5. 习题图 10—3（a）所示为零件加工工序中的示意图，该零件的加工顺序为①车外圆 $A_1 = \phi 60.5_{-0.1}^{0}$；②铣键槽深 $A_2$；③磨外圆 $A_3 = \phi 60_{-0.06}^{0}$；④要求磨外圆后保证键槽深度为 $N = 52_{-0.3}^{0}$，求铣键槽的深度 $A_2$，其尺寸链图如习题图 10—3（b）所示。（提示：这是一道工艺尺寸链的尺寸换算题，$N$ 尺寸是最后得到的，因此，它是封闭环。）

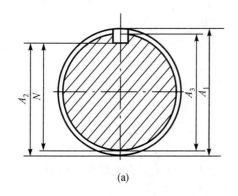
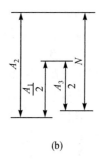

(a)　　　　　　　　　　(b)

习题图 10—3

# 参 考 文 献

[ 1 ]　廖念钊等．互换性与技术测量［M］．北京：中国计量出版社，1982

[ 2 ]　李柱．互换性与测量技术基础［M］．上、下册，北京：中国计量出版社，1984，1985

[ 3 ]　花国梁．互换性与测量技术基础［M］．北京：北京工业学院出版社，1986

[ 4 ]　范德梁．公差与技术测量［M］．沈阳：辽宁科技出版社，1983

[ 5 ]　刘巽尔．公差与技术测量［M］．北京：中央广播电视大学出版社，1984

[ 6 ]　费业泰．误差理论与数据处理［M］．北京：机械工业出版社，1981

[ 7 ]　袁长良．互换性与技术测量［M］．太原：山西人民出版社，1982

[ 8 ]　过馨葆．公差配合及测量检验［M］．杭州：浙江科学技术出版社，1981

[ 9 ]　黄清渠．几何量计量［M］．北京：机械工业出版社，1981

[10]　花国梁．精密测量技术［M］．北京：中国计量出版社，1990

[11]　强锡富．几何量电测量仪［M］．北京：机械工业出版社，1981

[12]　公差与技术测量编写组．公差与技术测量［M］．沈阳：辽宁人民出版社，1980

[13]　成熙治．互换性原理［M］．哈尔滨：黑龙江科学技术出版社，1982

[14]　天津大学．机械工程手册第 51 篇．长度测量技术［M］．北京：机械工业出版社，1979

[15]　哈尔滨工业大学，合肥工业大学．机械工程手册第 64 篇．长度测量自动化［M］．北京：机械工业出版社，1978

[16]　李春田．标准化概论［M］．北京：中国人民大学出版社，1982

[17]　李纯甫．尺寸链分析与计算［M］．北京：中国标准出版社，1990

[18]　国家技术监督局标准化司组编．机械基础国家标准宣贯教材［M］．北京：中国计量出版社，1997

[19]　吴昭同等．计算机辅助公差优化设计［M］．杭州：浙江大学出版社，1999

[20]　李纯甫等．光滑工件尺寸的检验［M］．北京：中国计量出版社，2000

[21]　李斌．计算机辅助公差设计中有向功能关系图 OFRG 功能实现方法及应用［博士学位论文］．重庆大学，1999

[22]　李晓沛等．简明公差标准应用手册［M］．上海：上海科学技术出版社，2005

[23]　李柱等．互换性与测量技术［M］．北京：高等教育出版社，2004